光学仿真与多学科优化软件入门

盛　磊◎编著

吉林科学技术出版社

图书在版编目（CIP）数据

光学仿真与多学科优化软件入门 / 盛磊编著. -- 长春 : 吉林科学技术出版社, 2023.10
ISBN 978-7-5744-0416-8

Ⅰ. ①光… Ⅱ. ①盛… Ⅲ. ①Matlab软件—应用—光学—计算机仿真 Ⅳ. ①O43-39

中国国家版本馆CIP数据核字(2023)第186820号

光学仿真与多学科优化软件入门

编　　著　盛　磊
出 版 人　宛　霞
责任编辑　郝沛龙
封面设计　长春美印图文设计有限公司
制　　版　长春美印图文设计有限公司
幅面尺寸　185mm × 260mm
开　　本　16
字　　数　330 千字
印　　张　16
印　　数　1–1500 册
版　　次　2023年10月第1版
印　　次　2024年2月第1次印刷

出　　版　吉林科学技术出版社
发　　行　吉林科学技术出版社
地　　址　长春市福祉大路5788号
邮　　编　130118
发行部电话/传真　0431-81629529 81629530 81629531
81629532 81629533 81629534
储运部电话　0431-86059116
编辑部电话　0431-81629518
印　　刷　三河市嵩川印刷有限公司

书　　号　ISBN 978-7-5744-0416-8
定　　价　96.00元

编　委　会

编　著　盛　磊

副主编　娄洪伟

编　委　盛　磊　娄洪伟　程雪慧　蒋　剑　鹿　洲

韩金波　赵伟超　汤大鑫　张鑫磊　李梓瑞

前　言

随着计算机技术的不断发展，仿真技术为我们提供了一种全新的方法来探索和理解现实世界中的现象。通过建立数学模型和运用物理定律，仿真技术可以帮助我们模拟和预测物理系统的行为，从而优化设计和提高性能。在光学工程领域，仿真技术被广泛应用于产品设计、工艺优化、装备测试等方面，能够提高效率、降低成本，并辅助决策制定。

与单个学科的仿真相比，联合仿真技术能够更全面地考虑多个物理场的耦合关系。在现实问题中，多个物理现象的相互作用经常导致非线性和复杂的行为，传统的单一物理场仿真方法难以全面解决这些问题。因此，联合仿真应运而生，它能够集成多个学科的仿真软件，实现不同领域之间的耦合分析，使我们更好地理解模型系统行为。

在进行有限元仿真分析时，工程师通常花费 80%的时间在有限元模型的建立和修改上。建立有限元模型，我们需要进行几何建模、网格划分等前处理工作。这个阶段的准确性和合理性会对后续仿真结果的精度和可靠性产生决定性的影响。因此，充分地认识和理解有限元前处理，对于仿真工作的开展具有重要意义。

光学仿真与多学科优化软件可应用于各个领域，通过多学科/多工具之间仿真设计集成模拟、分析和优化，使用者可以更好地理解和解决实际工程和科学问题，提高产品设计的效率和品质。软件本身功能设计庞大，本书所讲为光学仿真软件与多学科优化基础入门功能，主要对软件的工作流仿真和有限元前处理功能进行介绍，并结合实际案例和示例，帮助读者更好地理解和应用软件。最后简单介绍有限元案例操作流程，给读者增加思考空间。本书是面向完全零基础的读者编写的入门指南，初学者可以通过本书获得较为全面基础的认识，也可在阅读完后进一步探索学习。

全书共六章。主要讲解软件的使用界面和基础功能，几何建模、网格处理、工作流、优化算法，以及仿真应用。各章主要内容如下：

第一章，软件入门。本章主要介绍软件安装与启动，以及用户界面，包括安装和设置、启动和退出、窗口类型、主窗口介绍、几何菜单、网格菜单、工作流菜单等。

第二章，几何模型。本章主要介绍对几何模型的设计，包括模型导入、创建几何、几何变换，并通过示例说明如何创建几何模型。

第三章，网格处理。本章主要介绍模型网格生成功能，包括网格生成与重构技术理论、网格划分、网格操作，并通过图示的方法进行说明。

第四章，工作流。本章主要介绍工作流集成化仿真功能，包括项目文件管理、光学软件组件、协同仿真流程、光学数据库，并结合案例介绍工作流多学科优化。

第五章，优化算法。本章主要介绍局部优化算法和全局优化算法，包括局部优化算法、全局优化算法、混合灵巧算法、基于代理模型的优化算法，并说明优化算法参数设置和脚本设置案例。

第六章，仿真应用。本章介绍应用软件进行集成仿真和有限元分析仿真设计案例，通过同轴透射系统设计集成仿真、Cooke 系统联合仿真、十字波导有限元分析、电源电磁波传播有限元分析讲解软件的使用过程。

盛　磊

2023 年 9 月于长春

目　录

第一章　软件入门

光学仿真与多学科优化软件是一款用于多学科软件集成仿真平台，使用模拟真实场景下的物理现象帮助我们设计和优化实际工程问题。软件通过建立一个准确的物理模型，并运用数值方法进行仿真计算，预测和分析各种物理现象的行为和性能，对模型进行优化设计，并集成仿真过程所需的各类仿真工具，实现联合仿真流程自动化。

软件的界面设计比较简洁方便，很容易进行交互设计使用，只需稍加练习即可快速进行交互操作。大部分功能可通过选择弹出或菜单选项来实现，同时键盘快捷键也可用于引导或跳过菜单直接执行操作。本章将介绍软件中的约定解释和功能界面。一旦熟悉了整个软件中通用的简单用法，使用软件将变得轻而易举。

第一节　安装与启动

一、安装和设置

（一）检查软硬件配置

（1）计算平台具备在 Windows 和 Linux 操作系统跨平台直接部署的能力，Windows 操作系统适配版本为 Windows7 64 位及以上操作系统；Linux 操作系统适配版本为 CentOS 6.0 64 位及以上操作系统。

（2）安装运行环境要求：i3 处理器，8G 内存，512GB 或以上硬盘。

（二）软件安装

点击 OJSS.exe 安装程序，进入软件安装界面，如图 1-1 所示。

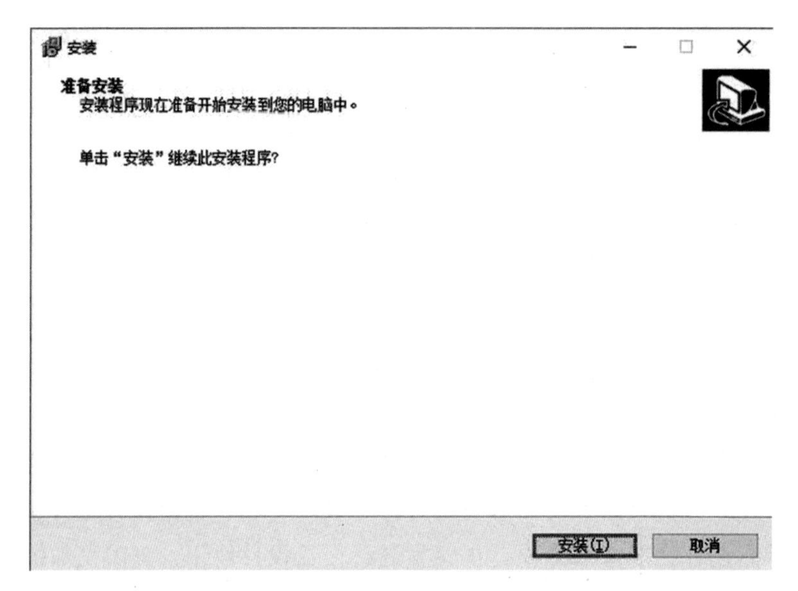

图 1-1　软件安装界面

点击安装进行软件安装，安装过程如图 1-2 所示。

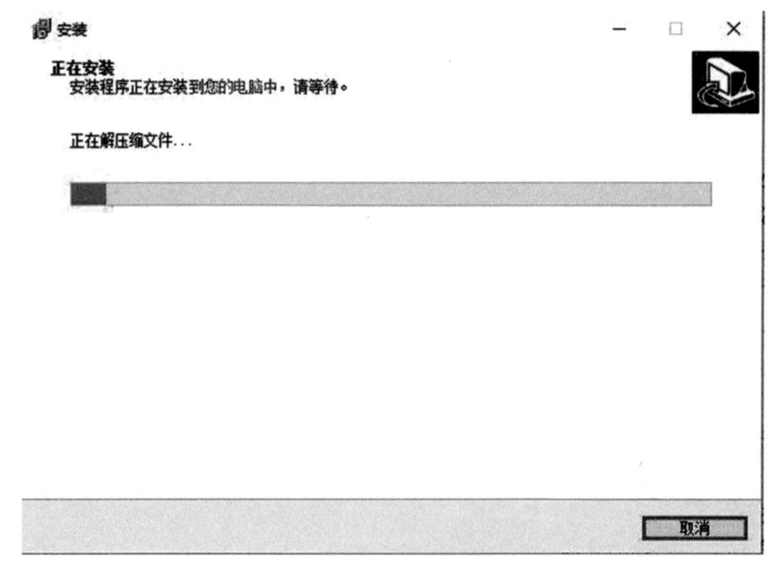

图 1-2　软件安装示意图

假设您已经正确安装并可正常使用软件。如需帮助，打开软件后，请点击帮助选项中的参考手册功能。

二、启动和退出

（一）软件启动

安装软件后，需要启动软件，才能使用软件进行操作，软件的启动有 4 种方式。

(1) 选择桌面快捷方式图标

软件安装完成，会在桌面自动创建软件的快捷方式图标，鼠标左键双击桌面快捷图标便可启动软件，如图 1-3 所示；鼠标右键单击快捷方式图标后，选择“打开”选项也可以启动软件，如图 1-4 所示。

图 1-3　桌面快捷方式图标

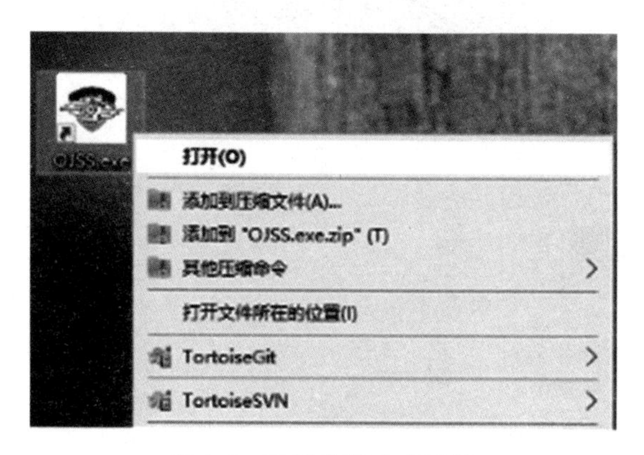

图 1-4　右键快捷方式启动

(2) 任务栏快速启动

单击任务栏中软件的快速方式图标也可以启动软件。如果任务栏中没有快速方式图标，可将桌面上的 OJSS 图标拖拽到任务栏中，如图 1-5 所示。

(3) 选择“开始”菜单命令启动

选择“开始-OJSS”选项，也可以启动软件，如图 1-6 所示。

(4) OJSS. exe 文件启动

在安装目录文件夹下，双击带有“. exe”后缀格式的 OJSS 文件也可以启动软件，如图 1-7 所示。右键单击“OJSS. exe”文件，选择创建快捷方式，如图 1-8 所示，将生成的快捷方式放置于任意文件夹内，鼠标单击快捷方式可启动软件。

图 1-5　任务栏快速启动

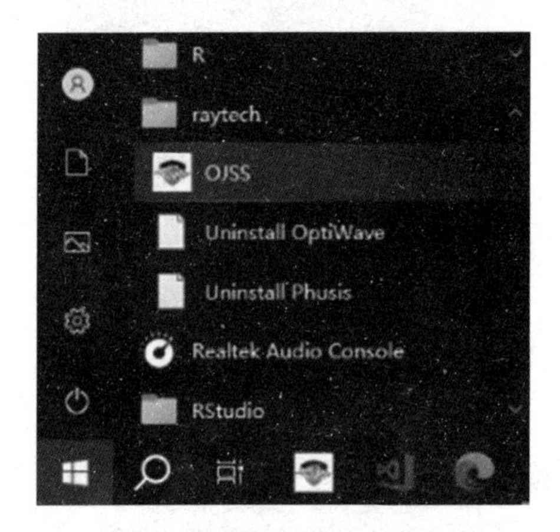

图 1-6　“开始”菜单命令启动

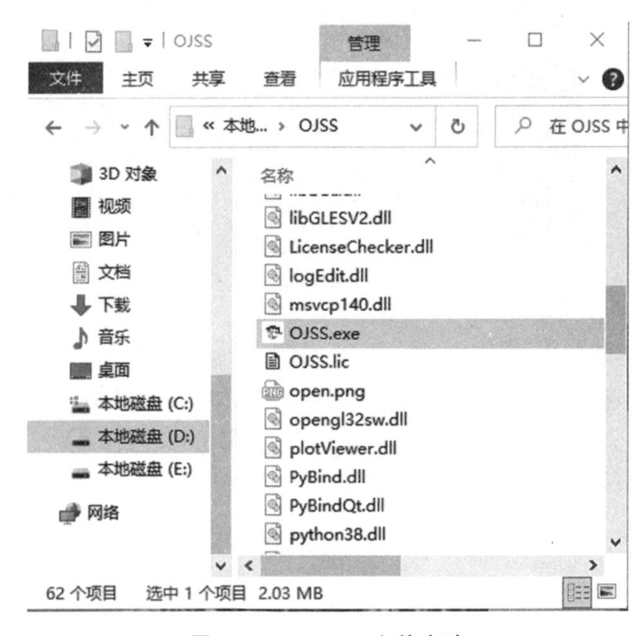

图 1-7　OJSS. exe 文件启动

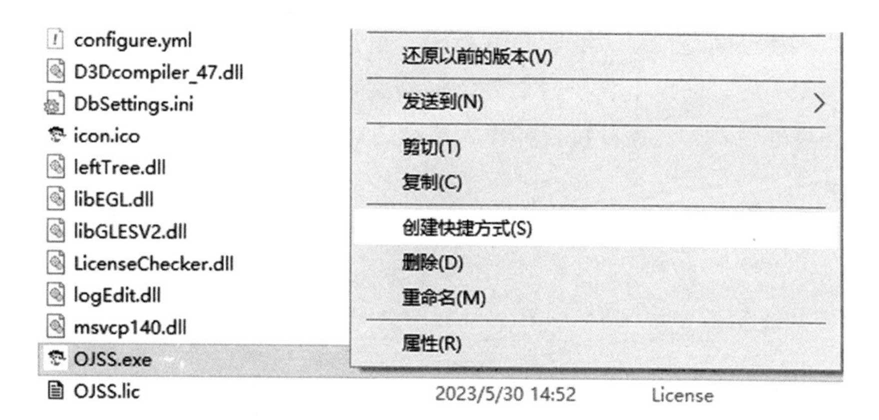

图 1-8　OJSS. exe 文件创建快捷方式

（二）软件授权

软件包含统一的授权技术和机制，用户可在首次打开软件时申请许可证生成文件，经过许可生成人员授权生成有一定期限的针对不同或所有模块的许可文件，以供用户运行软件，在界面中与之相对应的交互界面和底层可以执行此功能。

软件启动后进入激活授权界面，提供三种激活选项，包括利用单机授权文件进行激活、连接在线授权服务器进行浮动激活和申请或购买新授权，如图 1-9 所示，其中单机授权文件进行激活针对已申请授权并获取授权文件的用户，申请或购买新授权针对未获取授权文件的用户。

对于未申请或购买授权的用户，首次激活使用软件，用户需选择申请或购买新授权获取授权文件，软件功能在获取授权后才能被访问，具体内容如下：

（1）点击解压目录下 OJSS. exe 文件，启动软件，显示激活授权界面，选择“申请或购买新授权”，点击“下一步”，如图 1-9 所示。

图 1-9　激活选项

（2）进入授权申请界面，如图 1-10 所示，根据实际情况进行填写，带“*”为必填项，填写完毕后，选择生成申请文件，存储文件名不能包括中文，产生 .req 文件，将该文件传递给联系人，进行授权操作，授权后联系人会发回 OJSS. lic 文件，用户即获得授权文件。

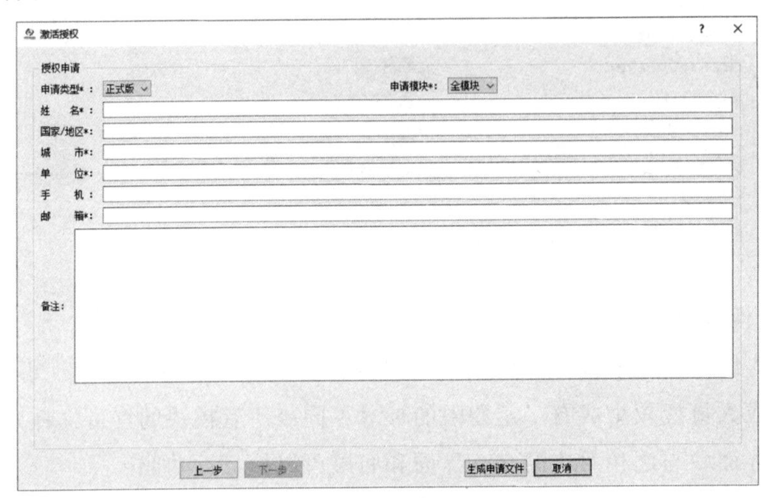

图 1-10　授权申请

（3）用户获取授权文件后，将该文件复制到 OJSS. exe（可执行文件目录下）所在目录下（如存在则覆盖即可），授权完成，此时再点击 OJSS. exe，即可开始使用软件；也可选择第二种方式，再次打开 OJSS. exe，进入激活授权页面，选择“利用单机授权文件进行激活”，点击下一步，选择 lic 文件，如图 1-11 所示。文件路径不能包括中文，点击激活，同样可以完成复制 lic 文件并激活的过程，并自动打开软件界面。

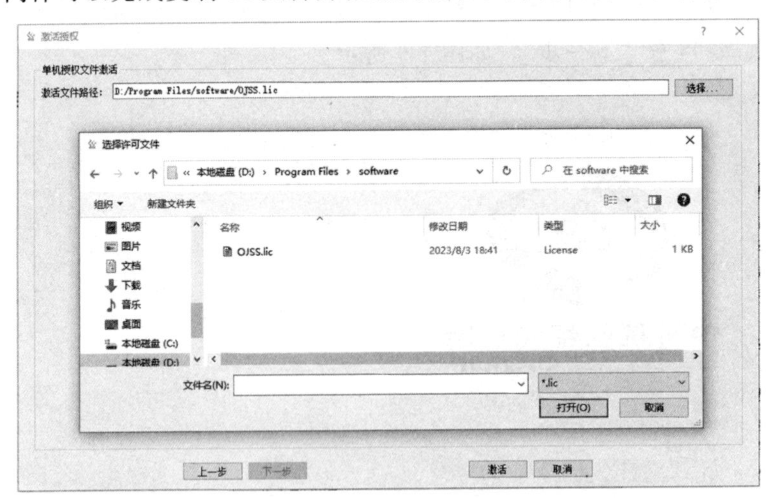

图 1-11　授权文件激活

（三）软件退出

软件提供三种退出方式，用户在设计编辑完成后，可退出软件。

（1）点击菜单栏中右上角的关闭按钮，即可退出软件，如图 1-12 所示。

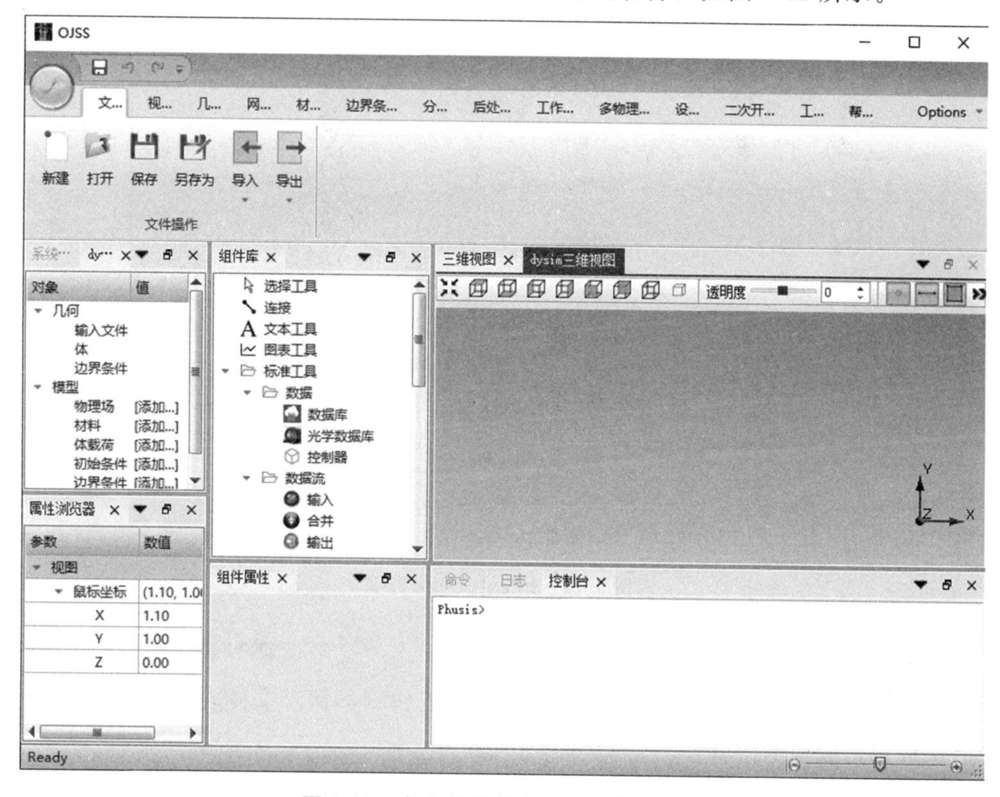

图 1-12　点击菜单栏中的关闭按钮方式

（2）鼠标右键点击电脑任务栏中的软件图标，鼠标左键点击关闭窗口，也可退出该软件应用，如图 1-13 所示。

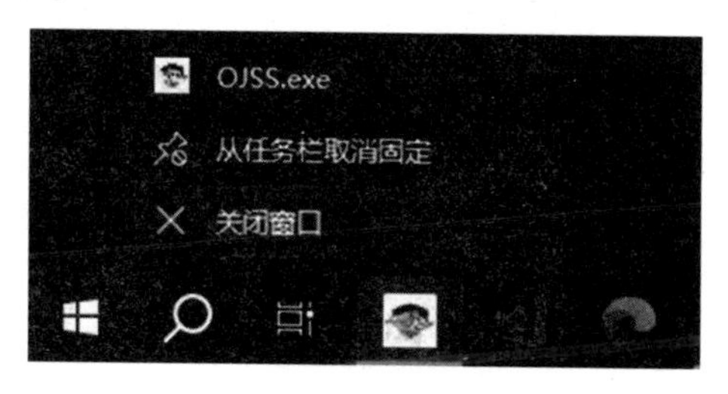

图 1-13　任务栏关闭方式

(3) 点击软件 File 中 Close 选项按钮也可退出该软件应用，如图 1-14 所示。

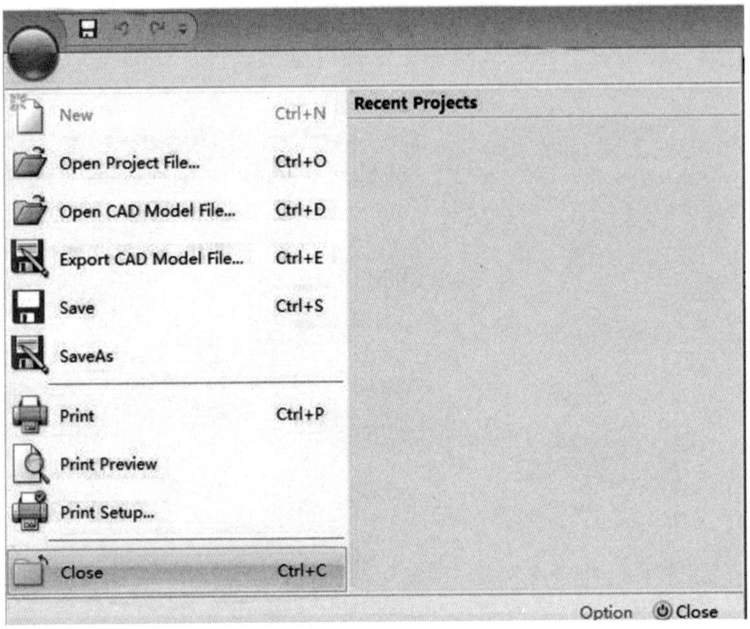

图 1-14　File 中 Close 选项

当退出软件时，如果有尚未保存的文件，则弹出“是否保存”对话框，提示保存文件。单击“保存”按钮保存文件，单击“关闭”按钮则不保存文件直接退出软件，单击“取消”按钮则取消退出操作。

第二节　用户界面

启动软件后将进入默认的工作界面。软件采用简约界面设计，增强用户交互体验，基本界面简单明了，包括一系列菜单和工具按钮，系统浏览器，组件库、组件属性、功能交互区（包括三维视图和工作流视图）以及后台输出区（包括日志、命令和控制台），如图 1-15 所示。

软件的输入设计可归纳为三种类型：功能交互区、功能菜单以及宏命令，其中功能交互区为核心输入方式，主要提供创建系统文件，包括三维模型和仿真工作流，工作流通过拖拽的方式进行构建，三维模型通过功能选项进行构建。

功能菜单则为软件常用的交互手段，用户通过点击相应的功能按钮，弹出对应的交互式对话框，用户根据界面展现出的编辑框、单/复选框以及下拉表单等交互式手段，实现交互式输入。界面中提供宏命令输入的区域，用户可方便输入相应的命令并执行。

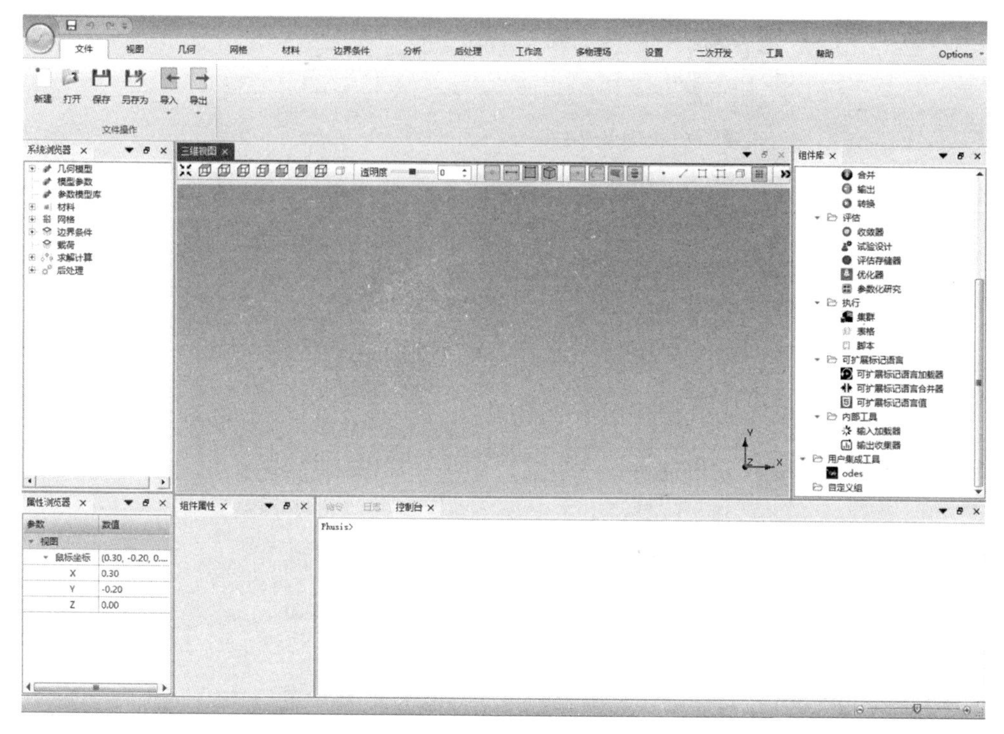

图 1-15　软件界面

软件操作设计分为命令行操作以及交互式操作，命令行操作即输入文本型命令，软件响应该命令，执行对应的算法执行函数，软件中采用宏命令语言来实现该部分操作。交互式操作为用户通过鼠标和键盘快捷键的方式进行操作，根据软件功能的要求，定义对应功能的界面输入，执行完某一分析后，得到对应的结果，支持用户可视化查看以及必要的操作。

一、窗口类型

软件中用户图形界面中可进行系统模型构建、优化分析、仿真流程的搭建与分析等，软件有许多不同类型的窗口，每种窗口各有不同的用途，主要包括：

（1）主窗口。主窗口包含标题栏、菜单栏和工具栏。菜单栏中的命令一般来说可作用于软件整体。

（2）编辑窗口。软件中三维视图、工作流视图和组件属性作为编辑窗口，实现数据信息的交互。

（3）导航窗口。导航窗口为系统浏览器窗口，提供跟踪窗口打开方式。

（4）对话框。输出窗口对话框是一个弹出窗口，其大小无法改变。对话框是用来改变选项或数据的，如网格划分设置、边界条件设置、材料设置等。如图 1-16 所示为网格划分对话框。

图 1-16　网格划分对话框

（5）输出窗口：包含日志和控制台，可查看运行流程中的日志及后台命令输出。

二、主窗口介绍

主窗口的菜单栏如图 1-17 所示，包含以下几个功能选项。

图 1-17　主窗口菜单

（1）文件菜单：用于文件的新建、打开、保存、另存为、导入、导出。

（2）视图菜单：用于模型的放大、缩小、旋转、平移等。

（3）几何菜单：用于几何模型的改变，可对模型进行设计，包括导入导出几何模型、创建几何和几何操作等。

（4）网格菜单：用于几何模型的网格划分，包括网格划分、高阶网格、网格操作等。

（5）材料菜单：用于几何模型的材料属性设置。

（6）边界条件：用于几何模型边界条件设置，包括结构、流体、声学、热学、电磁等设置。

（7）分析菜单：用于模型的分析、计算和优化。

（8）后处理菜单：用于后处理显示和播放设置。

（9）工作流菜单：用于创建仿真工作流，实现软件联合仿真。

（10）设置菜单：用于软件系统视图设置。

（11）二次开发菜单：用于软件宏命令操作，实现编辑和运行目录文件。

（12）帮助菜单：对用户提供帮助文本。

每个主窗口菜单栏下都有一排功能快捷按钮，称为工具栏，几何菜单工具栏如图 1-18 所示。

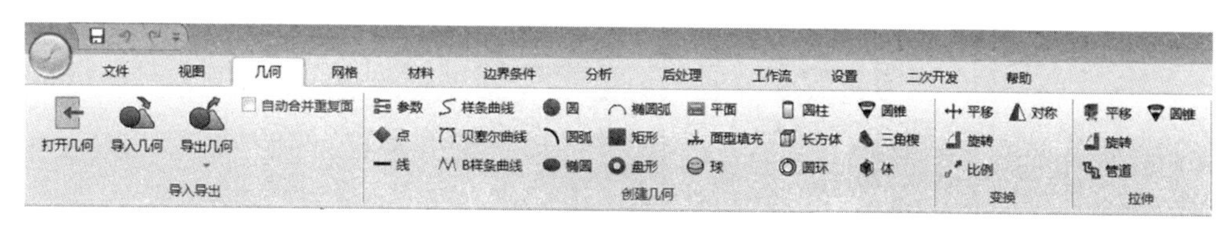

图 1-18　工具栏

三、文件菜单

文件菜单如图 1-19 所示，包含以下几个功能选项。

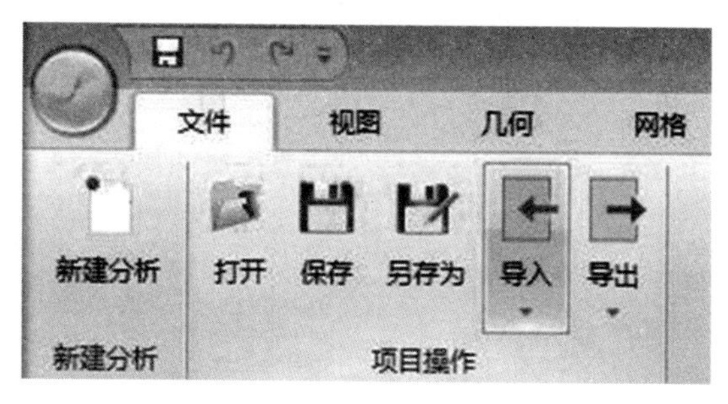

图 1-19　文件菜单

（1）新建分析：新建一个分析文件，分析文件分为求解器文件与流程文件，按照提示进行对应操作完成文件新建。

（2）打开：打开一个已存在的文件，可进行继续编辑分析。

（3）保存：将现有的文件进行保存，下次打开可继续编辑。

（4）另存为：将现有文件保存为另一名称或保存在另一路径下。

（5）导入：将如图 1-20 所示文件进行导入，导入格式包含图中所示的任意文件格式。

（6）导出：将现有文件进行导出，导出格式选择如图 1-21 所示。

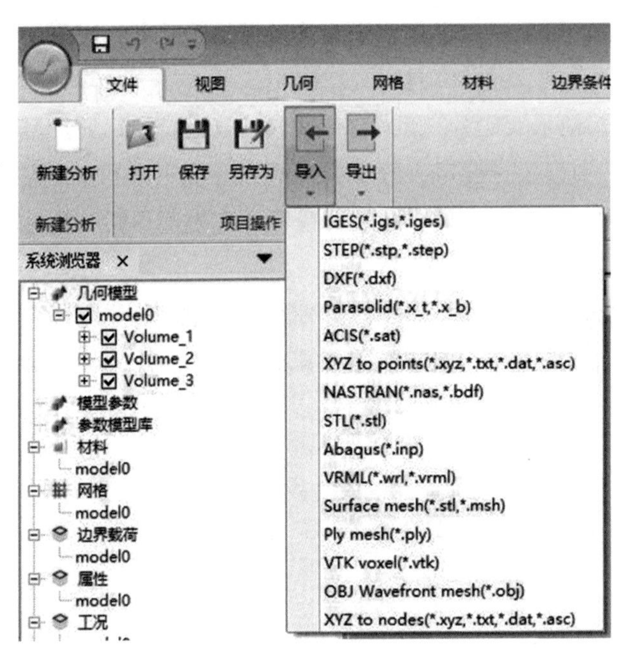

图 1-20　导入文件格式示意图

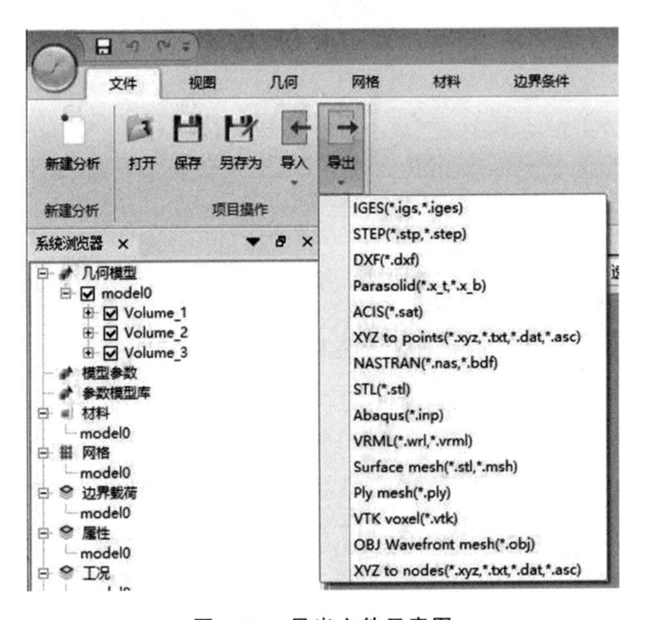

图 1-21　导出文件示意图

四、几何菜单

几何菜单包括导入导出、创建几何、变换、拉伸、布尔类型功能，如图 1-22 所示。本节介绍的功能在设计中具有重要应用，具体介绍详见第二章。

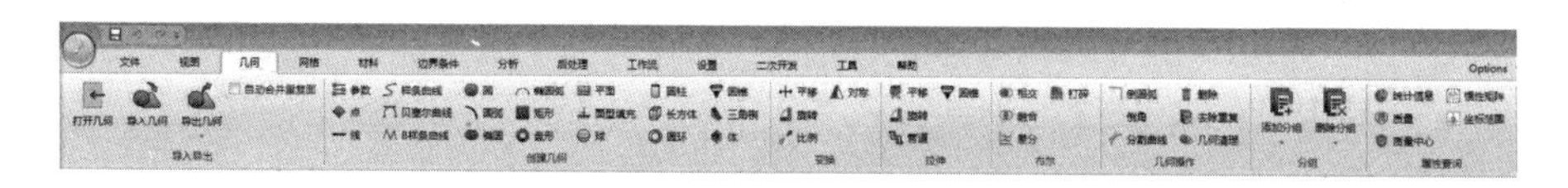

图 1-22　几何菜单

(1) 导入导出：包含打开几何、导入几何和导出几何功能，分别表示打开现有的几何模型、导入现有的几何模型和将目前创建的几何模型进行导出操作。

(2) 创建几何：用于常见几何模型，具体操作介绍详见第二章第二节。

(3) 变换：用于对模型某个单元的编辑操作，实现模型的平移。

(4) 拉伸：用于对模型某个单元的改变操作，拉伸功能包括平移、旋转操作，实现对创建的几何模型进行整体的拉伸操作。

(5) 布尔：用于模型多个单元的编辑操作，包括相交、融合、差分，分别实现对创建的几何模型的交集、并集和差集的求解，得到对应的多几何体模型。

五、网格菜单

网格菜单功能实现对创建模型的网格结构划分，如图 1-23 所示。

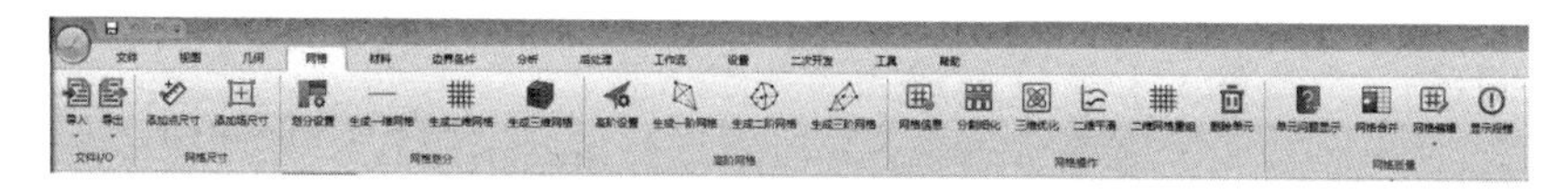

图 1-23　网格菜单

(1) 文件 I/O：用于现有网格文件的导入及编辑网格文件的导出功能，导入导出的格式包括 MSH（*.msh）、Nastran（*.bdf，*.nas）、Abaqus（*.inp）。

(2) 网格尺寸：用于对网格尺寸的设置，网格尺寸的设置类型包括添加点尺寸和添加场尺寸，点尺寸决定了网格单元的大小，场尺寸是指目标网格划分的场景或图像的大小。网格划分的密度与细节精度有关，更细密的网格划分可以提供更高的细节精度，但同时也会增加计算和存储的成本。

(3) 网格划分：用于对网格划分相关参数设置，网格划分包括划分设置，其中包含对二维算法、三维算法及二维重组算法的应用及相关的平滑步数、网格尺寸因子、最小网格尺寸、最大网格尺寸等网格划分参数的设置，关于各算法及参数的介绍详见第三章第二节。

(4) 高级网格：用于对网格进行划分，包括高阶设置、生成一阶网格、生成二阶网格和生成三阶网格。

(5) 网格操作：用于实现对网格划分细节参数的设置及相应局部网格的精细操作。网格操作包括网格节点操作、单元操作、网格模型处理、网格质量控制、高级动态网格功能、网络局部加密技术。

六、材料菜单

材料菜单如图 1-24 所示，材料代表了模型元件或介质的光学特性和参数。通过添加材料到软件的仿真场景中，定义和模拟不同的材料特性，并对光学元件、波导、光纤等相互作用进行建模和分析。

图 1-24　材料菜单

材料菜单窗口包含的功能如下。

（1）材料库：通过建立软件自身的材料库可以实现库内材料的随时仿真分析，材料库可进行材料的新增和导出。

（2）新建材料：可进行材料的选取及材料属性的选择与配置，材料来源于材料库，材料的属性参数选择包括结构、热学、流体、电/磁。其中结构包括弹性、超弹性、黏弹性、塑性、蠕变、膨胀及黏塑性，热学参数包括热导率、比热容、非弹性功、焦耳热功及潜热，流体参数包括马赫数和黏性，电/磁参数包括电导率、磁导率、介电常数及压电系数。

（3）创建截面：允许在光学仿真场景中创建特定位置或距离上的截面，以便分析和可视化光场的属性。创建截面功能包括截面类型的选择及截面赋予位置的选取，截面类型包括实体、壳和梁，截面赋予位置包括新建组、选择组及选择模型。

（4）材料赋予：在软件中可以通过将材料赋予不同的光学元件或介质来定义它们的光学属性，通过材料赋予功能可将材料赋予用户选择的截面或者赋予网格。

七、边界条件菜单

在软件中可以通过设置边界条件来模拟电磁波在仿真空间边界处的反射、透射和吸收等特性，确保模拟结果的准确性，如图 1-25 所示为边界条件菜单。

图 1-25　边界条件菜单

（1）初始条件。初始条件设置包括结构、流体及热电磁条件设置，结构设置包括对称/反对称/完全固定、位移/转角、速度/角速度，流体设置包括速度入口、压力入口、质量入口、压力出口、对称边界、周期性边界及固壁边界，热电磁设置包括温度和电磁。

（2）边界条件。边界条件设置包括结构、流体、热电磁及光电子设置，其中结构设置包括对称/反对称/完全固定、位移/转角、速度/角速度，流体设置包括速度入口、压力入口、质量入口、压力出口、对称边界、周期性边界及固壁边界，热电磁设置包括温度和电磁，光电子设置包括 PEC、PMC、ECLOAD。

（3）载荷。载荷设置包括结构、流体、声学、热学及电磁参数设置，其中结构设置包括自重、点载荷、点力矩、面载荷及面压强，流体参数包括集中力、弯矩、壳的边载荷、表面载荷、管道压力及体力设置，声学设置包括集中力、弯矩、壳的边载荷、面载荷、管道压力及体力，热学参数设置包括集中力、弯矩、壳的边载荷、表面载荷、管道压力及体力，电磁参数设置包括集中力、弯矩、壳的边载荷、表面载荷、管道压力及体力。

八、分析菜单

分析菜单如图 1-26 所示，可用于分析和计算模型性能和特性。

图 1-26　分析菜单

（1）建立分析步：用于设置分析条件，新建分析步包括静力分析、模态分析、频响分析、非线性分析、热结构分析、热传递分析。分析步设置包括添加边界条件、添加载荷、时间间隔、分析步步长、分析步增量及输出设置。

（2）创建分析：用于分析求解，包括求解计算及求解监控功能。

（3）降阶模型计算：用于模型优化，包括降阶模型预测及降阶模型优化功能。

九、工作流菜单

工作流菜单如图 1-27 所示，包含以下几个功能选项。

图 1-27　工作流菜单

（1）新建：用于新建“.wtf”格式工作流文件。

（2）打开：用于打开“.wtf”格式工作流文件。

（3）保存：用于将设计工作流保存为“.wtf”格式文件。

（4）另存为：用于将设计工作流另存为“.wtf”格式文件。

（5）用户登录：用于登录瀚高数据库，查看数据库内容。

（6）用户注销：用于断开瀚高数据库连接。

十、设置菜单

设置菜单如图 1-28 所示，包含以下几个功能选项。

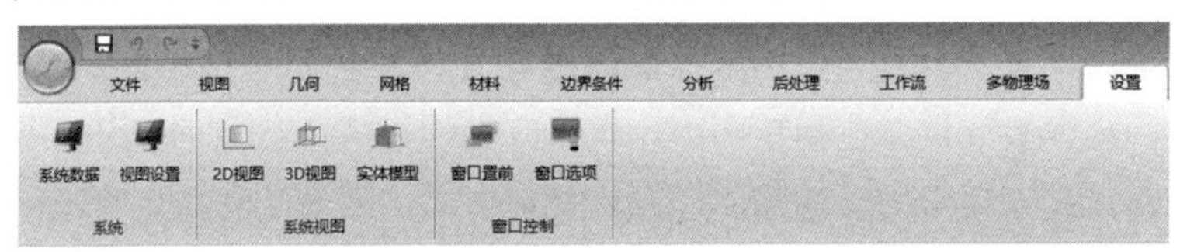

图 1-28　设置菜单

（1）系统数据：用于显示系统模型相关数据。

（2）视图设置：用于对视图进行相关设置。

（3）2D 视图：用于显示模型的 2D 视图。

（4）3D 视图：用于显示模型的 3D 视图。

（5）实体模型：用于显示整体模型。

（6）窗口置前：用于设置重叠窗口显示在前方视图。

（7）窗口选项：用于对窗口进行相关设置。

软件提供三维视图查看，用户可以点击鼠标左键拖拽旋转，或用鼠标滑轮控制缩放，并支持多视角查看、调节透明度、放大缩小、多视图等功能。我们以 cooke 镜头模型为例，整体示意如图 1-29 所示。

图 1-29　镜头整体示意图

点击“”，使视图恢复到适应模型的大小。

开启三维视图状态下，工具栏下方并排 7 个图标分别表示一种视图，点击“”，可查看镜头在 Z 轴正方向的视图，如图 1-30 所示。

点击“”，可查看镜头在 Z 轴负方向的视图，如图 1-31 所示。

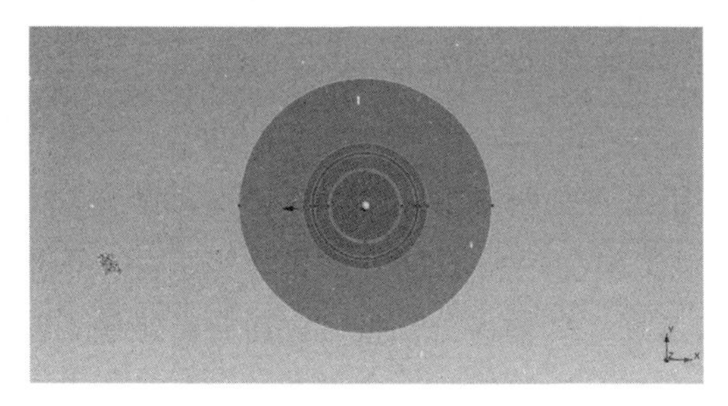

图 1-30　Z 轴正方向视图

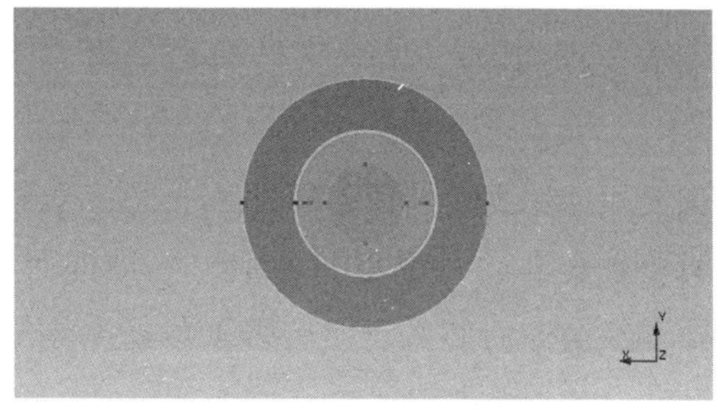

图 1-31　Z 轴负方向视图

点击“”，可查看镜头在 X 轴负方向的视图，如图 1-32 所示。

点击“”，可查看镜头在 X 轴正方向的视图，如图 1-33 所示。

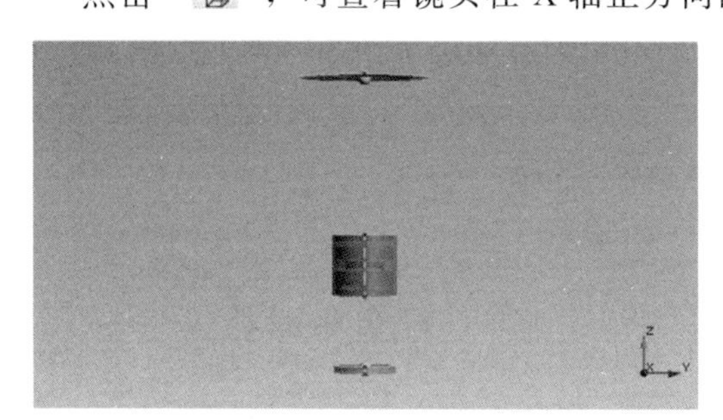

图 1-32　X 轴负方向视图

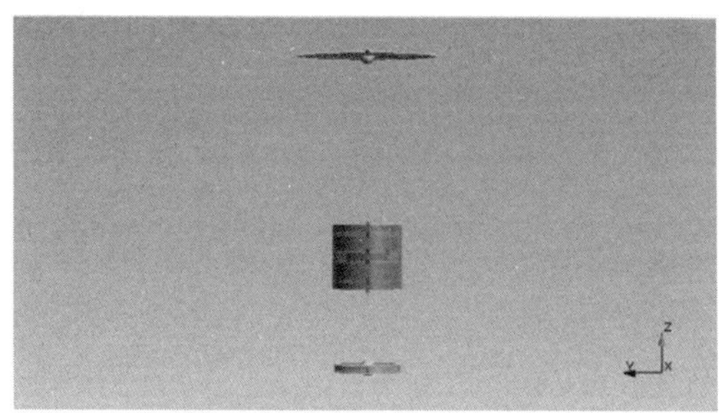

图 1-33　X 轴正方向视图

点击“”，可查看镜头在 Y 轴正方向的视图，如图 1-34 所示。

点击“”，可查看镜头在 Y 轴负方向的视图，如图 1-35 所示。

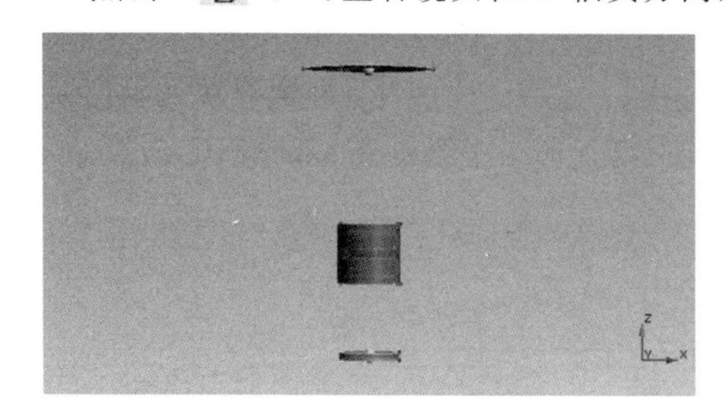

图 1-34　Y 轴正方向视图

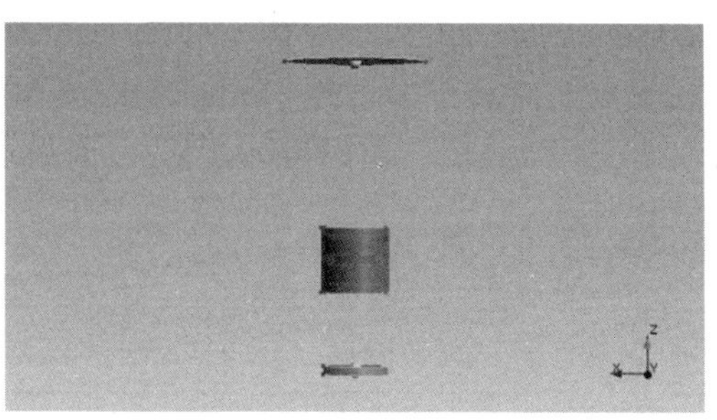

图 1-35　Y 轴负方向视图

点击，可查看镜头的 ios 视图，如图 1-36 所示。

图 1-36　ios 视图

点击“”，可查看镜头的透视图，可以通过调节旁边的透明度设置需要的透明度级别，透明度为 0 和透明度为 36 的效果示意如图 1-37 和图 1-38 所示。

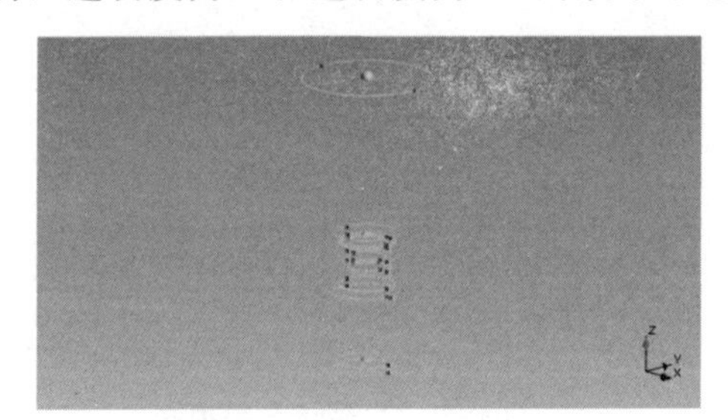

图 1-37　透视图视图（透明度为 0）

图 1-38　透视图视图（透明度为 6）

点亮“”，显示图中的所有点，显示前后对比如图 1-39 和图 1-40 所示。

点亮“”，可以选中图中显示的任意点，图 1-40 所示中点 22 即为选中的点，选中后显示点的编号，并变为红色。

点击“”，出现弹窗“Point”，即根据需要添加点。

图 1-39　未显示点效果图

图 1-40　显示点效果图

点亮“”，显示图中的所有线（白色线），显示前后对比如图 1-41 和图 1-42 所示。

点亮“”，可以选中图中显示的任意线，图 1-42 所示选中后显示线的编号，并变为红色。

点击“”，出现提示“创建线”，可根据需要设置起始点，如图 1-42 所示，其中红色线为新创建的线。

图 1-41　显示线效果图

图 1-42　插入线效果图

点击“”，显示图中平面，显示前后对比如图 1-43 和图 1-44 所示，其中图 1-34 中内容表示只显示点、线，不显示平面，图 1-44 只显示平面，不显示点、线。

点亮“”，可以选中图中显示的任意面，图 1-44 所示中面 4 即为选中的面，选中后显示平面的编号，并变为红色。

点击“”，出现提示“创建平面”，可根据需要选择外轮廓，如图 1-44 所示，其中蓝色面为新创建的平面。

点击“”，出现提示“创建填充面”，可在创建点、线、平面的基础上，选择某个填充面进行填充。

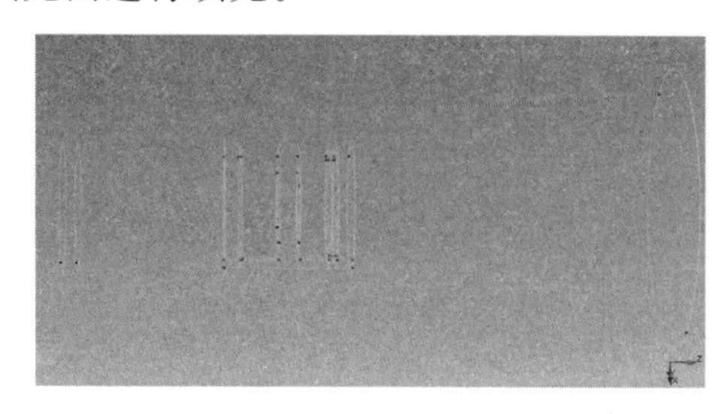

图 1-43　未显示面功能效果图

图 1-44　显示面功能效果图

点击“”，显示图中立方体中心，显示前后对比如图 1-43 和图 1-45 所示，图 1-44 显示点、线、体。

点亮“”，可以选中图中显示的任意立方体，图 1-45 中的体中心 4 即为选中的立方体，选中后显示体的编号，并变为红色。

点击“ ”，提示“直线拉伸”，选择一个对象，在 X 方向和 Y 方向均拉伸 3 个长度效果如图 1-46 所示，其中红色为拉伸后的图形。

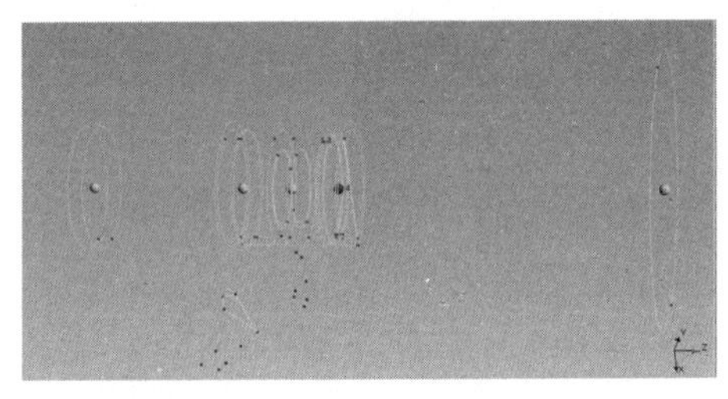

图 1-45　显示立方体中心效果图

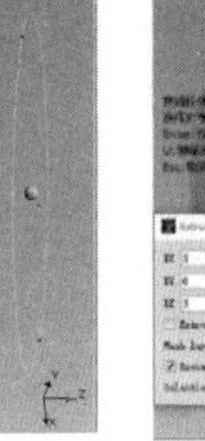

图 1-46　直线拉伸效果图

十一、二次开发菜单

二次开发菜单如图 1-47 所示，包含以下几个功能选项。

图 1-47　二次开发菜单

（1）宏列表：用于显示所有宏列表中的宏命令数据。

（2）更新列表：用于更新宏指令列表。

（3）新建宏：用于新建宏指令。

（4）关于宏编程：用于运行宏命令，选择此选项会弹出执行宏指令对话框。

十二、帮助菜单

帮助菜单如图 1-48 所示，包含以下几个功能选项。

图 1-48　二次开发菜单

（1）使用帮助：提供常见使用问题的介绍。

（2）参考手册：提供软件的使用说明。

（3）关于：提供软件的简单介绍。

第二章 几何模型

几何模型是创建仿真模型的基础，通过几何模型，可以在计算机中精确地表示仿真目标。几何模型提供了现实世界物体的形状、尺寸、位置和连接方式等信息，使得仿真模型能够在虚拟环境中准确地表现出对象的几何特征。

利用几何模型，可以进行仿真实验和设计优化，以改进产品的性能、效率和可靠性。仿真软件可以基于几何模型进行模拟分析，通过模拟不同条件下的行为和效果，帮助寻找最佳的设计参数和解决方案。几何模型在仿真工程中提供了仿真模型的形状和几何特征，帮助进行物理模拟、可视化分析、交互和设计优化。它为工程师和设计师提供了重要的工具，以便更有效地理解和改进产品的性能、设计和制造过程。

本章将介绍软件如何创建几何模型，通过介绍几何学基本理论，并结合相关实例，帮助读者理解建模关键概念和建模功能，通过探讨不同的建模技术，说明模型导入导出，以及几何建模、布尔运算建模方法。

第一节 模型导入

软件具有建模前处理功能模块，具备创建CAD模型以及对CAD模型进行处理的能力，能够新建几何模型，并对外部导入的CATPart、STEP、IGES、Parasolid等几何格式模型进行修改。

软件主要具备以下CAD处理功能：

（1）几何建模：支持自底向上（bottom-up construction）构造几何模型、实体几何（constructive solid geometry）等构造方式，能够记录并修改几何特征操作，支持草图拉伸、旋转，以及几何体的布尔操作。

（2）草图功能：采用草图方式创建几何元素，支持点、线、面等元素草图的编辑，可对草图施加各类约束并支持草图的参数化。

（3）参数化建模：支持草图、特征、操作的参数化，支持建模过程的参数化脚本，通过统一参数化管理功能实现几何建模参数的实时更新，还支持调用外部CAD软件、导入外部CAD文件及参数化CAD文件。

软件中显示几何模型效果图如图 2-1 所示。

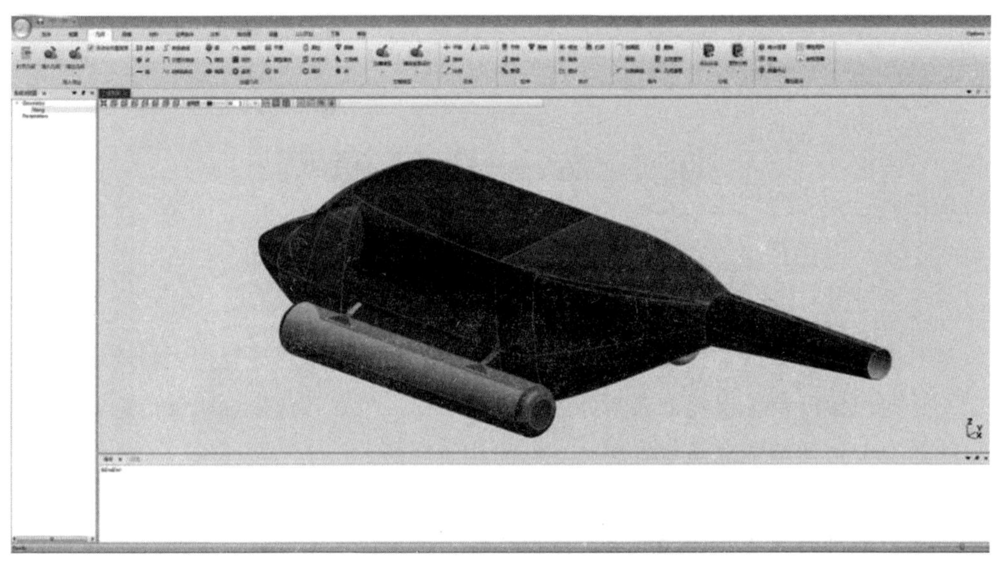

图 2-1　CAD 前处理几何模型显示示意图

软件内部三维 CAD 建模基于 OpenGL 为底层的架构进行三维图形显示，采用面向对象的设计方法，有 2 种不同的方式：图形模型和可视化模型。图形模型是 3D 图形的抽象，可视化模型是可视化的数据流程模型。图形模型利用了 3D 图形系统简单易用的特点，同时也采用了图形用户接口（GUI）的方法。

一、CATIA 模型导入

软件支持直接读取导入并显示 CATIA 原始格式（*.CATPart）文件模型并兼容 CATIAV5R19 及以上版本。该仿真分析系统具备直接驱动 CATIA 文件的专用数据接口，可保留 CATIA 原始模型的各种细节，最大限度地减少因格式转换而导致的模型显示问题和后续网格划分、分析计算误差等问题。同时，软件还可读取导入并显示参数化三维 CAD 模型，具备实时通信并进行模型参数传递的功能，可通过建立特征参数化模型，达到修改模型参数就可以更改模型整体设计的功能。

软件中导入 CATIA 模型的界面如图 2-2 所示。

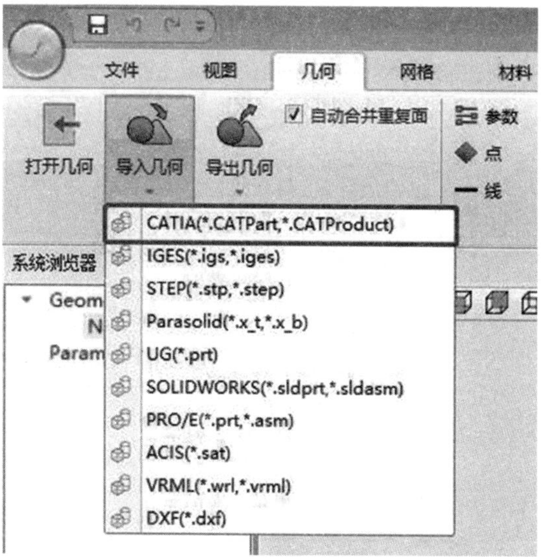

图 2-2　系统导入 CATIA 模型界面示意图

CATIA 是法国达索（Dassault System）公司开发的 CAD/CAE/CAM 一体化软件，提供了完备的设计能力：从产品的概念设计到最终产品的形成，以其精确可靠的解决方案提供了完整的 2D、3D、参数化混合建模及数据管理手段，从单个零件的设计到最终电子样机的建立。

软件前处理具备 CATIA 以及其他中性 CAD 文件格式导入功能，可通过转换接口，与其他软件共享数据。并将其模型数据转换成各种数据格式文件，被其他软件调用；同时，该系统前处理也可读取其他软件所生成的各种数据格式文件。软件前处理数据转换主要是通过文件的输入、输出来实现的，可输入输出多种数据格式，如 CGM、DXF、STL、IGES 等。通过这些数据格式可与 AutoCAD、3DMAX、SolidWorks、ANSYS 等软件进行数据交换。这样有利于实现产品生命周期的信息共享，建立统一的数据库。软件内部的数据是利用特征树状结构存储的，其中的几何元素不是通过解析几何的形式表示的，而是通过特征构造的。曲面在软件中是以扫掠、放样或展开等特征表示的，曲线由控制点特征表示；实体由拉伸、开槽、拔模等表示；钣金件由墙、弯角、打孔等表示；结构件则是由截面形状、长度等参数控制。

二、CAD 中间格式模型导入

软件支持直接读取导入并显示通用 CAD 中间格式文件，包括但不限于 IGES（*.igs)、STEP（*.stp)、ACIS（*.sat)、Parasolid（*.x_t)、SOLIDWORKS（*.sldprt)、PRO/E（*.prt）等文件格式的导入与显示。软件中的前处理模块包含功能强大的三维 CAD 模型数据格式转换与模型错误修复，可以针对上述格式的三维模型进行数据格式间的转换，以及模型错误的修复操作。该系统中可以实现 CATIA V4、CATIA V5、Pro/E、UG、SolidWorks、STEP、IGES、ACIS、VRML、Parasolid 等三维 CAD 模型数据格式间的相互转换，如把 STEP 格式的模型转换成 CATIA V5 可以直接读取的.CATPart 或.CATProduct 格式、把 IGES 格式的模型转换成 UG 可以直接读取的.prt 格式等。

软件中导入导出 CAD 模型的界面如图 2-3、图 2-4 所示。

图 2-3　系统导入 CAD 模型界面示意图

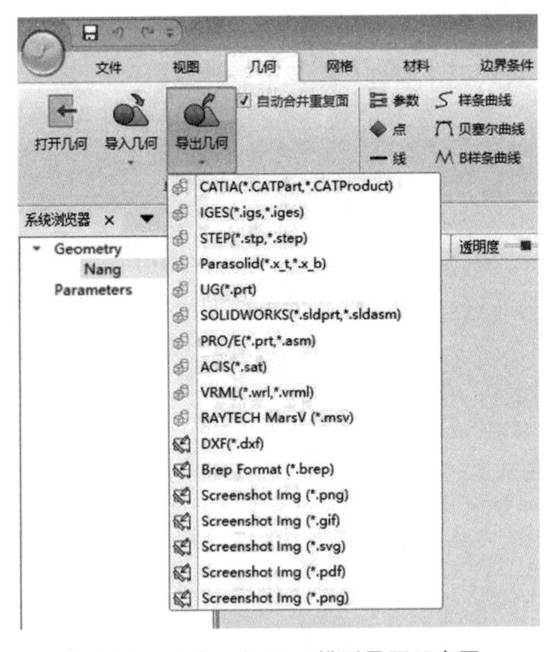

图 2-4　系统导出 CAD 模型界面示意图

软件的前处理模块中表示三维形体的模型，按照几何特点进行分类，可以分为三种：线框模型、表面模型和实体模型；按照表示物体的方法进行分类，实体模型可以分为构造表示 CSG（Constructive Solid Geometry，体素构造表示法）、边界表示 B-rep（Boundary Representation）和基于 CSG 和 B-rep 的混合模式（Hybrid Model）。CSG 也称为 CSG 树表示法，是用计算机进行实体造型的一种构形方法，是一种应用广泛的物体表示与构造方法，它的基本思想是将一些简单的基本体素通过正则集合运算来构造、表示新的物体。一个复杂的物体可以被表示成一个二叉树，它的中间结点是正则集合运算，而叶结点为基本体素，这棵树就叫作 CSG 树，如图 2-5 所示，(a) 中的物体可看作由 (b) 中的各基本体素经过正则运算生成的。这种构形方法的描述，既符合空间形体的构形过程，又能满足计算机实体造型的要求，体素构造表示法把复杂的实体看成由若干较简单的最基本实体经过一些有序的布尔运算而构造出来，这些简单的、最基本的实体称为体素。CSG 树结构中通过建立实体模型时使用的布尔运算，可以形成一个记录每步执行信息的层结构或者树结构。

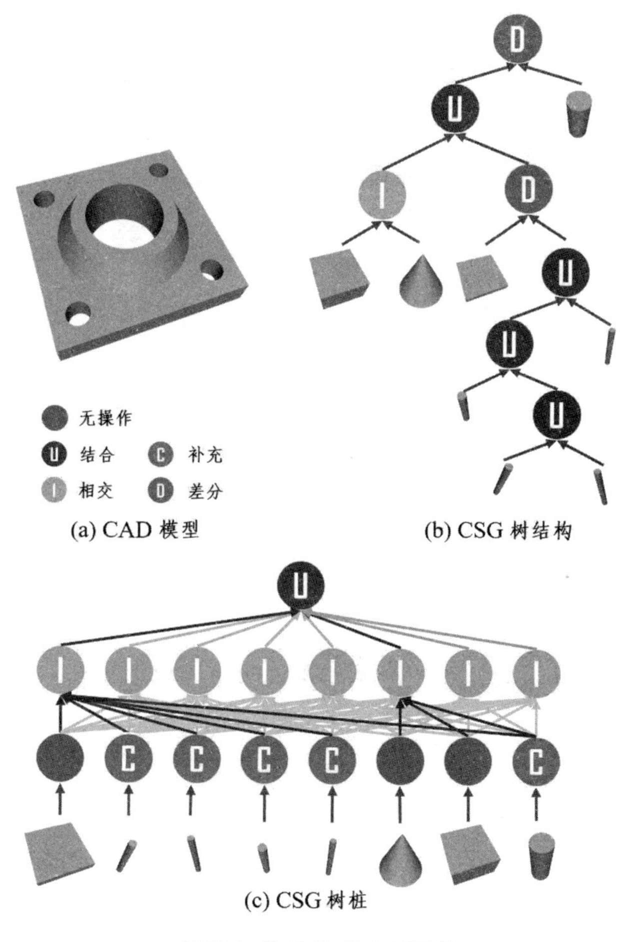

图 2-5　物体的 CSG 树表示

CSG 树结点数据结构的一种组织方式如表 2-1 所示，每一结点由操作码、坐标变换域、基本体素指针、左子树、右子树组成。除操作码外，其余域均以指针形式存储。操作码按约定方式取值。例如，当操作码为 0 时表示该结点为一基本体素结点，相应左子树、右子树指针取 NULL；为 1 时，表示其左、右子树求并；为 2 时，表示求差；为 3 时，表示求交。每一结点的坐标变换域存储该结点所表示物体在进行新的集合运算前所作坐标变换的信息，如图 2-6 所示。

表 2-1　CSG 树结点的数据结构

Op-code（操作码）	
Transform（坐标变换域）	Primitive（基本体素）
Left-subtree（左子树）	Right-subtree（右子树）

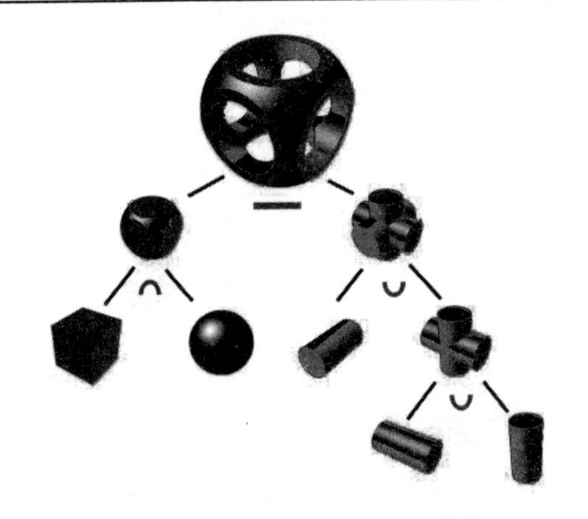

图 2-6　CSG 树状模型示意图

B-rep 的一个物体被表示为许多曲面（例如面片、三角形、样条）黏合起来形成封闭的空间区域。在 B-rep 方法中，特征被定义为一个零件的相互联系的面的集合（面集）。这些特征也被称为“面特征”。B-rep 模型是基于图的，所有的几何/拓扑信息显式地表达在面、边、顶点图中，因此，B-rep 模型常被称为赋值的模型。B-rep 表示特征的方法可以得到充足的信息以及它是基于图的表示方法（许多特征识别系统是基于图表示的）。B-rep 模型可以与属性值（如表面粗糙度、材料等）、尺寸和公差联系在一起，B-rep 方法的缺点是它与特征体素和体积特征没有直接的联系，特征操作（如删除特征）难于进行。

基于混合 CSG/B-rep 的方法：由于 CSG 和 B-rep 表示方法各有优缺点，因此，汲取二者优点的混合表示方法便产生了。该软件的前处理模块中具备一个工艺规划系统，可以提取基于 CSG 的信息（B-rep 信息是由 CSG 模型导出的），重新构造 CSG 树和 B-rep 信息，使其成为以一种混合形式来表示特征的另一种 CSG 树。同时该系统中包含一种混合 CSG/B-rep 方法表示特征及尺寸和公差，特征的层次结构提供物体组件关系的多级表示，并在每级的细节保持有边界表示。该软件的前处理模块中可以在几何造型中显式地表示尺寸公差和几何特征的方法，此方法将 CSG 和 B-rep 表示结合在一个被称为形体图的图结构中。

三、交互数据

为了使用户进一步掌握软件及扩展，下面对数据接口交互进行介绍。数据接口标准主要针对仿真求解文件数据、离散几何数据、网格数据格式等规范性定义，以及和外部进行数据交换的接口。仿真软件内部采用基于 DOM 文档对象、JSON 对象模型等结构化的数据结构对不同模块、不同界面设置数据进行规划化定义，实现各类数据体、消息的传递和持久化存储等。

仿真求解文件为软件前处理和求解器之间的桥梁，即通过软件前处理界面生成求解文件并交给求解器进行求解，数据接口采用了 XML 与二进制混合的标准进行定义。此种方式兼顾考虑大规模网格、结果数据的求解，即采用二进制的方式存储；又考虑求解设置等属性类数据维护、扩展的求解，即采用 XML 的方式存储。针对该规范提供相应的接口函数以满足数据的存取要求。

离散几何是 CAD 几何数据与网格生成数据之间的桥梁，对该数据文件接口进行规范化定义，有助于定义和传递完整的几何信息给网格划分程序。该规范中定义了离散三角形的顶点坐标、网格拓扑以及几何边界点、线的数据。根据规范提供相应的读写接口，实现了数据从几何到网格的传递过程。

网格数据规范是在分析商业软件常用格式基础上总结得到的，综合考虑网格模型的装配定义、网格分组等信息，该规范能够实现对网格数据方便地读写和拓展，适用于多种求解算法对网格的要求。

第二节 创建几何

软件支持通过点、线、样条曲线、贝塞尔曲线、B 样条曲线、圆、圆弧、椭圆、椭圆弧、矩形、盘形、平面、面型填充、球、圆柱、长方体、圆环、圆锥、三角楔设计几何模型。下面介绍如何通过这些工具创建模型。

一、点

点击几何—点，在三维视图中鼠标处显示点，点跟随鼠标移动，三维视图界面左侧中间区域显示创建点的提示，左侧下方区域显示创建点设置对话框，包括 X、Y、Z 坐标和网格大小，如图 2-7 所示。创建点可通过提示的快捷键创建，也可通过创建点设置对话框创建。

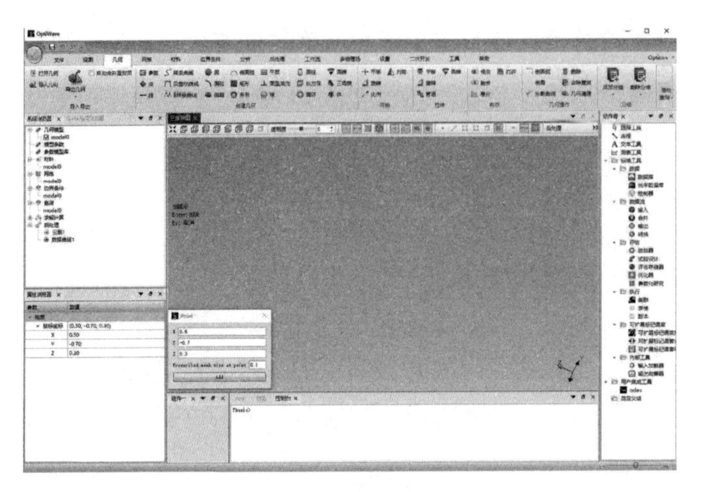

图 2-7　创建点视图

点击几何—点，并切换到三维视图界面。

（1）在三维视图界面中，移动鼠标至相应的位置点，点击键盘 Enter 键，创建一个点。

（2）在创建点设置对话框，输入 X 为－0.4、Y 为 0.8、Z 为－2.1，点击 Add 按钮，创建一个点。

（3）点击键盘 Esc 退出创建点操作。

（4）鼠标点击三维视图中第二个创建点，可在属性浏览器中查看该点具体参数，包括视图、属性、点三部分，视图模块显示鼠标坐标，随着鼠标在三维视图界面中的移动而改变；属性模块显示点模型名称、编号和颜色设置，模型名称和编号由系统默认生成，不可进行更改，颜色属性默认为蓝色，可在属性浏览器中进行更改，点模块显示点的位置信息，可进行修改，如图 2-8 所示。

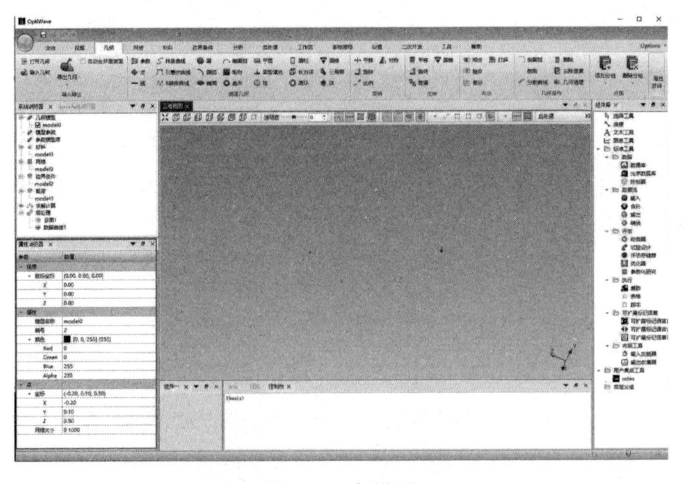

图 2-8　点模型

（5）设置颜色可直接在属性浏览器中的颜色属性下方直接修改颜色参数 Red、Green、Blue 和 Alpha（透明度）。

（6）设置颜色也可点击颜色属性数值，在数值处显示设置扩展按钮，点击按钮，显示设置颜色对话框，如图 2-9 所示。

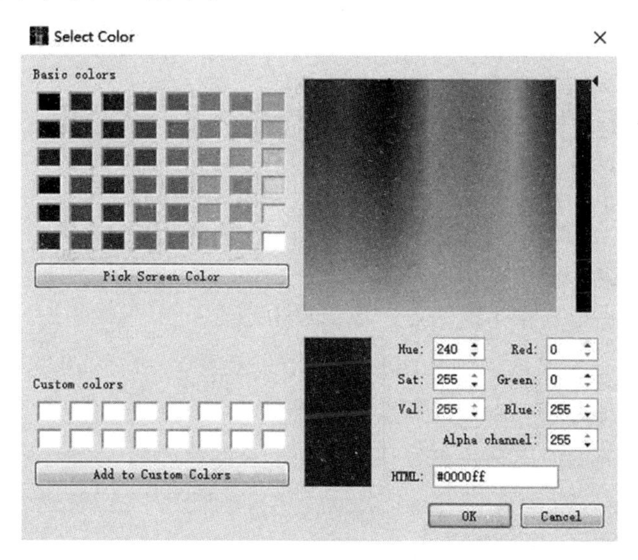

图 2-9 设置颜色对话框

在设置颜色对话框中可以选择提供的基础颜色进行设置，也可以点击 Pick Screen Color 在颜色谱中选择相应颜色，颜色谱下方显示当前所选颜色的相关数据，可对这些参数进行修改，从而设置颜色。

（7）修改点位置，在点模块中点击第二个点 X 的属性值，输入值为 0.8。

（8）对点进行删除，创建一个参数点，点击几何，在几何操作中选择删除。三维视图提示操作区域显示删除点提示，鼠标选择要删除的点，点击 Enter 进行删除。若选择删除对象后，撤销选择可点击 U，取消删除操作可点击 Esc。

二、线

软件支持通过选择点创建直线、样条曲线、贝塞尔曲线、B 样条曲线。样条曲线、贝塞尔曲线和 B 样条曲线都是计算机图形学中常用的曲线表示方法。

样条曲线是一种由多个局部曲线段（小线段）组成的光滑曲线。常见的样条曲线包括自然样条曲线和埃尔米特样条曲线。样条曲线的特点是可以通过控制点来精确地调整曲线的形状，但是曲线段之间的连接可能存在角度、曲率不连续的问题。

贝塞尔曲线由几个特殊的控制点定义，通过调整这些控制点的位置来改变曲线的形状。贝塞尔曲线具有良好的数学性质，易于计算和编辑，同时能够精确地控制曲线的形状。然而，贝塞尔曲线的局限性在于只能通过控制点对曲线进行调整，并不能直观地控制曲线的其他属性。

B 样条曲线是一种基于多项式插值的曲线表示方法。与贝塞尔曲线不同，B 样条曲线的形状不仅取决于控制点，还受到参数化的影响。B 样条曲线具有局部性和逼近性的特点，即仅与相邻的几个控制点相关，并且可以逼近给定的形状。B 样条曲线也可以实现曲线的平滑连接和曲率连续的过渡。

（一）直线

软件支持通过选择两点创建直线，点击几何—线，三维视图界面左侧中间区域显示创建线的提示，通过提示的快捷键创建线。

点击几何—线，并切换到三维视图界面。

（1）在三维视图界面中，显示创建线的提示：线—选择起始点—Esc：取消，选择创建点步骤中的第一个点作为起始点，鼠标点击该点。

（2）创建线进一步提示：创建线—选择结束点—U：撤销选择—Esc：取消，选择创建点的第二个点作为结束点，鼠标点击该点。

（3）点击键盘 Esc 退出创建点操作，界面显示创建的线，如图 2-10 所示。

图 2-10　直线模型

鼠标选中线，可在属性浏览器中查看线的参数信息。包括视图、属性和线三个模块，其中线模块可更改起始点坐标和结束点坐标。

（二）样条曲线

样条曲线用于绘制数据点拟合生成的光滑曲线，绘制的曲线可以是二维曲线，也可以是三维曲线。点击几何-样条曲线，三维视图界面左侧中间区域显示创建样条曲线的提示，通过提示的快捷键创建样条曲线。

（1）创建 4 个的点：点 1 坐标（−0.30，−0.10，3.20）、点 2 坐标（−0.60，−0.60，

1.30)、点 3 坐标（—1.40，0.30，0.50)、点 4 坐标（—0.90，1.60，—0.90)，4 个点位置不同。点击几何—点，在创建点对话框中输入点 1 坐标，点击 Add 按钮，依次创建其他三个点，创建完成后点击键盘 Esc 退出创建点操作。

（2）点击几何—样条曲线，在三维视图界面中，显示创建曲线样条的提示：创建样条曲线—选择起始点—Esc：取消，选择点 1 作为起始点，鼠标点击该点。

（3）创建样条曲线进一步提示：创建样条曲线—选择下一点—Enter：创建—U：撤销选择—Esc：取消，鼠标依次点击点 2、点 3 和点 4。

（4）点击键盘 Enter 创建曲线。

（5）点击键盘 Esc 退出创建样条曲线操作。

（6）点击样条曲线，设置颜色属性为（Red：111，Green：133，Blue：255，Alpha：255)，三维视图界面显示曲线，如图 2-11 所示。

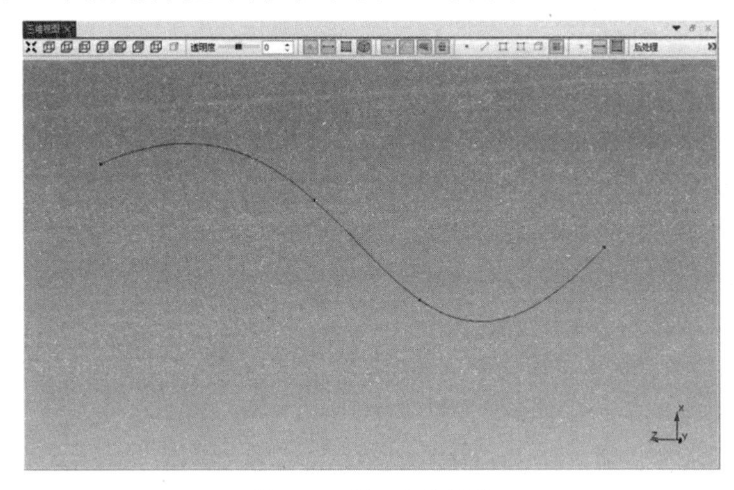

图 2-11　样条曲线模型

（三）贝塞尔曲线

贝塞尔曲线通过调整控制点的位置来精确地控制曲线的形状，同时保持曲线的光滑性，它适用于需要对曲线进行精确调整和编辑的情况。点击几何—贝塞尔曲线，三维视图界面左侧中间区域显示创建样条曲线的提示，通过提示的快捷键创建贝塞尔曲线。

（1）点击几何—贝塞尔曲线，在三维视图界面中，显示创建贝塞尔曲线样条的提示：创建 Bezier 曲线—选择起始点—Esc：取消，选择点 1 作为起始点，鼠标点击该点。

（2）创建曲线进一步提示：创建 Bezier 曲线—选择下一点—Enter：创建—U：撤销选择—Esc：取消，依次鼠标点击点 2 和点 4。

（3）点击键盘 Enter 创建曲线。

（4）点击键盘 Esc 退出创建曲线操作。

（5）选中创建的贝塞尔曲线，选中状态时颜色为红色，曲线上方显示曲线编号，如图 2-12 所示，曲线 8 为创建的贝塞尔曲线。

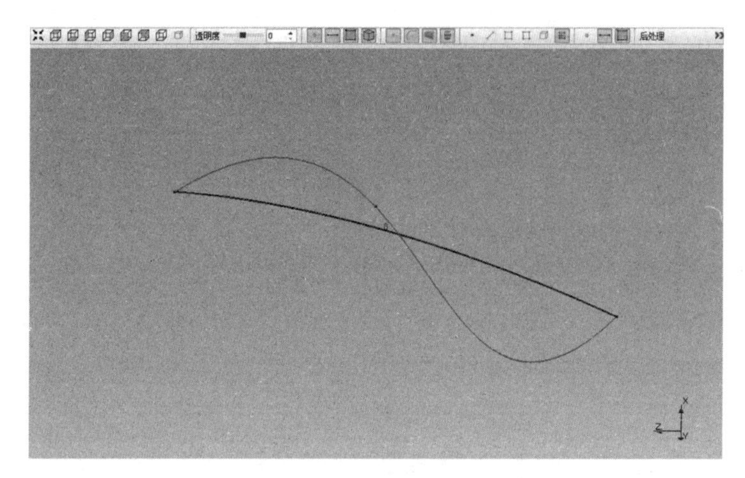

图 2-12　贝塞尔曲线模型

(四) B 样条曲线

B 样条曲线具有良好的局部性和逼近性，能够实现曲线的平滑连接和曲率连续地过渡，它用于需要实现平滑曲线过渡的情况。点击几何-B 样条曲线，三维视图界面左侧中间区域显示创建提示，通过提示的快捷键创建曲线。

(1) 点击几何—B 样条曲线，在三维视图界面中，显示创建 B 样条曲线的提示：创建 B 样条曲线—选择起始点—Esc：取消，选择点 1 作为起始点，鼠标点击该点。

(2) 创建曲线进一步提示：创建 B 样条曲线—选择下一点—Enter：创建—U：撤销选择—Esc：取消，依次鼠标点击点 2 和点 4。

(3) 点击键盘 Enter 创建曲线。

(4) 点击键盘 Esc 退出创建曲线操作。

(5) 选中创建的曲线，如图 2-13 所示，曲线 9 为创建的 B 样条曲线。

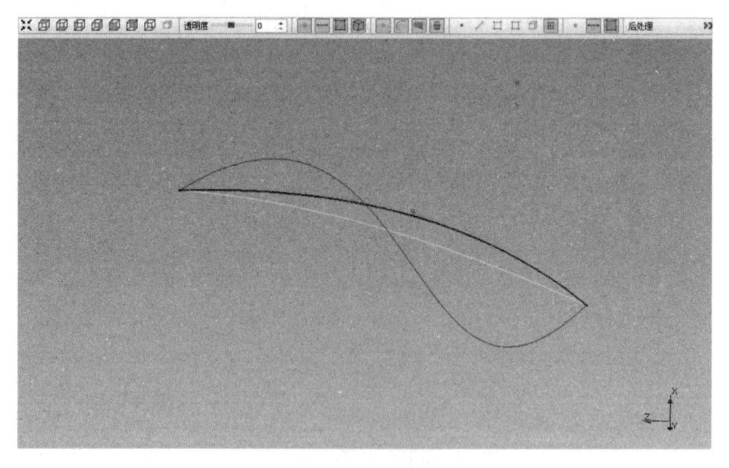

图 2-13　B 样条曲线模型

三、平面图形

平面图形是指所有点都在同一平面内的图形。软件支持的平面图形有圆、圆弧、椭圆、椭圆弧、矩形、盘形。弧形是圆或椭圆一部分的形状。

(一) 圆

在一个平面内，围绕圆心并以一定长度的半径为距离旋转一周所形成的封闭曲线叫作圆。圆弧是圆一部分的形状，两条射线从圆心向圆周射出，形成一个夹角和夹角正对的一段弧，软件支持通过圆生成圆弧。点击几何—圆，在三维视图中鼠标处显示圆，圆跟随鼠标移动，三维视图界面左侧中间区域显示创建点的提示，左侧下方区域显示创建圆设置对话框，包括圆心的 X、Y、Z 坐标和半径，角度 1 和角度 2，其中角度 1 和角度 2 控制圆弧大小，如图 2-14 所示。角度 1 为圆心与圆弧起始点所做直线与 Y 轴正方向的夹角大小，角度 2 为圆心与圆弧终点所做直线与 Y 轴正方向的夹角大小，圆弧由圆弧起始点向 X 轴正方向延伸到圆弧终点。创建圆可通过提示的快捷键创建，也可用过创建点设置对话框创建。

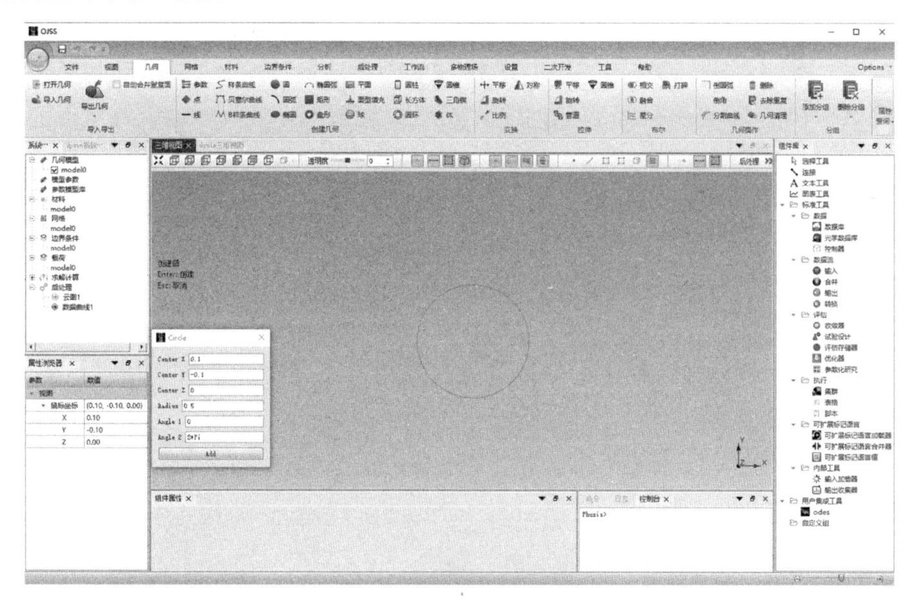

图 2-14　创建圆形视图

(1) 点击几何—圆，并切换到三维视图界面。显示创建圆提示：创建圆—Enter：创建—Esc：取消。

(2) 在创建圆设置对话框中，输入 X 为 0、Y 为 0、Z 为 0、Radius 为 0.5、Angle1 为 0、Angle2 为 2 * Pi，点击 Add 按钮，创建一个圆。

(3) 在三维视图界面中，移动鼠标至相应的位置点，点击键盘 Enter 键，再创建一个圆。

（4）点击键盘 Esc 退出创建圆操作，点击第一个创建的圆，圆内区域显示编号，属性浏览器显示圆详细信息，如图 2 15 所示。

（5）在属性浏览器中设置颜色属性 Red：255、Green：255、Blue：0、Alpha：255。

（6）圆是一条规则的封闭式曲线，而圆形是圆所围成的平面，软件可以通过面型填充对圆进行平面填充，形成一个圆形。点击几何—面型填充，显示面型填充提示：创建填充面—选择外轮廓—Esc：取消。

（7）选择第一个创建的圆作为外轮廓，进一步提示：创建填充面—选择外轮廓—Enter；创建—U：撤销选择—Esc：取消。

（8）点击键盘 Enter 键确定面型填充，点击键盘 Esc 退出操作，如图 2-15 所示。

图 2-15　圆形模型

（二）圆弧

圆弧可以通过两种方式创建，一种是通过几何—圆弧功能模块，通过点创建圆弧；另一种通过几何—圆功能模块，通过圆起始点创建圆弧。

（1）通过点创建圆弧，需要起始点、圆心点和结束点三个点，三个点的坐标分别为（−1.00，0.60，0.00）、（−1.00，0.40，0.00）、（−0.80，0.40，0.00），本案例通过点设置对话框创建。

（2）点击几何—点，并切换到三维视图界面。

（3）在创建点设置对话框，输入 X 为−1.00、Y 为 0.60、Z 为 0.00，点击 Add 按钮；再输入 X 为−1.00、Y 为 0.40、Z 为 0.00，点击 Add 按钮；再输入 X 为−0.80、Y 为 0.40、Z 为 0.00，点击 Add 按钮。

（4）点击键盘 Esc 退出创建点操作。

（5）点击几何—圆弧，显示创建圆弧提示：创建圆—选择起始点—Esc：取消。

（6）点击创建的起始点，进一步提示：创建圆弧—选择圆心—U：撤销选择—Esc：取消。

（7）点击创建的圆心点，进一步提示：创建圆弧—选择结束点—U：撤销选择—Esc：取消。

（8）点击创建的结束点，圆弧创建成功。

（9）点击键盘 Esc 退出创建圆弧操作，点击圆弧，属性浏览器显示圆弧详细信息，如图 2-16 所示。

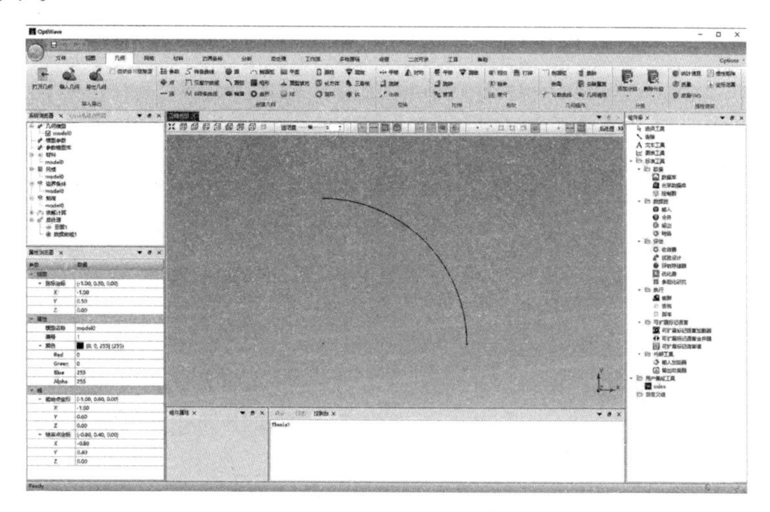

图 2-16　圆弧模型属性

使用创建圆的 Angle1 和 Angle2 实现创建圆弧，Angle1 映射为圆弧的起始点，Angle2 映射为圆弧的结束点。

（10）点击几何—圆，在创建圆设置对话框中设置参数：CenterX：－0.6，CenterY：0.4，CenterZ：0，Radius：0.2，Angle：0，Angle：Pi/2，点击 Add 按钮，点击键盘 Esc 退出操作，如图 2-17 所示。

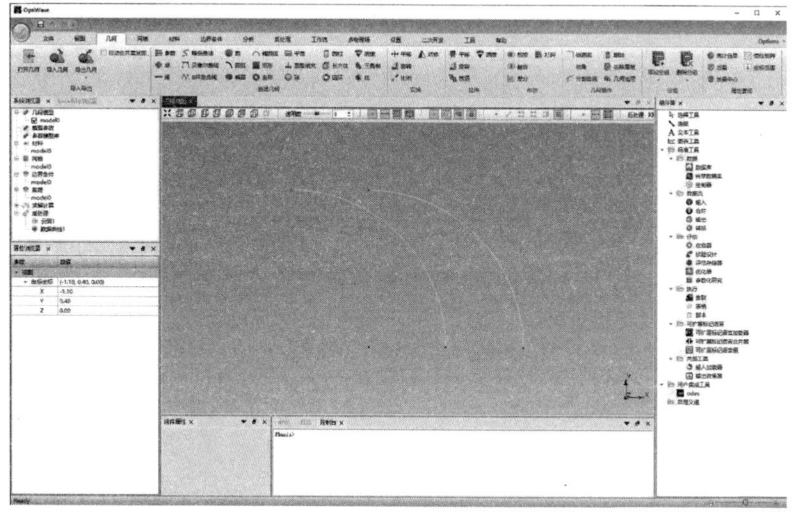

图 2-17　圆弧模型

（三）椭圆

椭圆是数学上的一个几何形状，它定义为平面上所有到两个固定点（焦点）的距离之和恒定的点的集合。这两个焦点连接在一起的线段被称为主轴，主轴的中点称为椭圆的中心。主轴的长度称为椭圆的长轴，长轴的一半称为椭圆的半长轴。椭圆上离中心最远的点称为顶点。椭圆具有许多有趣的性质和特征。例如，椭圆具有对称性，即相对于中心的两个点的坐标对称。椭圆的形状由其长轴和短轴的长度决定，长短轴之比被称为椭圆的离心率。当离心率接近于零时，椭圆变得接近于圆形；当离心率接近于1时，椭圆变得更加“扁平”。

点击几何—椭圆，在三维视图中鼠标处显示椭圆，椭圆跟随鼠标移动，三维视图界面左侧中间区域显示创建点的提示，左侧下方区域显示创建椭圆设置对话框，包括圆心的X、Y、Z坐标，X半径，Y半径，角度1和角度2，其中角度1和角度2控制圆弧大小，如图2-18所示。角度1为圆心与椭圆弧起始点所做直线与Y轴正方向的夹角大小，角度2为圆心与椭圆弧终点所做直线与Y轴正方向的夹角大小，圆弧由圆弧起始点向X轴正方向延伸到圆弧终点。创建椭圆可通过提示的快捷键创建，也可通过创建点设置对话框创建。

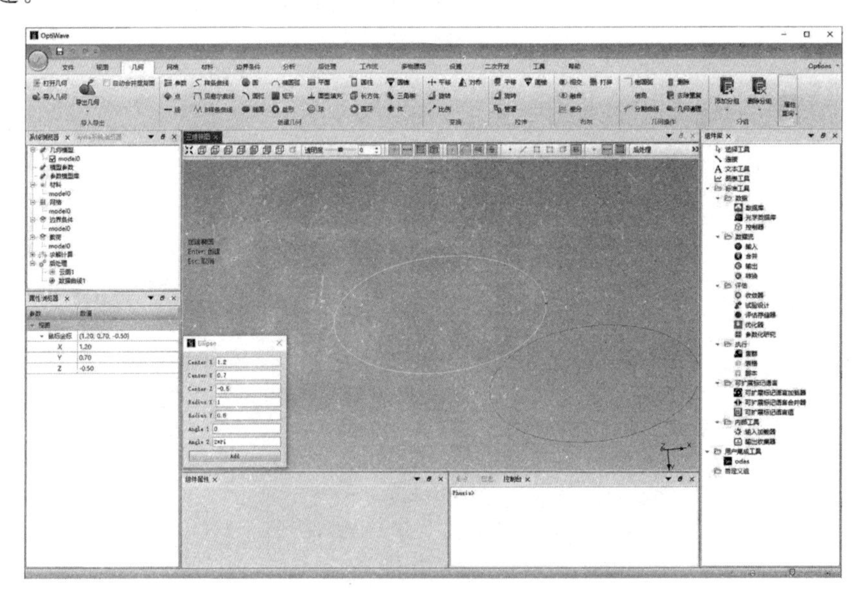

图2-18　创建椭圆视图

（1）点击几何—椭圆，并切换到三维视图界面。显示创建椭圆提示：创建椭圆—Enter：创建—Esc：取消。

（2）在创建椭圆设置对话框中，输入X为0、Y为0、Z为0、RadiusX为1、RadiusY为0.5、Angle1为0、Angle2为2＊Pi，点击Add按钮，创建一个椭圆。

（3）在三维视图界面中，移动鼠标至相应的位置点，点击键盘Enter键，再创建一个椭圆。

(4) 点击键盘 Esc 退出创建椭圆操作，点击第一个创建的椭圆，椭圆内区域显示编号，属性浏览器显示椭圆详细信息。

(5) 在属性浏览器中设置颜色属性 Red：255、Green：255、Blue：0、Alpha：255。

(6) 椭圆是一条规则的封闭式曲线，而椭圆形是椭圆所围成的平面，软件可以通过面型填充对椭圆进行平面填充，形成一个椭圆形。点击几何—面型填充，显示面型填充提示：创建填充面—选择外轮廓—Esc：取消。

(7) 选择第一个创建的椭圆作为外轮廓，进一步提示：创建填充面—选择外轮廓—Enter：创建—U：撤销选择—Esc：取消。

(8) 点击键盘 Enter 键确定面型填充，点击键盘 Esc 退出操作，如图 2-19 所示。

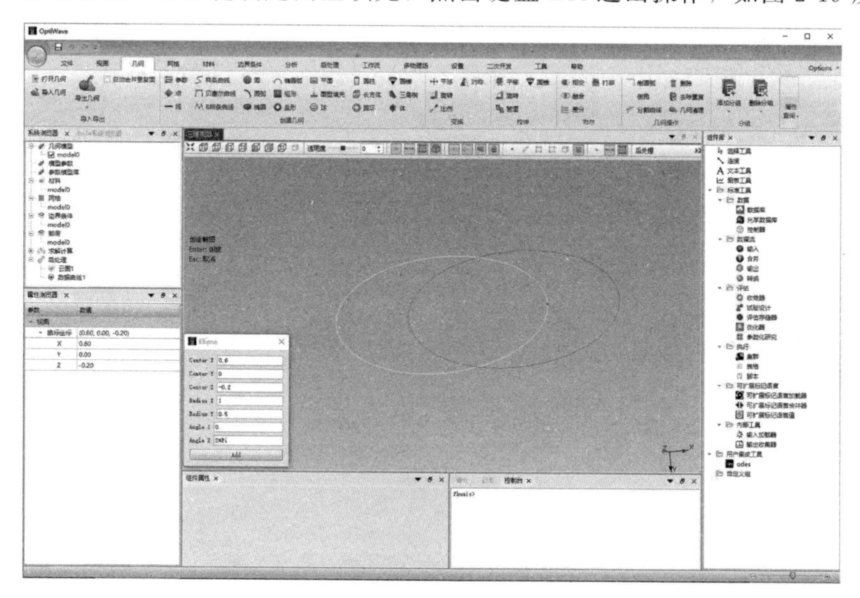

图 2-19　椭圆模型

(四) 椭圆弧

椭圆弧可以通过两种方式创建，一种是通过几何—椭圆弧功能模块，通过点创建椭圆弧；另一种通过几何—椭圆功能模块，通过椭圆起始点创建椭圆弧。

通过点创建椭圆弧，需要起始点、椭圆心点和结束点三个点，三个点的坐标分别为(−1.00，0.60，0.00)、(−1.00，0.40，0.00)、(−0.80，0.40，0.00)，本案例通过点设置对话框创建。

(1) 点击几何—点，并切换到三维视图界面。

(2) 在创建点设置对话框，输入 X 为−1.00、Y 为 0.60、Z 为 0.00，点击 Add 按钮；再输入 X 为−1.00、Y 为 0.40、Z 为 0.00，点击 Add 按钮；再输入 X 为−0.80、Y 为 0.40、Z 为 0.00，点击 Add 按钮。

（3）点击键盘 Esc 退出创建点操作。

（4）点击几何 -椭圆弧，显示创建椭圆弧提示：创建椭圆—选择起始点—Esc：取消。

（5）点击创建的起始点，进一步提示：创建椭圆弧—选择椭圆心—U：撤销选择—Esc：取消。

（6）点击创建的椭圆心点，进一步提示：创建椭圆弧—选择结束点—U：撤销选择—Esc：取消。

（7）点击创建的结束点，椭圆弧创建成功。

（8）点击键盘 Esc 退出创建椭圆弧操作，点击椭圆弧，属性浏览器显示椭圆弧详细信息，如图 2-20 所示。

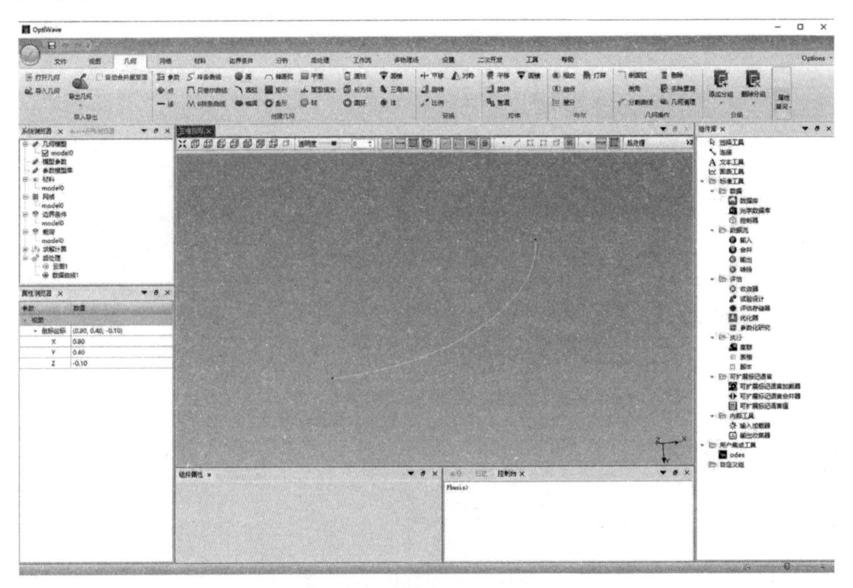

图 2-20　椭圆弧模型属性

使用创建椭圆的 Angle1 和 Angle2 实现创建椭圆弧，Angle1 映射为椭圆弧的起始点，Angle2 映射为椭圆弧的结束点。

（9）点击几何—椭圆，在创建椭圆设置对话框中设置参数：CenterX：－0.6，CenterY：0.4，CenterZ：0，Radius：0.2，Angle：0，Angle：Pi/2，点击 Add 按钮，点击键盘 Esc 退出操作，如图 2-21 所示。

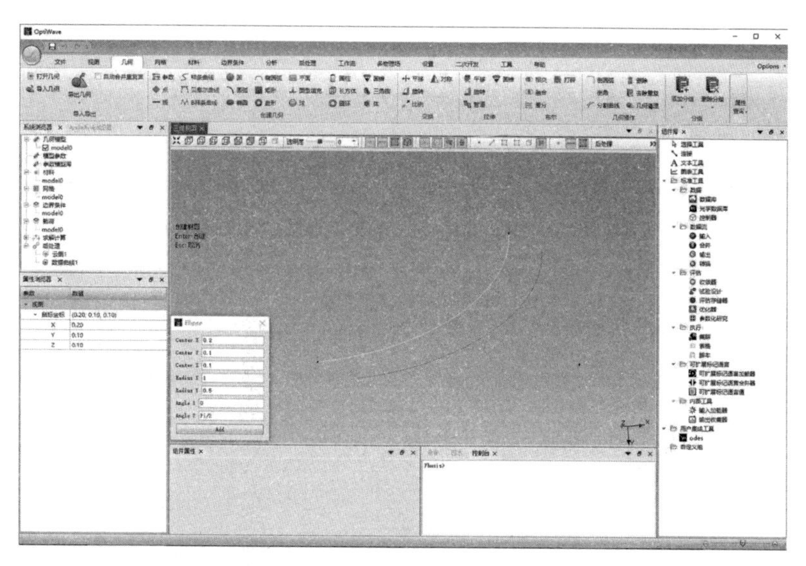

图 2-21　椭圆弧模型

四、平面

（一）矩形

矩形是一个具有四个直角的四边形，其对边相等且平行。点击几何—矩形，在三维视图中鼠标处显示矩形，矩形跟随鼠标移动，三维视图界面左侧中间区域显示创建矩形的提示，左侧下方区域显示创建矩形设置对话框，包括矩形左下角点的 X、Y、Z 坐标，DX 和 DY，其中 DX 表示 X 轴方向矩形的长度，DY 表示 Y 轴方向矩形的长度，如图 2-22 所示。

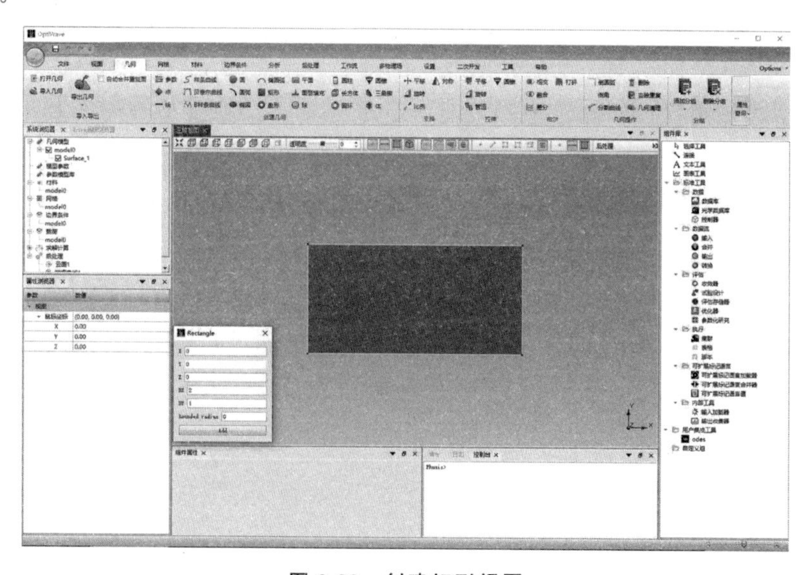

图 2-22　创建矩形视图

（1）点击几何—圆，并切换到三维视图界面。

（2）在创建矩形设置对话框中，输入 X 为 0、Y 为 0、Z 为 0、DX 为 2、DY 为 1，点击 Add 按钮，创建一个矩形。

（3）点击键盘 Esc 退出创建矩形操作。

（4）通过矩形创建正方形，在创建矩形设置对话框中，输入 X 为 0、Y 为 0、Z 为 0、DX 为 2、DY 为 1，点击 Add 按钮，创建一个正方形。如图 2-23 所示。

（5）点击键盘 Esc 退出创建矩形操作。

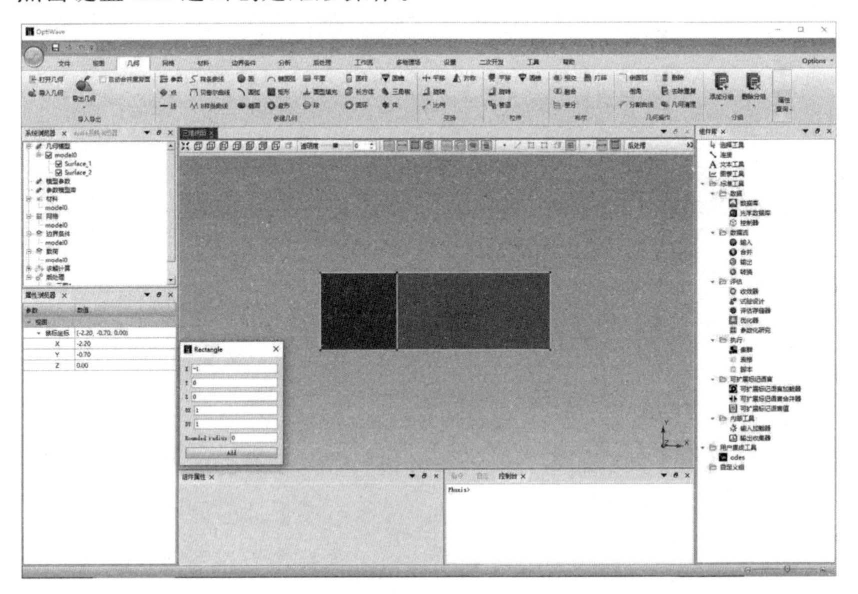

图 2-23　矩形模型

（二）盘形

盘形是一个在平面上被一个闭合曲线（椭圆）所限制的区域，由该曲线及其内部的所有点组成。当椭圆的长轴和短轴相同时，盘型为圆盘，圆盘是圆周及其内部的区域。圆盘可以被认为是二维平面上的一个形状，具有圆心、半径和边界。点击几何—盘形，在三维视图中鼠标处显示盘形，盘形跟随鼠标移动，三维视图界面左侧中间区域显示创建盘形的提示，左侧下方区域显示创建圆盘设置对话框，包括盘形中心点的 X、Y、Z 坐标，Radius X 和 Radius Y，其中 Radius X 表示与 X 轴平行通过圆盘中心点与圆盘边界线段的长度，Radius Y 表示与 Y 轴平行通过圆盘中心点与圆盘边界线段的长度，如图 2-24 所示。

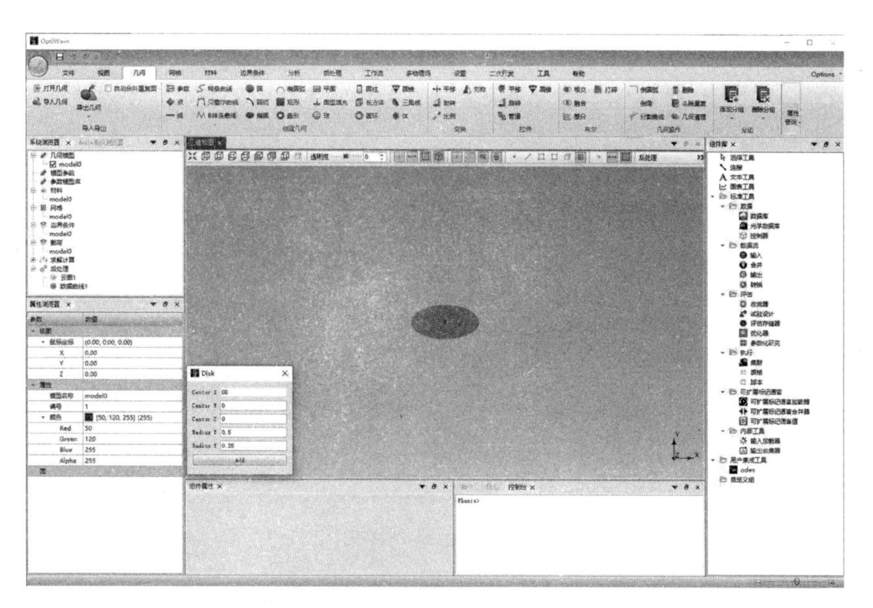

图 2-24　创建盘形视图

（1）点击几何—盘形，并切换到三维视图界面。

（2）在创建矩形设置对话框中，输入 X 为 0、Y 为 0、Z 为 0、DX 为 2、DY 为 1，点击 Add 按钮，创建一个盘形。

（3）点击键盘 Esc 退出创建盘形操作，如图 2-25 所示。

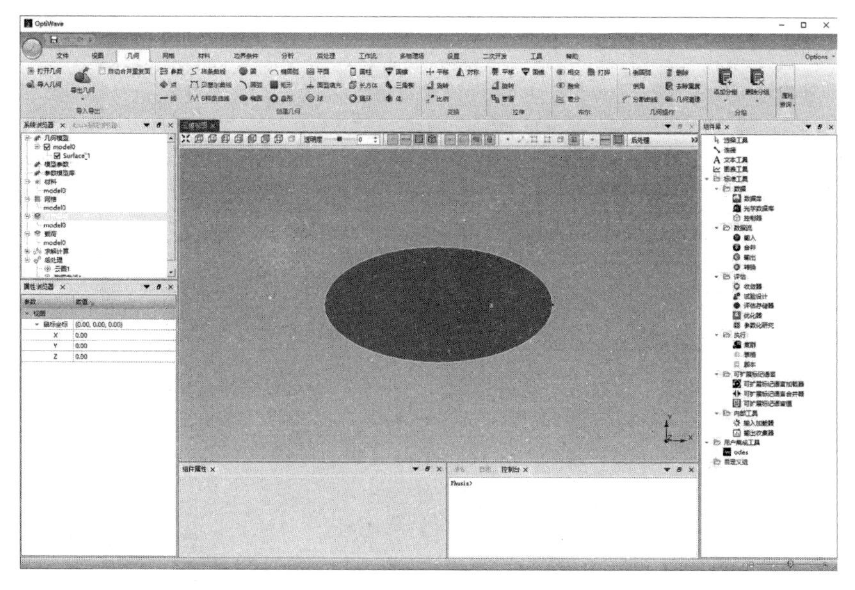

图 2-25　盘形模型

（三）平面

平面功能通过轮廓生成不同形状的平面。点击几何—平面，在三维视图中鼠标处显示创建平面提示，如图 2-26 所示。

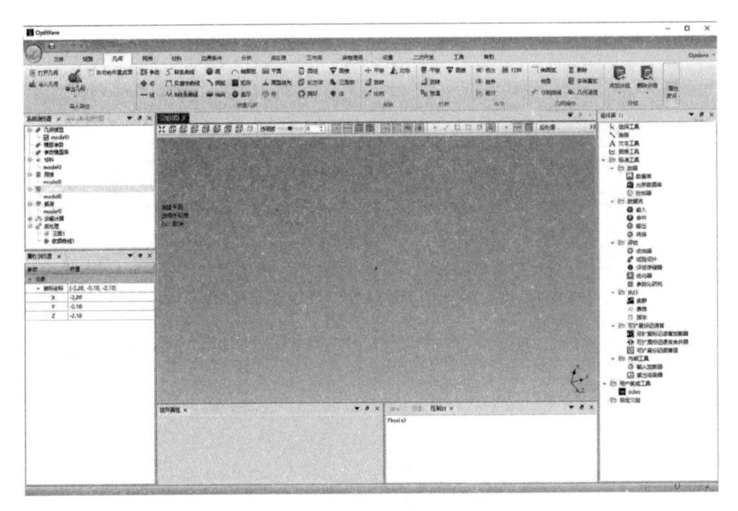

图 2-26　创建平面视图

（1）点击几何—椭圆，并切换到三维视图界面。显示创建椭圆提示：创建椭圆—Enter：创建—Esc：取消。

（2）在创建椭圆设置对话框中，输入 X 为 0、Y 为 0、Z 为 0、Radius X 为 2、RadiusY 为 1、Angle1 为 0、Angle2 为 2 * Pi，点击 Add 按钮，创建一个椭圆。

（3）点击几何—平面，在三维视图界面中，显示创建平面的提示：创建平面—选择外轮廓—Esc：取消。

（4）选择椭圆作为外轮廓，进一步显示提示：创建平面—选择开孔边界—Enter：创建—U：撤销选择—Esc：取消。

（5）点击键盘 Enter 创建椭圆平面，如图 2-27 所示。

（6）点击键盘 Esc 退出创建。

图 2-27　椭圆平面模型

（四）面型填充

面型填充功能是指对多边形面进行填充，使其看起来更加平滑和真实。点击几何—面型填充，在三维视图中鼠标处显示创建面型填充提示。

（1）创建至少三个不同位置的点。点击几何—点，在创建点对话框中输入点 1 坐标，点击 Add 按钮，依次创建其他点，创建完成后点击键盘 Esc 退出创建点操作。

（2）点击几何-线，在三维视图界面中，显示创建线的提示：创建样条曲线—选择起始点—Esc：取消，选择点 1 作为起始点，鼠标点击该点，然后连接到第二个点，再次点击几何—线，选择第二个点，将线连接到第三个点，以此类推，直到最后一个点连接到第一个，形成封闭图形。

（3）点击几何—面型填充，显示创建填充面的提示：创建填充面—选择外轮廓—Enter：创建—U：撤销选择—Esc：取消。

（4）选中创建的封闭图形，按下 Enter 键，面型填充完毕，如图 2-28 所示。

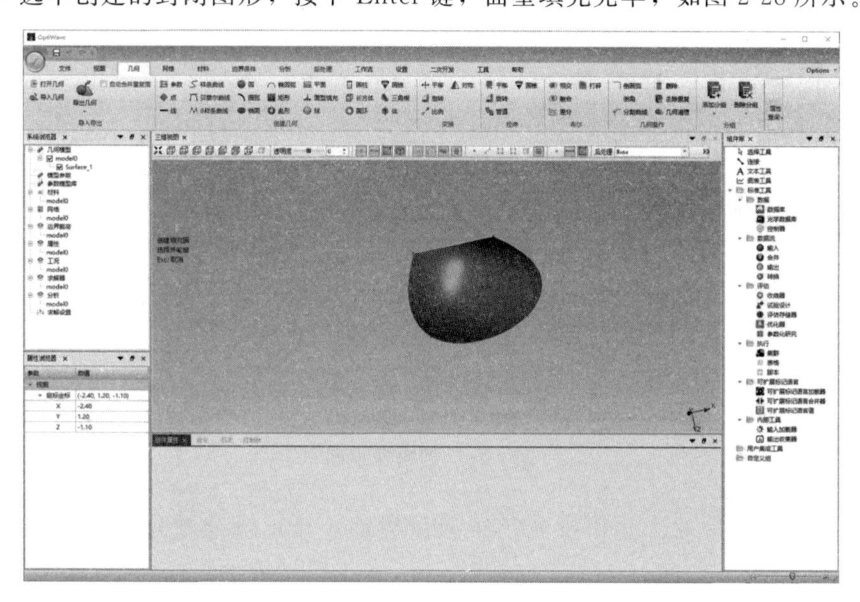

图 2-28　面型填充

五、体

体可以用来表示三维物体的几何形状，通过将物体划分为一系列小的立方体单元，可以构建出复杂的三维几何体。这种基于体素的表示方式可以更方便地处理物体的形状、大小和位置等信息。

（一）球

球是一种立体几何形状，它由所有离球心的点与球心的距离都相等的点组成，它具有对称性和连续性。在三维建模中，球体可以作为基本的构建单元来创建更复杂的物体。通过对球体进行缩放、旋转和变形等操作，可以构建出各种形状的模型。球体在三维建模中也常用作建模参考物体。在设计过程中，可以将球体放置在模型的特定位置或作为标志性的部分，从而更好地理解和构建模型的比例、形状和结构。

点击几何—球，在三维视图中鼠标处显示球，三维视图界面左侧中间区域显示创建球体的提示，左侧下方区域显示创建球体设置对话框，包括球心的 X、Y、Z 坐标和半径，角度 1、角度 2 和角度 3，可通过角度设置实现球形变换，如图 2-29 所示。球体是由平行于 X 轴正方向的平面（完整球体为半圆形）由 X 轴向 Y 轴旋转一周生成的，角度 1 和角度 2 控制形成平面的圆弧边界点，圆弧边界点向通过球心并与 Z 轴平行的直线做垂直线段形成平面。角度 3 控制平面旋转的大小，方向为沿 X 轴正方向向 Y 轴正方向旋转。

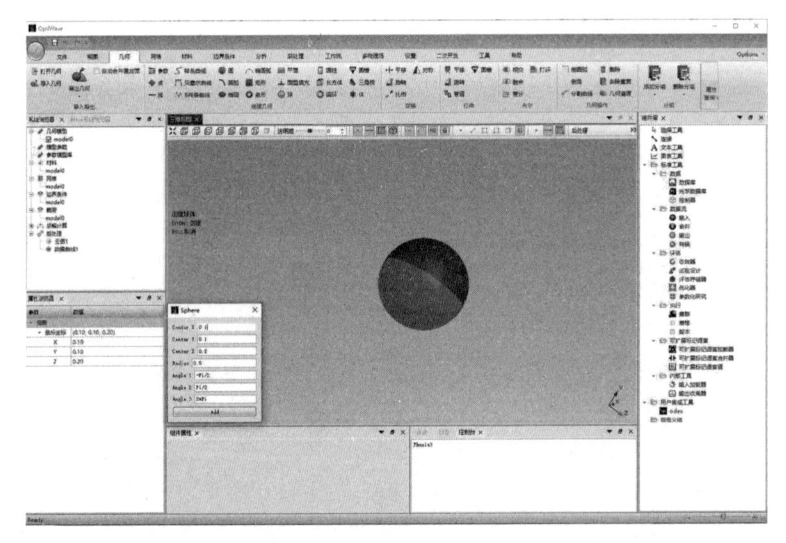

图 2-29　创建球视图

（1）点击几何—球，并切换到三维视图界面。显示创建球体提示：创建球体—Enter：创建—Esc：取消。

（2）在创建球体设置对话框中，输入 CenterX 为 0、CenterY 为 0、CenterZ 为 0、Radius 为 0.5、Angle1 为-Pi/2、Angle2 为 Pi/2、Angle3 为 2 * Pi，点击 Add 按钮，创建一个球体。

（3）在创建球体设置对话框中，修改 CenterX 为 3、CenterY 为 0、CenterZ 为 0、Radius 为 0.5、Angle1 为 0、Angle2 为 Pi/2、Angle3 为 Pi。

（4）点击键盘 Enter 键，通过快捷键创建，如图 2-30 所示。

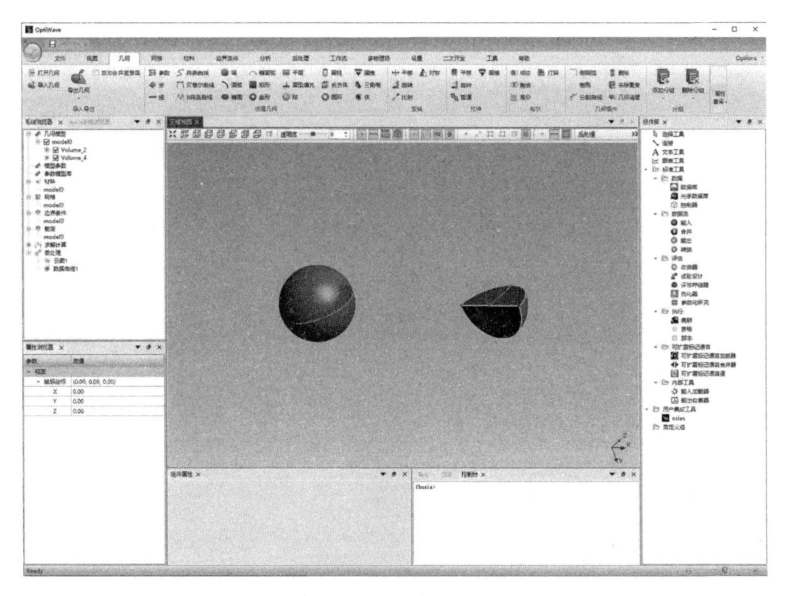

图 2-30　球模型

（二）圆柱

圆柱是一种由两个平行且相等的圆面以及连接这两个圆面的侧面组成的几何形状。圆柱的侧面是由无数相互平行且等距离的直线组成的，这些直线都垂直于圆面。在三维空间中，圆柱可以有不同的高度和半径，从而产生不同大小和比例的圆柱形状。圆柱广泛应用于建筑和工程领域的三维建模中。例如，在建筑设计中，圆柱可以代表柱子、支撑结构或者是建筑元素的一部分。通过调整圆柱的高度、半径和位置等参数，可以创建出各种不同形状和大小的柱子，为建筑模型增加细节和真实感。

点击几何—圆柱，在三维视图中鼠标处显示圆柱，三维视图界面左侧中间区域显示创建圆柱的提示，左侧下方区域显示创建圆柱设置对话框，如图 2-31 所示。圆柱由扇形面（完整圆柱为圆形面）沿某一方向平移所构成的，设置对话框中包括扇形面的圆心坐标（用 CenterBaseX、CenterBaseY、CenterBaseZ 表示）、扇形面的半径 Radius、扇形角度弧平移方向 Angle，方向为 Z 轴正方向向 X 轴正方向旋转，平移方向由原点（0，0，0）和平移方向点（用 AxisDX、AxisDY、AxisDZ 表示）表示，并且原点与平移方向点所构成的直线垂直于扇形面。

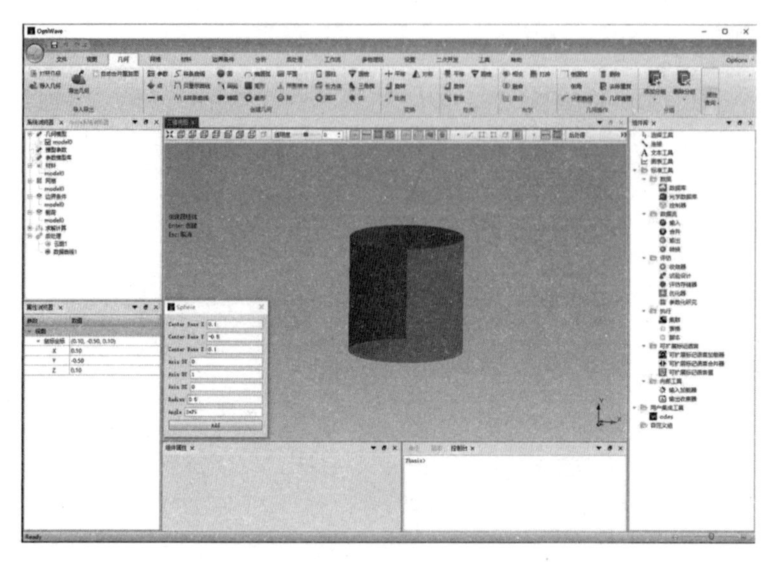

图 2-31　创建圆柱视图

（1）点击几何—圆柱，并切换到三维视图界面。显示创建圆柱提示：创建圆柱—Enter：创建—Esc：取消。

（2）在创建圆柱设置对话框中，输入 CenterBase X 为 0、CenterBase Y 为 0、CenterBase Z 为 0、Axis DX 为 0、Axis DY 为 1、Axis DZ 为 0、Radius 为 0.5、Angle 为 2 * Pi，点击 Add 按钮，创建一个圆柱。

（3）在创建圆柱设置对话框中，修改 Center X 为 2、Center Y 为 0、Center Z 为 0、Axis DX 为 1、Axis DY 为 1、Axis DZ 为 1、Radius 为 0.5、Angle 为 2 * Pi。

（4）点击键盘 Enter 键，通过快捷键创建，如图 2-32 所示。

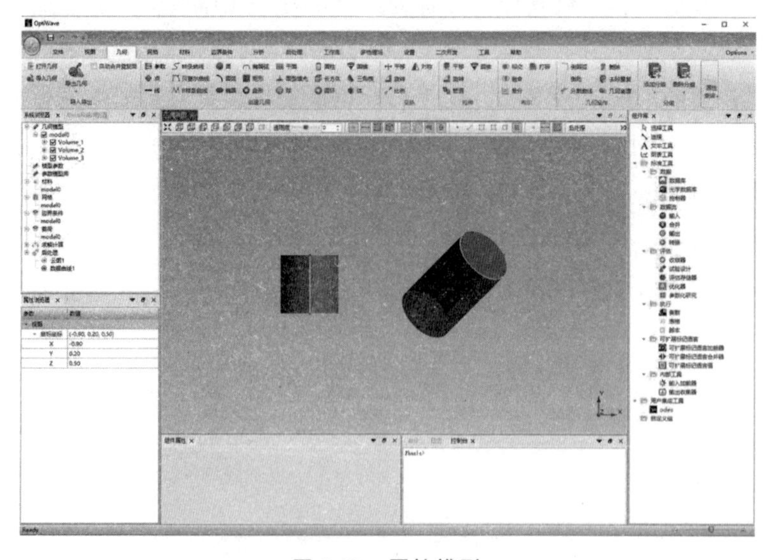

图 2-32　圆柱模型

（三）长方体

长方体在三维建模中是一个重要的基本元素，广泛用于计算机辅助设计软件中。通过将长方体进行操作和组合，作为基础形状和构建单元，可以被进一步操作、变形和组合，用于创造出各种复杂的三维模型和场景。

点击几何—长方体，在三维视图中鼠标处显示长方体，三维视图界面左侧中间区域显示创建长方体的提示，左侧下方区域显示创建长方体设置对话框，如图 2-33 所示。长方体由起点与 X、Y、Z 轴正方向固定长度控制，设置对话框中包括起点坐标（X、Y、Z）和 DX、DY、DZ（轴正方向固定长度值）。

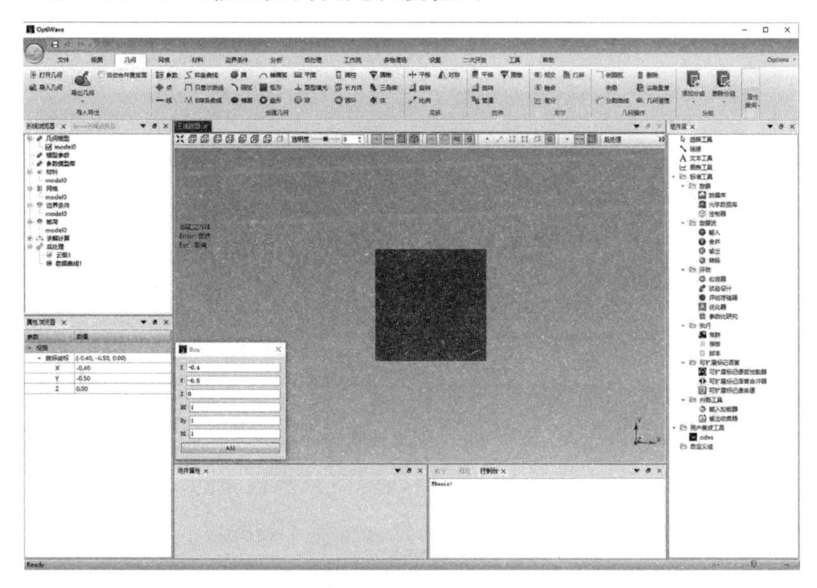

图 2-33　创建长方体视图

（1）点击几何—长方体，并切换到三维视图界面。显示创建长方体提示：创建长方体—Enter：创建—Esc：取消。

（2）在创建长方体设置对话框中，输入 X 为 0、Y 为 0、Z 为 0、DX 为 2、DY 为 1、DZ 为 1，点击 Add 按钮，创建一个长方体。

（3）在创建长方体设置对话框中，修改 X 为 3、Y 为 0、Z 为 0、DX 为 1、DY 为 1、DZ 为 1。

（4）点击键盘 Enter 键，通过快捷键创建一个正方体，如图 2-34 所示。

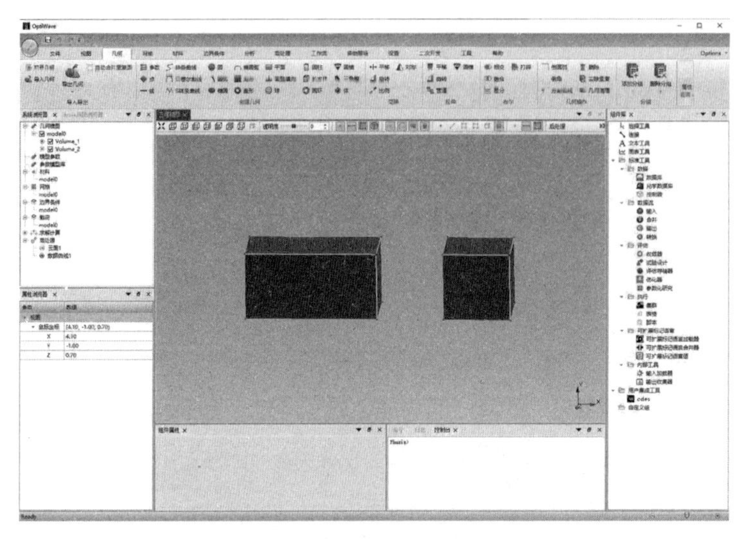

图 2-34　长方体与正方体模型

(四) 圆环

圆环是由圆面环绕其轴线旋转而形成的几何体，常用于创建管道和管件的三维模型，可以准确地定义这些元素的形状和尺寸，在三维建模和仿真中扮演着重要的角色。

点击几何—圆环，在三维视图中鼠标处显示圆环，三维视图界面左侧中间区域显示创建圆环的提示，左侧下方区域显示创建圆环设置对话框，如图 2-35 所示。圆环由平行于 X—Z 面的圆形绕中心点沿 Y 轴正方向旋转路径所构成的，设置对话框中包括中心点的坐标（用 Center X、Center Y、Center Z 表示）、Radius 1、Radius 2 和 Angle，其中 Radius 1 和 Radius 2 用于控制平行与 X—Z 面的圆形的大小，Angle 用于控制绕中心点沿 Y 轴正方向旋转角度。

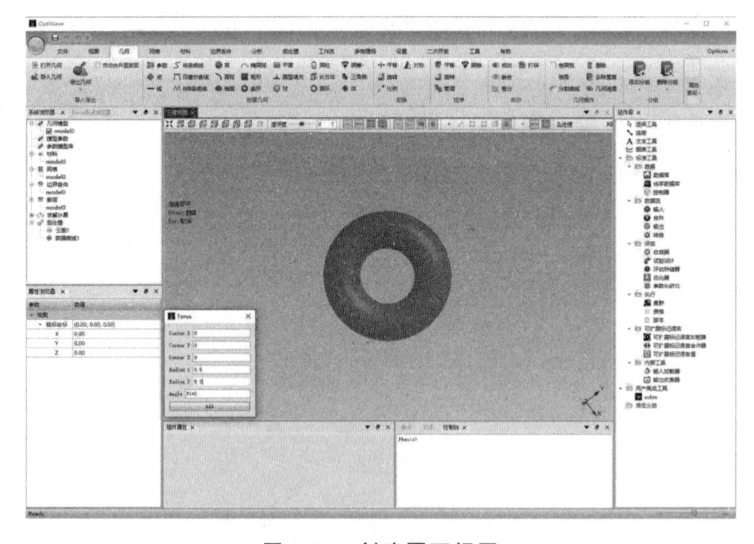

图 2-35　创建圆环视图

（1）点击几何—圆环，并切换到三维视图界面。显示创建圆环提示：创建圆环—Enter：创建—Esc：取消。

（2）在创建圆环设置对话框中，输入 Center X 为 0、Center Y 为 0、Center Z 为 0、Radius 1 为 0.5、Radius 2 为 0.2、Angle 为 Pi*2，点击 Add 按钮，创建一个圆环。

（3）在创建圆环设置对话框中，修改 Center X 为 3、Center Y 为 0、Center Z 为 0、Radius 1 为 0.5、Radius 2 为 0.3、Angle 为 Pi/2。

（4）点击键盘 Enter 键，通过快捷键创建，如图 2-36 所示。

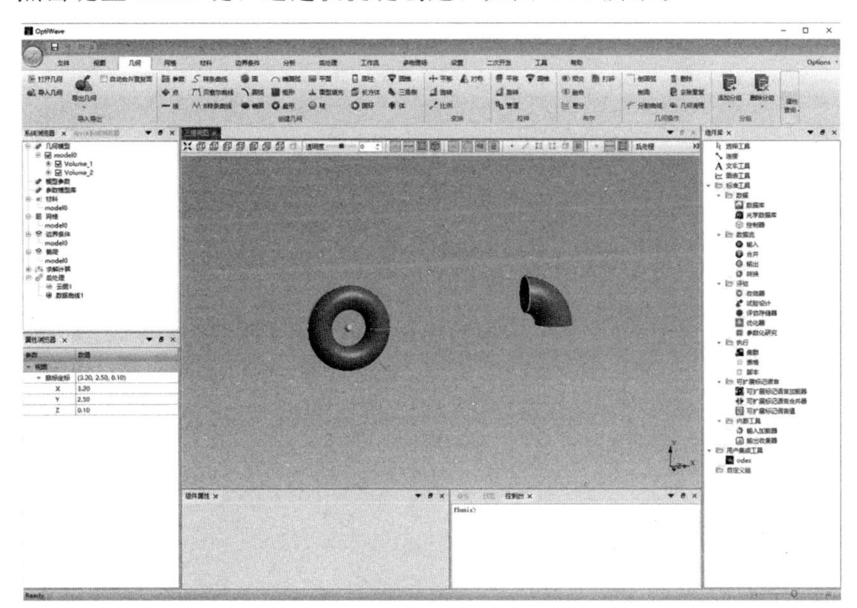

图 2-36　圆环模型

（五）圆锥

三维建模中的圆锥由一个圆形底面和从底面中心向上延伸的直线而成。圆锥的形状呈锥形，顶部尖锐，底部为圆形。圆锥在三维建模中有广泛的应用。它们可以用于创建建筑结构中的塔楼、山形物体的建模、器具设计中的锥形零件等。

点击几何—圆锥，在三维视图中鼠标处显示圆锥，三维视图界面左侧中间区域显示创建圆锥的提示，左侧下方区域显示创建圆锥设置对话框，如图 2-37 所示。圆锥由平行于 Y—Z 面的两个圆形绕中心点沿 X 轴正方向旋转路径所构成的，设置对话框中包括中心点的坐标（用 Center Base X、Center Base Y、Center Base Z 表示）、Axis DX、Axis DY、Axis DZ、Radius 1、Radius 2 和 Angle，其中 Axis DX、Axis DY、Axis DZ 用来分别表示 X、Y、Z 三个方向的尺度大小，Radius 1 和 Radius 2 用于控制平行于 Y—Z 面的圆形的大小，将其中一个参数设置为 0，即可得到圆锥，Angle 用于控制绕中心点沿 Y 轴正方向旋转角度。

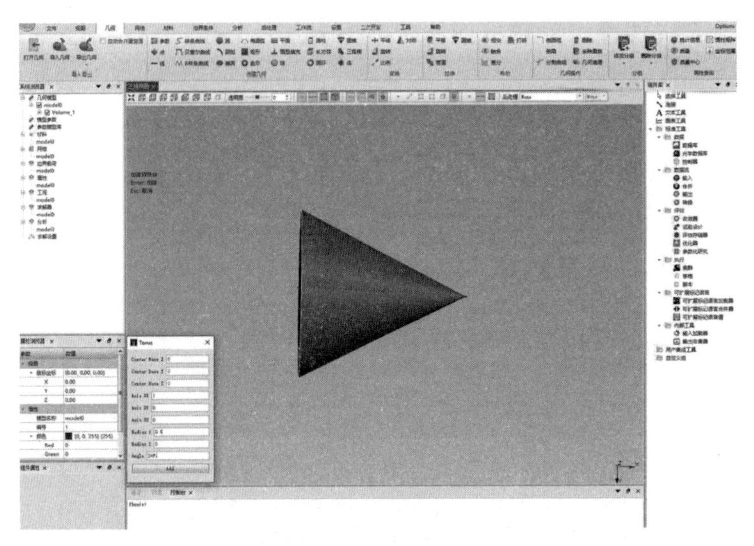

图 2-37　创建圆锥视图

（1）点击几何—圆锥，并切换到三维视图界面。显示创建圆锥提示：创建圆锥—Enter：创建—Esc：取消。

（2）在创建圆锥设置对话框中，输入 Center Base X 为 0、Center Base Y 为 0、Center Base Z 为 0、Axis DX 为 1、Axis DY 为 0、Axis DZ 为 0、Radius 1 为 0.5、Radius 2 为 0、Angle 为 Pi * 2，点击 Add 按钮，创建一个圆锥。

（3）在创建圆锥设置对话框中，修改 Center Base X 为 1.2、Center Base Y 为 0.2、Center Base Z 为 0、Axis DX 为 0.5、Axis DY 为 0、Axis DZ 为 0、Radius 1 为 0.8、Radius 2 为 0、Angle 为 Pi。

（4）点击键盘 Enter 键，通过快捷键创建，如图 2-38 所示。

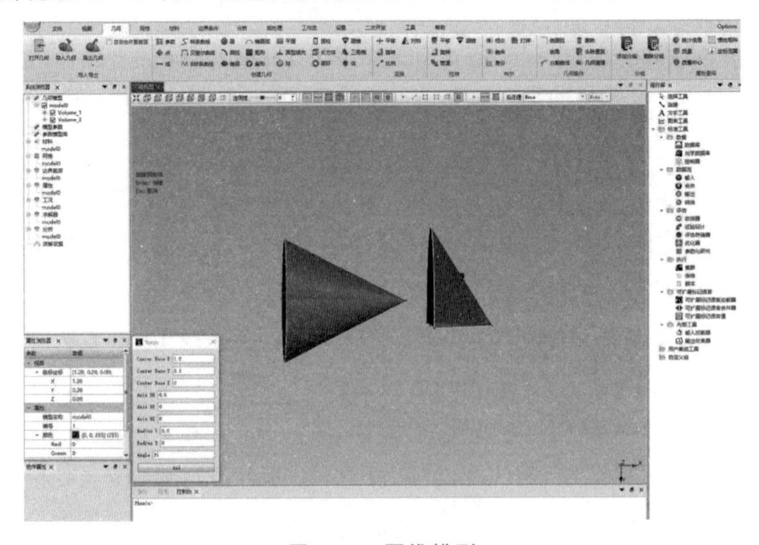

图 2-38　圆锥模型

（六）三角楔

三角楔是一个具有楔形横截面的几何体。它是由两个或多个平面与一个共同边相交形成的。三角楔的形状使得一端较宽，另一端较窄，呈逐渐收窄的锥形。

点击几何—三角楔，在三维视图中鼠标处显示三角楔，三维视图界面左侧中间区域显示创建三角楔的提示，左侧下方区域显示创建三角楔设置对话框，如图 2-39 所示。设置对话框中包括中心点的坐标（用 X、Y、Z 表示）、DX、DY、DZ 和 Top DX，其中 DX、DY、DZ 用来分别表示 X、Y、Z 三个方向的尺度大小，Top DX 表示顶部 X 方向的尺度大小。

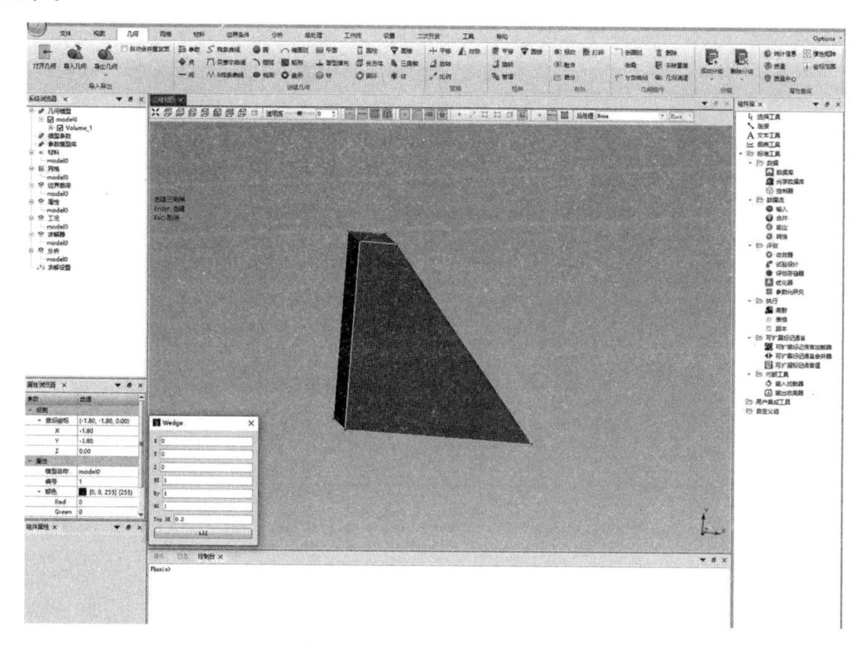

图 2-39　创建三角楔视图

（1）点击几何—三角楔，并切换到三维视图界面。显示创建三角楔提示：创建三角楔—Enter：创建—Esc：取消。

（2）在创建三角楔设置对话框中，输入 X 为 0、Y 为 0、Z 为 0、DX 为 1、DY 为 1、DZ 为 1、Top DX 为 0.2，点击 Add 按钮，创建一个三角楔。

（3）在创建三角楔设置对话框中，修改 X 为 1.5、Y 为 0.5、Z 为 0.5、DX 为 0.5、DY 为 0.3、DZ 为 0.2、Top DX 为 0.8。

（4）点击键盘 Enter 键，通过快捷键创建，如图 2-40 所示。

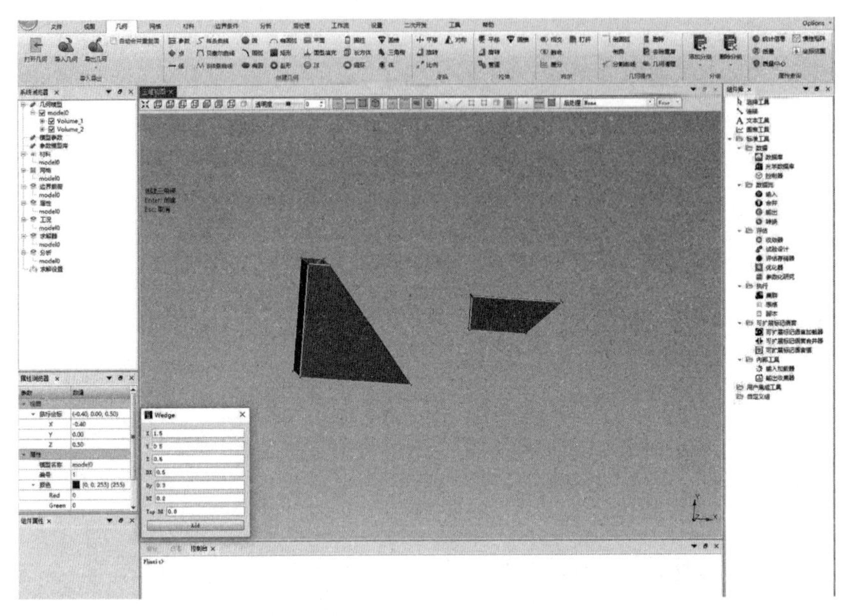

图 2-40　三角楔模型

第三节　几何变换

在光学仿真中，仿真模型通常是复杂的，仅通过几何模型构建是无法实现的，需要对几何模型进行分割、空洞填充或删除不需要的部分等操作。软件几何变换功能可以进行几何模型变化，通过改变几何体之间的关系来生成新的几何体，使得复杂的几何操作和模型生成。本节通过介绍几何变换的基本原理和常见的操作方法，说明拉伸和布尔几何变换功能，使读者能够快速、准确地进行几何模型的编辑和变换。

布尔运算在三维建模中提供了强大的工具和技术，实现复杂的几何操作和模型生成，使用布尔运算，可以快速、有效地进行建模和修改，节省时间和精力。布尔运算通过使用相交、融合和差分等布尔运算，可以将简单的基本几何体组合成复杂的形状和结构，通过添加、减去或相交两个或多个对象以形成单个统一的对象，它可以根据布尔运算的规则进行不同的操作。本节将详细介绍三维建模布尔运算的概念、原理、应用以及一些常用的布尔操作。

一、拉伸

(一) 变换—平移

几何变换是一种用于修改光学模型中物体位置、形状和大小的技术，可以应用于光学元件、场景中的对象或整个系统，以便进行各种仿真和分析。

变换—平移功能可将对象沿着指定方向移动一定距离，参数 DX、DY、DZ 分别代表的意义是在 X、Y、Z 轴上平移的距离，在下拉菜单中可以选择平移模式，如“Allentities”是操作整体进行移动。如图 2-41 所示：

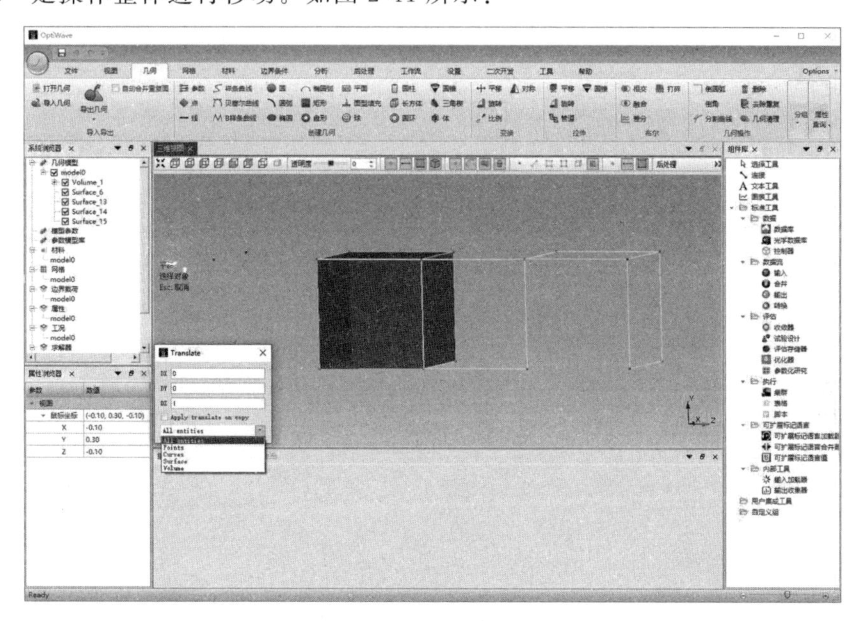

图 2-41 平移操作

（1）点击几何-创建几何，将需要操作的形状放置在三维视图界面，如长方体。

（2）点击变换—平移，设置 DX、DY、DZ 的参数值，确定在三个方向平移的距离。

（3）根据需要选择长方体的一条线、一个面、两个面或者一个整体等多种对象，然后按下“Enter”键，完成平移操作。

（二）拉伸—平移

几何拉伸功能允许用户在光学模型中对物体进行拉伸变形操作。这种变形可以是沿某个方向或轴线的线性拉伸，也可以是非线性的形变。通过使用几何拉伸功能，可以实现以下操作：

沿指定方向的线性拉伸：用户可以指定一个方向或轴线，并设置拉伸系数来沿该方向对物体进行线性拉伸。这将导致物体在该方向上的尺寸发生扩展或收缩。

非线性形变：用户可以使用曲线或自定义函数来描述物体在不同位置上的拉伸形状。这种非线性形变可以用于实现复杂的物体形状变化，如曲面的扭曲、弯曲或褶皱等。

拉伸—平移功能能够根据调整参数实现所需的效果，如参数 DX、DY、DZ 分别代表的意义是在 X、Y、Z 轴上平移拉伸的距离，可根据需要选择是否使用划分网格（Extrude）和重组（Recombine）功能，Meshlayers 代表网格级别，在下拉菜单中可以选择平移拉伸模式，包括整体、点、圆、面、体积五种模式。平移操作如图 2-42 所示。

（1）点击几何—创建几何，将需要操作的形状放置在三维视图界面，如矩形。

（2）点击拉伸—平移，设置 DX、DY、DZ 的参数值，确定在三个方向拉伸平移的距离。

（3）根据需要选择矩形的一条线、一个面或者一个整体等多种对象，按下“Enter”键，完成拉伸平移操作。

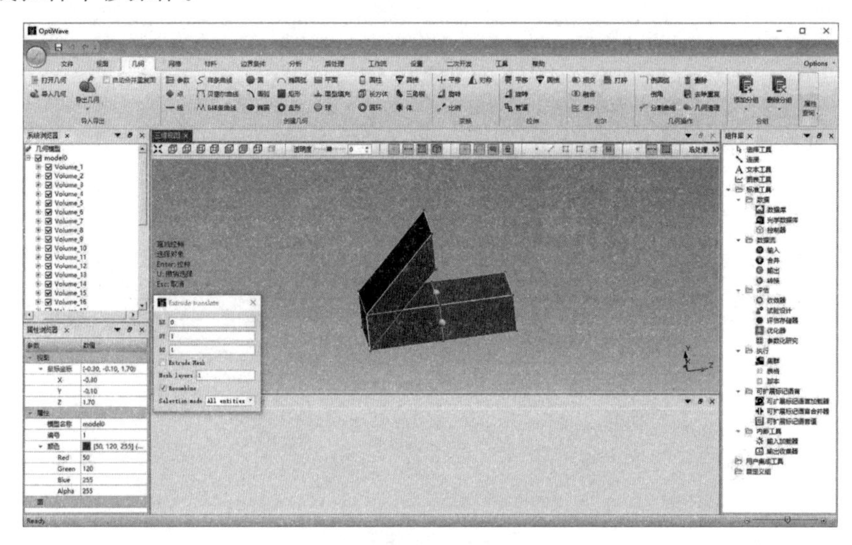

图 2-42　平移操作

（三）拉伸—旋转

拉伸—旋转功能围绕指定点或轴线旋转对象，改变其方向。参数 Axis point X、Axis point Y、Axis point Z 代表需要围绕的指定点的位置坐标，Axis DX、Axis DY、Axis DZ 代表旋转时向 X、Y、Z 三个方向拉伸的距离，Angle 代表旋转拉伸时的角度，也可根据需要选择是否使用划分网格（Extrude）和重组（Recombine）功能，Meshlayers 代表网格级别，在下拉菜单中可以选择平移拉伸模式，包括整体、点、圆、面、体积五种模式。旋转操作如图 2-43 所示。

（1）点击几何—创建几何，将需要操作的形状放置在三维视图界面，如矩形。

（2）点击拉伸—旋转，设置 Axis point X、Axis point Y、Axis point Z 的参数值，设置围绕的固定点旋转的位置。

（3）设置 DX、DY、DZ 的参数值，确定在三个方向旋转拉伸的距离。

（4）设置 Angle 的参数值，确实旋转的角度。

（5）根据需要选择矩形的一条线、一个面或者一个整体等多种对象，按下“Enter”键，进行该对象的旋转拉伸操作。

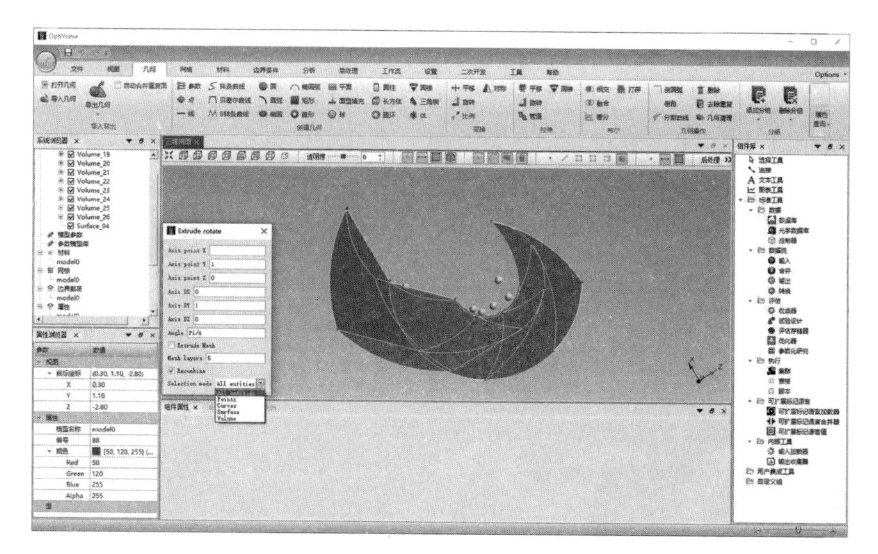

图 2-43　旋转操作

二、布尔

三维建模布尔运算是指使用布尔代数的规则对三维几何体进行运算和操作的一种技术。布尔代数是一种逻辑代数，基于二元逻辑运算符，包括“与”“或”和“非”的运算法则。在三维建模中，布尔运算主要关注如何将两个或多个几何体结合起来，或者通过运算操作改变几何体的形状。

常用的布尔运算操作包括：

（1）并集（Union）：将两个或多个几何体组合成一个新的几何体。并集操作会忽略重叠的部分，只保留合并后的几何体的外观。

（2）交集（Intersection）：将两个或多个几何体的交集提取出来，创建一个新的几何体。交集操作会保留几何体重叠部分的形状。

（3）差集（Difference）：从一个几何体中减去另一个几何体，创建一个新的几何体。差集操作会保留减去几何体后的剩余形状。

布尔运算的原理是基于几何体的边界相交关系。当两个几何体的边界相交时，可以通过确定边界相交的类型进行相应的布尔运算操作。边界相交的类型主要有边界相切（Tangent）、边界相离（Disjoint）、边界相交（Intersect）、边界包含（Contain）等。

布尔运算的作用包括以下几个方面：

（1）组合几何体：可以将多个几何体组合成一个复杂的形状。例如，可以使用布尔运算将两个盒子组合成一个有盖的盒子。

（2）切割几何体：可以通过布尔运算将几何体切割成不同的部分。例如，可以使用布尔运算将一个几何体切割成两个半球。

（3）创建洞口：可以通过布尔运算在一个几何体中创建一个或多个洞口。例如，可以使用布尔运算在一个立方体中创建一个带有洞口的柱状结构。

（4）修改几何体：可以通过布尔运算修改一个几何体的形状。例如，可以使用布尔运算将一个立方体的一个角切割掉，从而获得一个不规则的形状。

（一）相交

在软件中，通过“相交”操作可以实现对几何图形相交部分的求解，进行交集运算，得到相交部分的几何图形。具体操作如下：

（1）点击几何—长方体，并切换到三维视图界面。显示创建长方体提示：创建长方体—Enter：创建—Esc：取消。

（2）在创建长方体设置对话框中，输入 X 为 0、Y 为 0、Z 为 0、DX 为 2、DY 为 1、DZ 为 1，点击 Add 按钮，创建一个长方体，如图 2-44 所示。

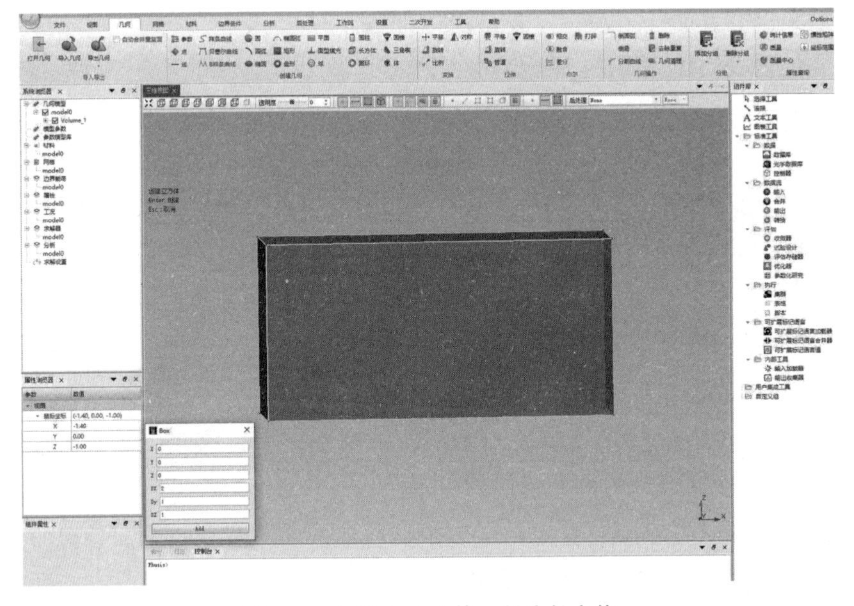

图 2-44　相交布尔运算—创建长方体

（3）点击几何—圆柱，并切换到三维视图界面。显示创建圆柱提示：创建圆柱—Enter：创建—Esc：取消。

（4）在创建圆柱设置对话框中，输入 CenterBase X 为 0.7、CenterBase Y 为 0.7、CenterBase Z 为 0.5、Axis DX 为 1、Axis DY 为 0、Axis DZ 为 0、Radius 为 0.5、Angle 为 2 * Pi，点击 Add 按钮，创建一个圆柱，如图 2-45 所示。

图 2-45　相交布尔运算—创建圆柱体

（5）点击 Show Surface 按钮，得到如图 2-46 所示的视图。

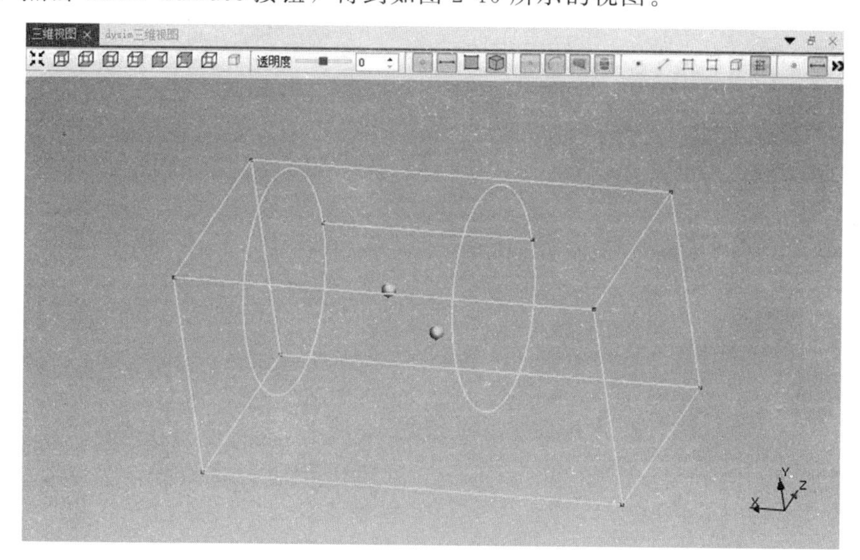

图 2-46　相交布尔运算-取消显示表面

（6）点击几何—布尔—相交，显示相交布尔运算提示：布尔运算交集—选择对象—Esc：取消。点击鼠标左键进行长方体对象的选择，进一步提示：布尔运算交集—选择对象—Enter：完成选择对象—U：撤销选择—Esc：取消，按 Enter 键完成对象选择，如图 2-47 所示。

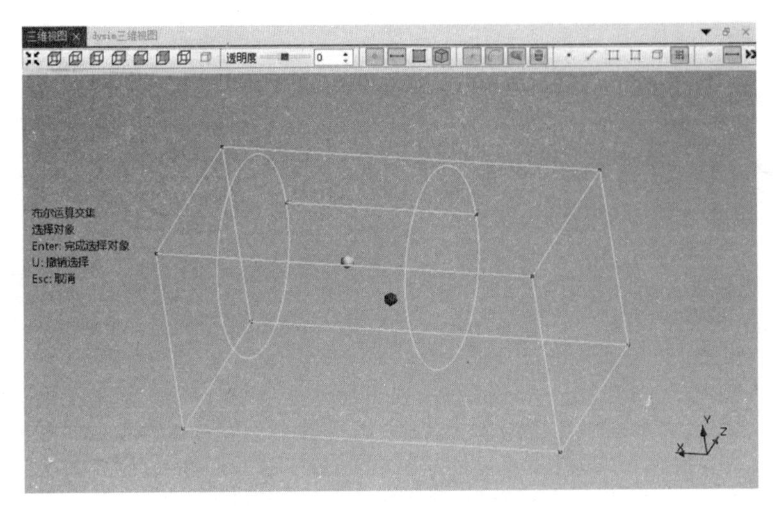

图 2-47　相交布尔运算—选择对象

(7) 进一步提示：布尔运算交集—选择工具对象—Esc：取消。点击鼠标左键进行长方体对象的选择，鼠标左键点击圆柱中心点，作为工具对象，软件进一步提示：布尔运算交集—选择工具对象—Enter：进行布尔运算—U：撤销选择—Esc：取消。点击 Enter 键进行布尔运算，得到如图 2-48 所示的几何体，即为圆柱体与长方体的相交部分。

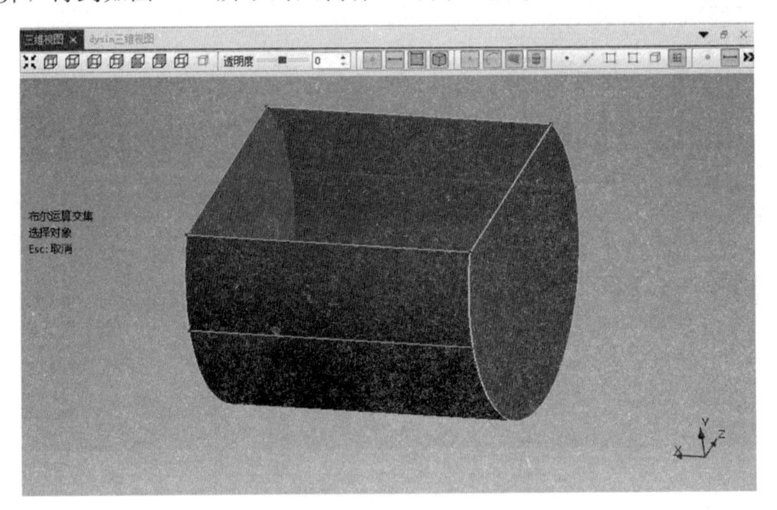

图 2-48　相交布尔运算—生成模型

(二) 融合

在软件中，通过“融合”操作可以实现对几何图形相交的部分的求解，进行并集运算，得到融合部分的几何图形。具体操作如下：

(1) 点击几何—长方体，并切换到三维视图界面。显示创建长方体提示：创建长方体—Enter：创建—Esc：取消。

(2) 在创建长方体设置对话框中，输入 X 为 0、Y 为 0、Z 为 0、DX 为 2、DY 为

1、DZ 为 1，点击 Add 按钮，创建一个长方体。

（3）点击几何—圆柱，并切换到三维视图界面。显示创建圆柱提示：创建圆柱—Enter：创建—Esc：取消。

（4）在创建圆柱设置对话框中，输入 CenterBase X 为 1.3、CenterBase Y 为 0.7、CenterBase Z 为 0.5、Axis DX 为 1、Axis DY 为 0、Axis DZ 为 0、Radius 为 0.5、Angle 为 2 * Pi，点击 Add 按钮，创建一个圆柱。

（5）鼠标右键移动对模型进行旋转，如图 2-49 所示。

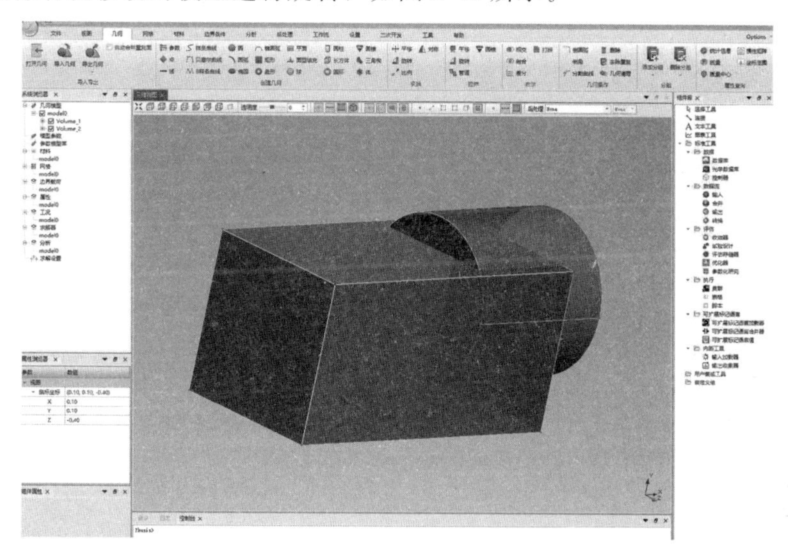

图 2-49 融合布尔运算—创建模型

（6）点击 Show Surface 按钮，得到如图 2-50 所示的视图。

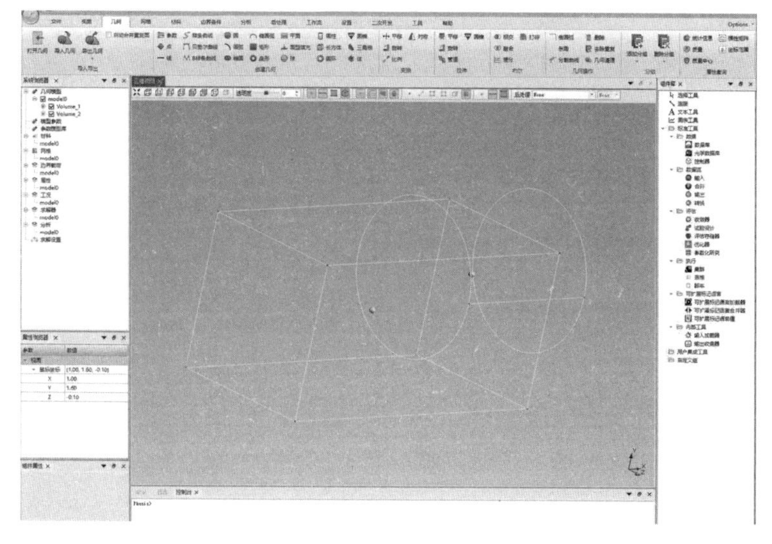

图 2-50 融合布尔运算—取消显示表面

（7）点击几何—布尔—融合，点击鼠标左键进行长方体对象的选择，按 Enter 键完成对象选择，如图 2-51 所示。

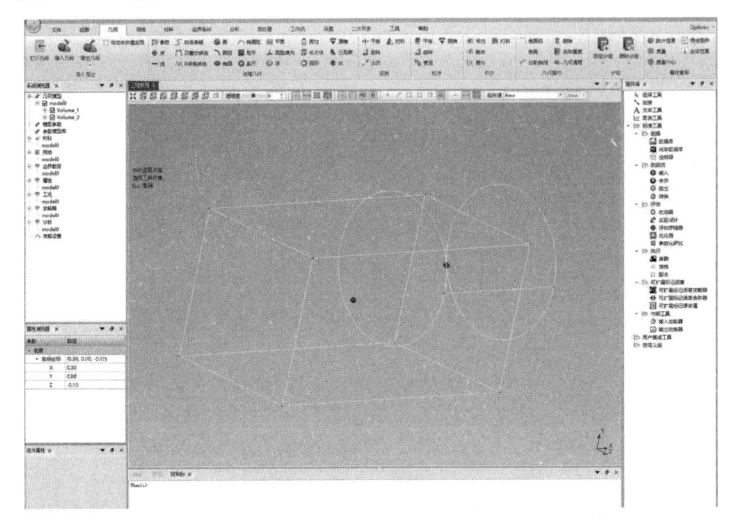

图 2-51　融合布尔运算—选择对象及工具对象

（8）鼠标左键点击圆柱体中心点，进入工具对象选择，点击 Enter 键进行布尔运算。得到如图 2-52 所示的几何体，即为圆柱体与长方体的融合部分。

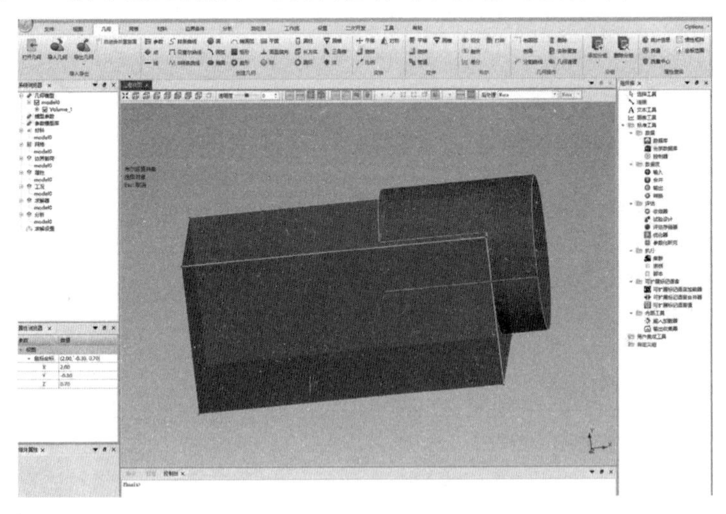

图 2-52　融合布尔运算—生成模型

（三）差分

在软件中，通过“差分”操作可以实现对几何图形相差部分的求解，进行差集运算，得到相差部分的几何图形。具体操作如下：

（1）点击几何—长方体，并切换到三维视图界面。显示创建长方体提示：创建长方体—Enter：创建—Esc：取消。

（2）在创建长方体设置对话框中，输入 X 为 0、Y 为 0、Z 为 0、DX 为 2、DY 为

1、DZ 为 1，点击 Add 按钮，创建一个长方体。

（3）点击几何—圆柱，并切换到三维视图界面。显示创建圆柱提示：创建圆柱—Enter：创建—Esc：取消。

（4）在创建圆柱设置对话框中，输入 CenterBase X 为 0.6、CenterBase Y 为 0.6、CenterBase Z 为 0.5、Axis DX 为 1、Axis DY 为 0、Axis DZ 为 0、Radius 为 0.5、Angle 为 2 * Pi，点击 Add 按钮，创建一个圆柱。

（5）鼠标右键移动对模型进行旋转，如图 2-53 所示。

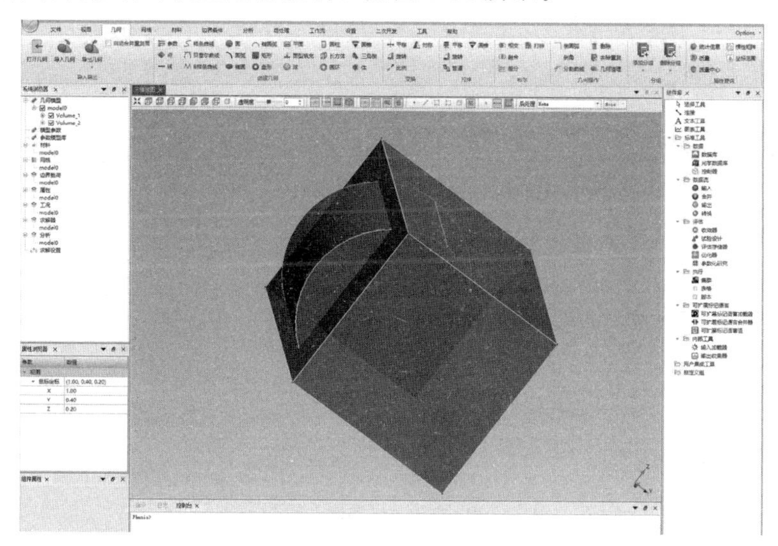

图 2-53　差分布尔运算—创建模型

（6）点击 Show Surface 按钮，得到如图 2-54 所示的视图。

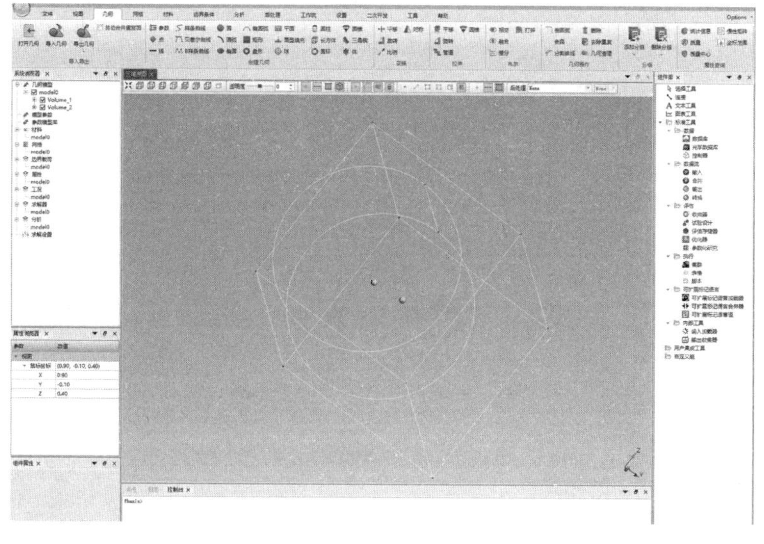

图 2-54　差分布尔运算—取消显示表面

（7）点击几何—布尔—差分，点击鼠标左键进行长方体对象的选择，按 Enter 键完成对象选择，如图 2-55 所示。

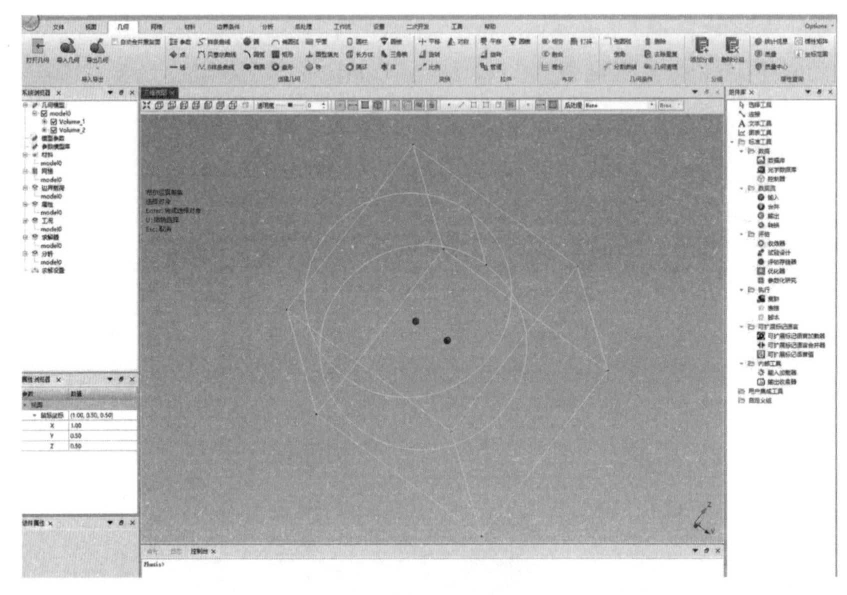

图 2-55　差分布尔运算—选择对象及工具对象

（8）鼠标左键点击圆柱中心点，进入工具对象选择，点击 Enter 键进行布尔运算。得到如图 2-56 所示的几何体，即为长方体与圆柱体的差值部分。

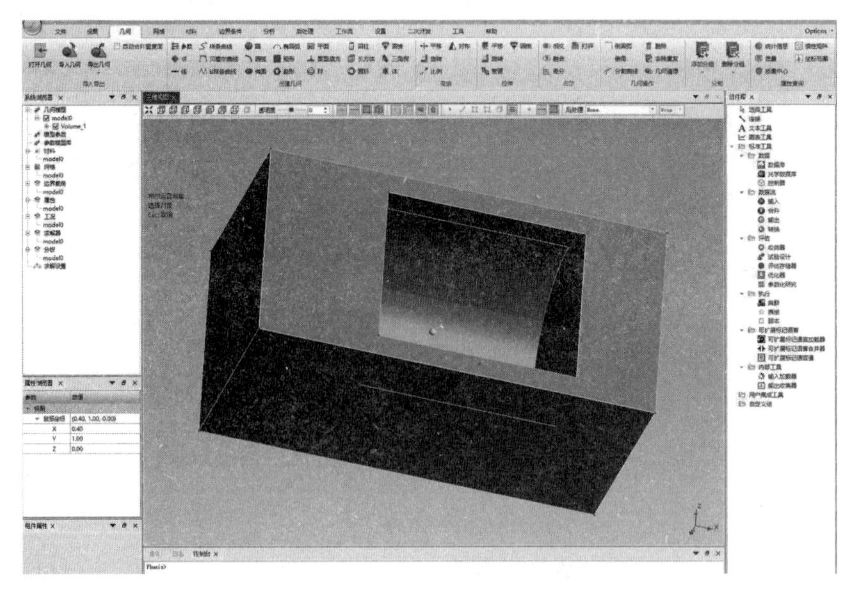

图 2-56　差分布尔运算—生成模型

（四）高效的布尔运算

在仿真建模中，布尔运算指的是创建对象的交集和并集，以及对象之间的相减。我们先讨论最后一个差分操作。为了演示差分，让我们考虑一对重叠的对象，例如圆柱体和立方体，如图 2-57 所示。

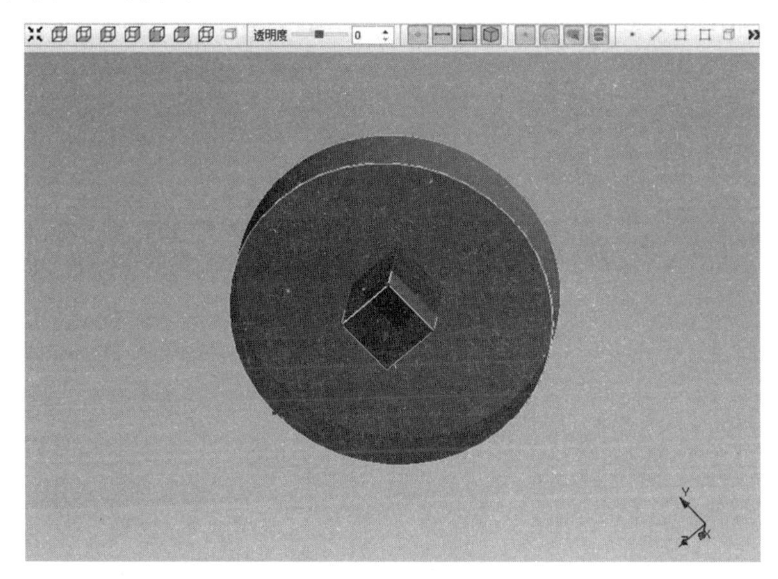

图 2-57　空心圆与柱体重叠对象

从圆柱体中减去立方体在技术上并不困难，通常可以通过使用单个命令或在建模软件中单击鼠标来完成。结果获得一组属于圆柱体但不属于立方体的模型，如图 2-58 所示。

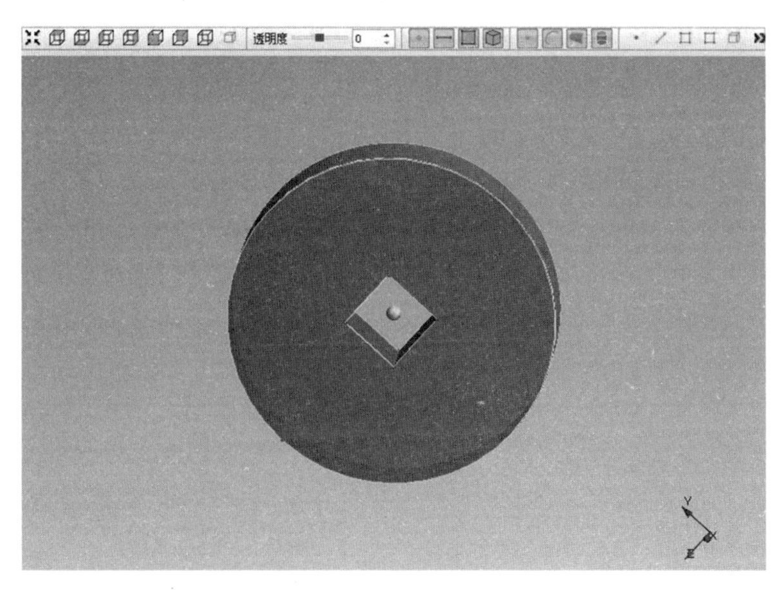

图 2-58　空心圆柱体

然而，当涉及复杂对象时，布尔运算就变得很棘手。让我们看一下这个辐条轮，它是我们刚刚制作的空心圆柱体的延伸，如图 2-59 所示。

图 2-59　辐条轮模型

轮子可以用多种不同的方式建造，我们考虑两种方法。第一种方法：（1）创建内部圆柱体；（2）从中减去立方体；（3）最后创建辐条和轮辋的并集。第二种方法：（1）创建内部圆柱体、辐条和外轮缘的并集；（2）从中减去立方体。两种方法可以获得完全相同的结果。

差分是对仿真建模对象之间的操作，每个物体的表面都是通过一定数量的面来定义的，该算法分析一个对象的所有面与另一对象的所有面的交互。因此，当物体具有大量面时，计算的复杂度迅速增加。在前一种方法中，差分发生在两个相对简单的物体——圆柱体和立方体之间。在后者中，立方体是从一个更复杂的物体中减去的，该物体由内圆柱体、8 根圆柱辐条和外缘形成。因此，前一种方法的计算效率要高得多。

这个简单实验的结论是布尔运算的顺序很重要。如果需要差分布尔运算，最好在尽可能简单的形状之间进行减法。就 CPU 时间而言，减去复杂对象可能非常昂贵。

第三章　网格处理

精确的网格模型可以更好地捕捉物理系统的几何形状和细节。当网格划分与真实几何形状相匹配时，仿真结果会更加准确。良好的网格模型有助于减小数值误差，并提高仿真结果的精度和可靠性。

本章介绍软件中的网格生成和网格处理技术，包括网格创建、质量检查和改进。首先，本章介绍常用的网格生成与重构技术及基础理论，以及结构化网格生成技术和非结构化网格生成技术。其次，本章介绍软件网格生成的核心功能——网格划分，以及软件网格划分设置和常用划分算法。再次，本章介绍网格处理的关键概念和技术。这包括对网格节点和单元的操作，还涵盖了网格模型处理及网格质量控制，以及高级动网格功能，包括自适应网格和多重网格技术。最后，我们探讨了网格局部加密技术，它允许在需要更高分辨率的区域对网格进行局部细化。通过局部加密，我们可以更精确地捕捉几何细节和解决特定区域的问题。

第一节　网格生成与重构技术

大变形模拟分析等问题中常常需要进行多次网格更新、调整与重构，网格质量的保持与优化直接关系这些问题的求解精度与计算效率。软件前处理模块具备网格自动生成算法与网格重构技术，可基于几何模型自动生成高质量的网格，支持划分梁、杆和弹簧等一维网格，三角形、四边形壳单元等二维平面网格，曲面三角形、四边形、任意多边形等曲面网格，四面体、六面体、三棱柱和金字塔等形状的三维实体网格，该系统支持体网格与贴体网格的划分，具备网格加密算法，也可基于用户定义的网格边界、尺寸与密度等设置生成满足用户特定需求的高质量网格，同时软件具备网格质量检查与自动修复功能，用户也可以在软件内对生成的单个网格或者局部网格进行手动修复，满足用户对网格的划分与质量要求。

软件前处理模块网格功能划分及显示效果示意图如图 3-1 所示。

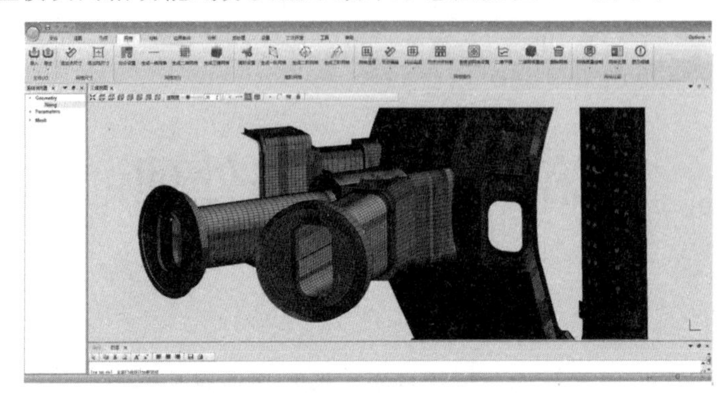

图 3-1　CAD 前处理网格划分及显示示意图

软件可以生成高质量的结构化和非结构化网格，软件中结构化网格生成算法主要包含适体坐标法（Body-Fitted Coordinates，BFC）和块结构化网格生成方法，非结构化网格主要包含阵面推进法、Delaunay 三角划分、修正的四叉树（2D）/八叉树（3D）方法、阵面推进法和 Delaunay 三角划分结合算法等。

一、结构化网格生成技术

结构化网格的优点是：节点与邻点关系可以依据网格编号的规律而自动得出；很容易地实现区域的边界拟合；网格生成的速磨陕、质量好、数据结构简单。比较突出的缺点是适用的范围比较窄，只适用于形状规则的图形。软件中结构化网格生成算法主要包含适体坐标法（Body-Fitted Coordinates，BFC）和块结构化网格生成方法。

（一）适体坐标法

BFC 方法可以看作一种坐标变换，即把物理平面上的不规则区域变换成计算平面上的规则区域，使计算平面的点与物理平面的点建立一一对应关系，从而满足数值求解的需要。软件中基于 BFC 方法生成的网格示意图如图 3-2 所示。

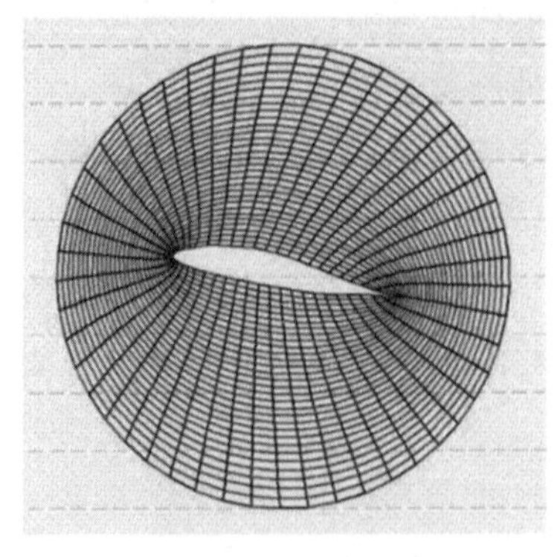

BFC生成“O”形翼型网格

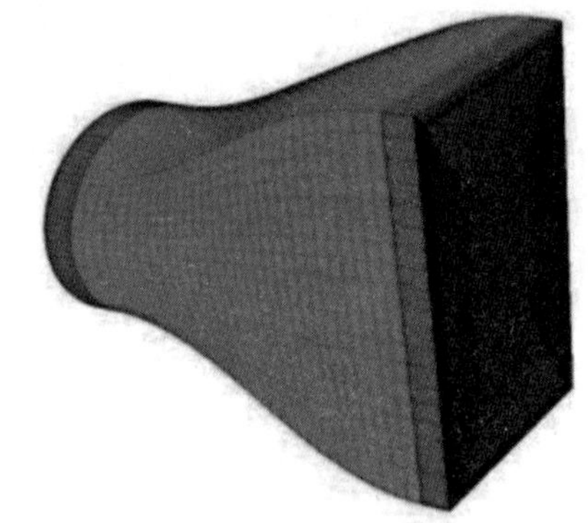

BFC生成方形到圆形喷嘴结构网格

图 3-2　BFC 前处理网格划分结果示意图

BFC 网格生成方法主要分为以下几类：

（1）保角变换法（复变函数法）

保角变换法是将二维不规则区域利用保角变换理论变换成矩形区域，并通过矩形区域上的直角坐标网格构造二维不规则区域贴体网格。其优点是能精确地保证网格的正交性，网格光滑性较好，在二维翼型计算中有广泛应用；缺点是对于比较复杂的边界形状，有时难以找到相应的映射关系式，且只能应用于二维网格。

（2）代数生成法

代数生成法实际上是一种插值方法。它主要是利用一些线性和非线性的、一维或多维的插值公式来生成网格。其优点是应用简单、直观、耗时少、计算量小，能比较直观地控制网格的形状和密度；缺点是对复杂的几何外形难以生成高质量的网格。

（3）微分方程法

微分方程法是 20 世纪 70 年代以来发展起来的一种方法，基本思想是定义计算域坐标与物理域坐标之间的一组偏微分方程，通过求解这组方程将计算域的网格转化到物理域。其优点是通用性好，能处理任意复杂的几何形状，且生成的网格光滑均匀，还可以调整网格疏密。该方法是目前应用最广的一种结构化网格的生成方法，主要有椭圆型方程法、双曲型方程法和抛物型方程法。

以求解椭圆型偏微分方程组为基础的贴体网格质量很高，而且计算时间增加不多，不仅能处理二维、三维问题，而且能处理定常和非定常问题。此法是目前应用最广的生成网格的微分方程法，其优点是对不规则边界有良好的适应性，在边界附近可以保持网格的正交性而在区域内部整个网格都比较光顺；缺点是计算工作量大。

如果所研究的问题在物理空间中的求解域是不封闭的（如翼型绕流问题），此时可以采用双曲型偏微分方程来生成网格。其优点是不用人为地定义外边界且可以根据需要直接调整网格层数；缺点是由于双曲型方程会传播奇异性，故当边界不光滑时，会导致生成的网格质量较差。所以，该方法通常用于生成对外边界的位置要求不严的外流计算网格或嵌套网格。

采用抛物型方程来生成网格的过程为：从生成网格的 Laplace 或 Poisson 方程出发，对方程中决定其椭圆特性的那一项作特殊处理，从给定节点布置的初始边界（设为 $\eta=0$）出发，在 $\varepsilon=0$ 及 $\varepsilon=1$ 的两边界上按设定的边界条件（节点布置），一步一步地向 $\eta=1$ 的方向前进。其优点是概念简单，通过一次扫描就生成了网格而不必采用迭代计算；同时又不会出现双曲型方程的传播奇异性问题。

（二）块结构化网格

块结构化网格，又称组合网格，是求解不规则区域内流动问题的一种重要网格划分方法，在流体机械 CFD 中有着较为广泛的应用。采用这种方法时，首先根据问题的条件把整个求解区域划分成几个子区域，每一子区域都用常规的结构化网格来离散，通常各区域中的离散方程都各自分别求解。其优点是降低了网格生成的难度；可以在不同的区域选取不同的网格密度；便于采用并行算法来求解各块中的代数方程。采用块结构化网格的关键在于不同块的交界处求解变量的信息如何高效、准确地传递。

软件前处理模块中可生成的块结构化网格示意图如图 3-3 所示。

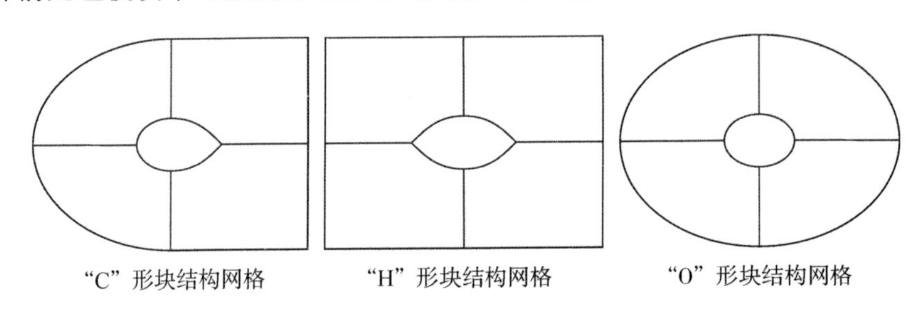

图 3-3 前处理块结构化网格划分示意图

二、非结构化网格生成技术

非结构化网格技术主要弥补了结构化网格不能解决任意形状和任意连通区域的网格剖分的缺陷。在这种网格中，单元与节点的编号无固定规则可遵循，而且每一个节点的邻点个数也不是固定不变的。因此，非结构化网格中节点和单元的分布可控性好，能够较好地处理边界，适用于机械中复杂结构模型网格的生成。非结构化网格生成方法在其生成过程中采用一定的准则进行优化判断，因而能生成高质量的网格，很容易控制网格大小和节点密度，它采用的随机数据结构有利于进行网格自适应，提高计算精度。非结构化网格主要包含阵面推进法、Delaunay 三角划分、修正的四叉树（2D）/八叉树（3D）方法、阵面推进法和 Delaunay 三角划分结合算法等。

（一）阵面推进法

阵面推进法的基本思想是首先将待离散区域的边界按需要的网格尺度分布划分成小阵元（二维是线段，三维是三角形面片），构成封闭的初始阵面；然后从某一阵元开始，在其面向流场的一侧插入新点或在现有阵面上找到一个合适点与该阵元连成三角形单元，就形成了新的阵元。将新阵元加入阵面，同时删除被掩盖了的旧阵元，以此类推，直到阵面中不存在阵元时推进过程结束。其优点是初始阵面即为物面，能够严格保证边界的完整性；计算截断误差小，网格易生成；引入新点后易于控制网格步长分布且在流场的大部分区域也能得到高质量的网格。缺点是每推进一步，仅生成一个单元，因此效率较低。

（二）Delaunay 三角划分

Delaunay 三角划分方法是目前应用最广泛的网格生成方法之一，Delaunay 三角形划分的步骤是将平面上一组给定点中的若干个点连接成 Delaunay 三角形，即每个三角形的顶点都不包含在任何其他不包含该点三角形的外接圆内，然后在给定的这组点中取出任何一个未被连接的点，判断该点位于哪些 Delaunay 三角形的外接圆内，连接这些三角形的顶点组成新的 Delaunay 三角形，直到所有的点全部被连接。Delaunay 三角划分的优点是具有良好的数学支持；生成效率高；不易引起网格空间穿透；数据结构相对简单；缺点是为了保证边界的一致性和物面的完整性，需要在物面处进行布点控制，以避免物面穿透。

（三）修正的四叉树/八叉树方法

修正的四叉树/八叉树方法生成非结构网格的基本做法是先用一个较粗的矩形（二维）/立方体（三维）网格覆盖包含物体的整个计算域；然后按照网格尺度的要求不断细分矩形（立方体），使符合预先设置的疏密要求的矩形/立方体覆盖整个计算域；最后在将矩形/立方体切割成三角形/四面体单元。该方法的优点是网格生成速度快且易于自适应，还可以方便地同实体造型技术相结合；缺点是由于其基本思想是“逼近边界”且复杂边界的逼近效果不甚理想，所以生成网格质量较差。

（四）阵面推进法和 Delaunay 三角划分结合算法

阵面推进法生成的网格具有质量好、边界完整性好的特点；而 Delaunay 三角划分法生成网格具有网格生成效率高和良好的数学支持的特点。阵面推进法的实施过程为：从边界网格出发，内部的点通过阵面推进法来生成，然后利用 Delaunay 算法对这些点进行逐点插入，重复以上过程直到网格的尺寸达到要求尺寸。阵面推进法的优点是网格的质量好、边界逼近效果好、网格生成效率高和有良好的数学支持；缺点是对于边界网格的依赖性较大，边界网格的质量直接影响网格划分的结果。

第二节　网格划分

设置网格划分可以控制生成网格的质量、密度和计算效率，以满足特定的建模、模拟和分析需求。在进行科学计算和工程分析时，需要对几何模型进行精确建模。通过设置适当的网格划分参数，可以生成足够细致的网格以准确捕捉模型的细节和特征。较精细的网格可以提供更准确的结果，特别是在需要捕捉细小尺度变化或边界层效应的问题中。不同区域对模拟和分析的敏感性各不相同，通过设置网格划分参数，可以在区域间或沿特定方向上控制网格的密度。这可以确保在感兴趣的区域有足够的网格密度，以获得准确的结果，同时在其他区域减少网格数量，提高计算效率。生成高质量的网格是计算密集型问题的关键，通过合理设置网格划分参数，可以在保持精确性的同时，尽量减少网格的总数。这有助于降低计算成本和内存需求，提高计算效率，特别是在处理大模型或大规模仿真时。网格划分还允许设置不同区域的边界条件和物理特性，通过将不同的子区域分配给特定的边界条件或物理特性，可以更准确地模拟具有异质性材料、复杂边界条件或多物理场的问题。

一、划分设置

（一）二维算法

网格划分设置包含二维算法，软件使用设置的二维算法对模型进行二维网格划分，二维算法设置如图 3-4 所示，详细的二维算法介绍请查看本小节第二部分。

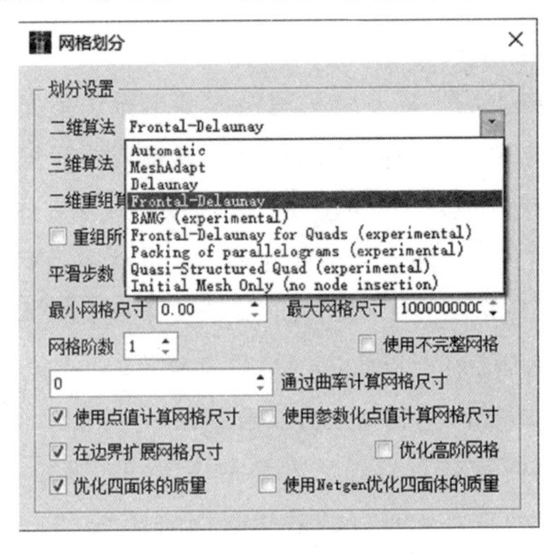

图 3-4 二维算法

（二）三维算法

网格划分设置包含三维算法，软件使用设置的三维算法对模型进行三维网格划分，三维算法设置如图 3-5 所示，详细的三维算法介绍请查看本小节第三部分。

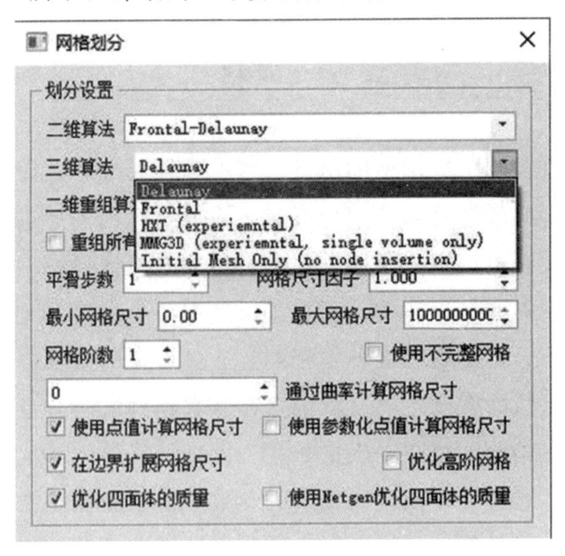

图 3-5 三维算法

（三）二维重组算法

网格划分设置包含二维重组算法，软件使用设置的二维重组算法对模型进行二维网格划分，二维重组算法设置如图 3-6 所示，详细的二维重组介绍请查看本小节第四部分。

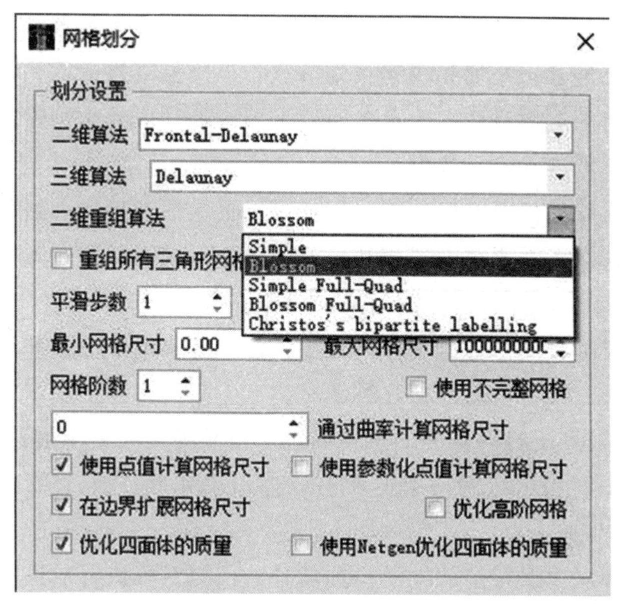

图 3-6　二维重组算法

二维重组算法用于根据网格质量和几何特征对二维网格进行优化和改进。重组算法的主要作用包括：

（1）提高网格质量：重组算法可以改善网格的质量，如减少网格的扭曲度、提高网格的正交性和均匀性。通过调整网格单元的形状和排列，可以使网格更接近理想形状，提高数值计算的准确性和稳定性。

（2）减少网格节点数：重组算法可以通过合并和优化网格节点，减少网格的节点数目。这有助于减小内存消耗和计算量，提高求解速度和效率。

（3）适应性划分：重组算法还可以根据特定的几何特征和求解需求，自动对网格进行适应性划分。通过在感兴趣区域或需求高精度区域进行细分，可以提高数值计算的精度和效果。

（4）网格平滑：重组算法可以通过平滑网格节点的位置和连接关系，减少网格的噪声和不规则形状。这有助于提高网格的可视化效果、渲染质量和仿真结果的平滑度。

可以通过调整重组算法的参数和设置，来控制重组过程的细节和结果。通过灵活使用二维重组算法，可以得到更高质量的网格，提升数值计算和仿真的效果。

（四）重组所有三角形网格

重组所有三角形网格是一种网格划分功能，用于将现有的网格重新组织为由三角形组成的网格结构。

通常情况下，网格划分算法会生成由不同类型的单元组成的网格，如三角形、四边形或其他多边形。但在某些情况下，使用三角形网格结构可以更有效地进行光学仿真和分析。

重组所有三角形网格功能可以将原始网格中的各种单元重新划分，使其全部由三角形组成。这可能涉及删除、添加和调整网格节点，以确保最终的网格结构中只包含三角形单元。这样做的目的是通过使用三角形网格，更好地适应光学器件或光波导的几何形状，并提高光学仿真的准确性和效率。

通过使用重组所有三角形网格功能，用户可以更灵活地控制网格的形状和结构，从而改善仿真结果。这对于需要精确建模和分析的光学系统和器件非常有用。

（五）细分算法

细分算法用于对现有网格进行细化，以提高仿真结果的准确性和精度。软件提供了几种常见的细分算法，其中包括以下几种：

（1）“AllQuads”用于将网格中的所有四边形单元细化为更小的四边形单元。

（2）“All Hexas”用于将网格中的所有六边形单元（Hexa）细化为更小的六边形单元。

这些细分算法可以根据特定的光学仿真场景和模拟对象进行应用。通过适当选择和使用这些算法，用户可以根据需要对网格进行细化，以平衡仿真精度和计算效率。

（六）平滑步数

平滑步数（Smoothing Steps）是一个参数，用于控制在网格细分过程中对生成的网格进行平滑处理的次数。平滑步数用于减少网格单元之间的不规则性，提高生成的网格的平滑度。

在进行网格细分时，通常会产生一些不规则形状的网格单元，这可能对光学仿真的准确性和稳定性产生影响。通过应用平滑步数，可以对这些不规则网格单元进行平滑处理，使其更接近于理想的形状，提高网格的质量。

使用平滑步数的主要步骤如下：

（1）在软件的网格划分设置中，找到平滑步数的选项。

（2）设置平滑步数的值，要求是一个正整数。较小的值表示较少的平滑处理步骤，而较大的值表示更多的平滑处理步骤。

（3）开始进行网格细分，软件将根据指定的平滑步数对生成的网格进行相应次数的平滑处理。

（4）完成网格细分后，生成的网格将具有更平滑的形状，并减少不规则性。

通过调整平滑步数，可以根据具体应用和需求来平衡网格质量和计算效率。较大的平滑步数可能在一定程度上增加计算时间，但可能得到更平滑和高质量的网格；较小的平滑步数可以加快计算速度，但可能保留一些不规则性。

（七）网格尺寸因子

网格尺寸因子（Grid Size Factor）是用于控制网格分辨率的参数之一。网格尺寸因子是一个乘数，它决定了原始几何体的尺寸与生成的网格尺寸之间的比例关系。通过调整网格尺寸因子，可以控制生成网格的大小和密度，默认的网格尺寸因子为1.0，即等于几何模型的特征尺寸。

具体来说，在设置较小的网格尺寸因子时，生成的网格将更加密集，网格节点之间的距离将更小，从而提高了网格的分辨率。而设置较大的网格尺寸因子则会生成更少的网格节点，网格的分辨率相对较低。

调整网格尺寸因子的取值需要根据仿真需求和具体情况进行权衡。如果需要更高的仿真准确性和更精细的结果，可以选择较小的网格尺寸因子；而如果需要提高仿真效率或处理大型模型时，可以选择较大的网格尺寸因子。

（八）最大网格尺寸

最大网格尺寸是一个用于控制生成网格中网格单元最大尺寸的参数。该参数用于限制生成的网格单元的最大尺寸，它可以通过设置一个具体的数值来控制网格尺寸的上限。如果需要得到更粗糙的网格划分，可以适当增大最大网格尺寸。

通过设置最大网格尺寸，可以控制网格细分算法在生成网格时所允许的最大网格单元尺寸。生成的网格单元的任何尺寸不会超过最大网格尺寸。

可以通过以下步骤来设置最大网格尺寸：

（1）在软件的网格划分设置中，找到最大网格尺寸的选项。

（2）设置最大网格尺寸的值，这个值表示网格单元的最大边长或直径。

（3）应用设置并开始进行网格生成或细分。

设置最大网格尺寸需要根据具体的模型和分析需求进行选择，一般设置原则如下：

（1）物理特征：最大网格尺寸应该考虑模型中的物理特征，例如边界细节、流体流动特性等。对于边界或特定区域，可以选择较小的最大网格尺寸以获取更精确的网格划分。

（2）几何尺寸：最大网格尺寸应以基本几何尺寸的比例来选择。对于较大的几何特征，可以选择较大的最大网格尺寸，而对于较小的几何特征，可以选择较小的最大网格尺寸。这可以确保网格在整个模型上的大小和比例一致。

（3）分析目标：最大网格尺寸的选择还应根据分析目标考虑。如果对几何特征的精确性要求较高，如在细致的流体动力学分析中，应选择较小的最大网格尺寸以更好地捕捉流动的细节。而在一般的结构力学分析中，可以选择较大的最大网格尺寸以加快求解速度。

（4）网格质量：最大网格尺寸也会直接影响生成网格的质量。较小的最大网格尺寸通常会生成更均匀和规则的网格，而较大的最大网格尺寸可能导致网格单元尺寸的不规则性和不均匀性。因此，在平衡网格精度和计算效率时，需要权衡网格质量。

最大网格尺寸设置不是唯一的，不同的模型和分析目标可能需要不同的最大网格尺寸。因此，根据具体情况和需求，需要进行试验和调整以找到最适合的最大网格尺寸。

（九）最小网格尺寸

最小网格尺寸是一个用于控制生成网格中网格单元最小尺寸的参数。它定义了网格中网格单元的最小尺寸限制，确保生成的网格具有一定的精度和分辨率。

通过设置最小网格尺寸，可以控制网格细分算法在生成网格时所允许的最小网格单元尺寸。生成的网格单元的任何尺寸都不会小于最小网格尺寸，以确保在光学仿真中保持一定的精度。

可以通过以下步骤来设置最小网格尺寸：

（1）在软件的网格划分设置中，找到最小网格尺寸的选项。

（2）设置最小网格尺寸的值，通常是一个正数。这个值表示网格单元的最小边长或直径。

（3）应用设置并开始进行网格生成或细分。

设置最小网格尺寸需要根据具体的模型和分析需求进行选择，一般设置原则如下：

（1）物理特征：最小网格尺寸应该考虑模型中的物理特征，特别是对于需要精确捕捉细节的区域。对于拐角、尖峰或其他需要高精度表示的几何特征，可以选择较小的最小网格尺寸以确保网格划分能够准确描述这些细节。

（2）几何尺寸：最小网格尺寸应以基本几何尺寸的比例来选择，对于较小的几何特征，可以选择较小的最小网格尺寸，而对于较大的几何特征，可以选择较大的最小网格尺寸。

（3）分析目标：最小网格尺寸的选择还应根据分析目标考虑。如果对细节的捕捉或几何特征的精确性要求较高，应选择较小的最小网格尺寸。而在精确性要求不高的分析中，可以选择较大的最小网格尺寸。

（4）网格质量：最小网格尺寸也与网格质量有关。较小的最小网格尺寸通常会产生更细密的网格，但也可能导致网格单元的不规则形状和悬起边缘。这会对后续的数值计算产生负面影响。因此，在设置最小网格尺寸时，需要考虑保证良好的网格质量。

最小网格尺寸的合理取值应根据具体的光学仿真需求和模型的几何特征进行调整。较小的最小网格尺寸可能产生更精细的网格，但也会导致较大的计算开销；而较大的最小网格尺寸可能加快计算速度，但可能导致某些细节和特征无法得到准确描述，可根据具体情况和需求，进行试验和调整以找到最适合的最小网格尺寸。

（十）网格阶数

网格阶数是指有限元方法中的多项式阶数，用于近似解的插值函数。网格阶数决定在每个网格单元上使用的多项式的最高次数，从而影响了解的精度和逼近能力。

网格阶数的增加也会导致更多的自由度和计算成本。如果问题本身不需要更高的精度或解的细节，选择适当的网格阶数可以在精度和计算效率之间取得平衡。对于一些简单的问题或粗略的近似，低阶多项式可能已经足够。在选择网格阶数时，需要根据具体的模型和问题进行评估和试验。通过增加网格阶数，可以获得更高的解析精度，但也会增加计算成本。因此，需要在应用中进行验证和优化，以获得最佳的解决方案。

二、二维算法

（一）Automatic

Automatic 算法是自动网格生成算法，即根据给定的几何形状或领域信息，自动创建合适的网格划分。这些算法可以根据输入的几何信息和一些预定义的参数，通过计算和优化来生成高质量的网格。

Automatic 算法通常包括以下步骤：

（1）几何建模：首先，根据问题的几何描述或领域信息，构建数学模型来表示几何形状。

（2）网格初始化：基于初始的几何模型，创建一个简单的初始网格划分，通常是简单的网格单元（如三角形、四边形或六面体等），覆盖整个几何形状。

（3）网格优化：通过计算和优化过程，自动调整网格的拓扑结构、单元形状和密度分布等，以提高网格质量和准确性。这些优化过程可能包括单元划分、节点移动、网格变形、尺寸调整等操作。

（4）结果评估：根据预定义的评估指标，对生成的网格质量进行评估，如网格的形状度量、拓扑规范性、网格分辨率等。

（5）网格输出：根据需要将最终生成的网格输出为特定的格式或数据结构，以供后续的数值计算或仿真使用。

Automatic 算法的优点是能够以自动化的方式生成合适的网格，减少了人为操作的依赖，提高了效率和准确性。然而，这些算法的实现可能面临一些挑战，如对复杂几何形状的处理、网格质量控制等方面的考虑。因此，选择适合特定应用需求的 Automatic 算法是需要仔细评估和综合考虑的。

（二）Mesh Adapt

Mesh Adapt 算法是一种用于自适应网格划分的算法。它通过迭代和局部细化的方式改进网格质量和适应特定的解。该算法常用于求解非线性偏微分方程和自适应有限元分析。

Mesh Adapt 算法的基本原理是根据解的局部特性和误差指标，在网格划分的不同区域上进行加细或加粗操作，以最优化网格分辨率。它能够根据问题的需求和物理现象的分布，自适应地调整网格，以更好地捕捉解的特征，并提供更好的数值精度。

Mesh Adapt 算法的实现采用了一系列的网格变换和优化技术。首先，通过节点的移动和网格加细区域的定义，确定需要加细的区域。然后，通过加细操作，向加细区域添加更多的网格元素，以增加解的分辨率和准确性。同时，算法还利用权重函数来调整网格加密的程度，以使加密网格更加集中在重要区域。

为了提高网格质量，Mesh Adapt 算法还执行一系列的优化步骤。这些优化步骤包括移动节点、网格剖分的改进和网格质量的评估。通过不断迭代这些步骤，网格的质量逐渐提高，适应解的特性。

Mesh Adapt 算法可在需要更大的精度或在某些区域需要更密集的网格时自动添加额外的网格。该算法的优点包括较高的收敛性和灵活性，它可以让用户在需要的地方添加更多的网格，但同时也可能引入更多的节点和元素，从而增加计算时间和内存占用。

（三）Delaunay

Delaunay 算法是常用的二维网格划分算法。它基于 Delaunay 三角剖分的原理，将输入几何划分为一组最大光滑和最小尺寸的三角形单元。

Delaunay 三角剖分是一种满足一定几何和拓扑性质的三角剖分。它的基本原理是，对于给定的点集，通过连接所有不包含其他点的圆的三角形，构建一个最优的三角剖分。这种最优的性质保证了生成的三角形单元的形状尽可能接近等边三角形，并且减小了生成网格中的不良形状。

Delaunay 算法的实现主要包括两个关键步骤：构建初始的 Delaunay 三角剖分和对三角形单元进行优化以提高网格质量。

首先，在构建初始的 Delaunay 三角剖分时，算法采用插入点和重心算法。它从几何边界上的点开始，逐步插入新的点，并调整相邻点的连接关系，以满足 Delaunay 条件。通过迭代这个过程，输入几何被划分成一组最大光滑和最小尺寸的三角形单元。

然后，对于生成的初始三角形单元，Delaunay 算法执行一系列的优化步骤以改善网格质量。这些优化步骤包括移动节点、翻转三角形和压缩等操作。移动节点操作通过调整节点的位置，提高网格的质量。翻转三角形操作通过交换不良形状的三角形的节点顺序，改善网格形状。压缩操作则通过移除非活动节点，进一步改善网格的细节。

使用 Delaunay 算法时，软件提供了一些相关参数供用户控制算法的行为。这些参数包括最大单元尺寸、最小夹角质量、加密因子等。用户可以根据具体问题和要求，调整这些参数以达到理想的网格划分。

然而，Delaunay 算法也存在一些局限性。当输入几何具有非凸形状或存在多个几何特征尺度差异时，算法可能遇到困难。在这些情况下，额外的预处理步骤或其他算法的组合可能是必要的。

总的来说，Delaunay 算法是一种强大且常用的二维网格划分算法，通过生成满足几何和拓扑要求的最优三角剖分，它可以提供高质量的网格，并且在网格质量和计算效率之间有很好的平衡，它适用于绝大多数的 2D 几何体。

（四）Frontal-Delaunay

Frontal-Delaunay 算法是只生成初始网格，而不进行任何形状调整或细化。它基于

Delaunay 三角剖分的原理，使用前沿技术来高效地生成三角形单元网格。

Frontal-Delaunay 算法的基本原理是以“前沿”为中心展开，逐步构建 Delaunay 三角剖分。它通过初始三角形和待插入点，以及当前前沿的三角形集合，动态更新和调整网格，以最优化地实现目标。

算法的核心概念是“前沿”，它是指连接已插入的点和未插入点的三角形的边界。初始时，算法会构建一个初始三角形并形成初始的前沿。然后，它从待插入点集中选取一个点作为当前点，将其插入前沿的三角形，并更新相邻三角形的连接关系以符合 Delaunay 条件。

Frontal-Delaunay 算法的优势在于它使用了一种高效的数据结构来表示前沿，称为前缘数据结构（Frontal data structure）。该数据结构允许在 O（nlogn）时间内进行前沿的搜索和更新操作。这使得算法能够快速处理大规模点集，并生成高质量的三角形单元网格。

Frontal-Delaunay 算法的实现经过了一系列的优化和扩展。它包括以下关键步骤：

（1）初始三角形的构建：根据输入点集的边界，构建一个初始的超级三角形作为前沿的起点。

（2）待插入点的选择：在未插入点集中，选择待插入点作为当前点。算法通常选择以某种规则（如最左、最右或最高点）确定的点，以优化网格的形状。

（3）前沿的搜索和更新：通过使用前沿数据结构，算法搜索当前点所在的前沿区域，并根据 Delaunay 条件更新和调整相邻三角形的连接。搜索和更新过程通常采用逐步扩展和回退的策略。

（4）网格的优化：在生成初始三角形单元后，算法执行一系列的优化步骤来改善网格质量。这些步骤包括移动节点、翻转三角形和网格剖分的精练等操作，以生成更加规则和高质量的网格。

Frontal-Delaunay 算法在求解二维几何问题时具有很大的优势。它能够快速生成高质量的三角形单元网格，适用于需要手动调整和优化网格的情况，在这种情况下，用户通常需要对网格进行手动操作或使用其他网格算法，例如 BAMG。Frontal-Delaunay 算法当输入几何具有复杂形状或存在大量约束时，算法的性能可能会下降。此时，就需要额外的预处理、约束处理或其他网格生成算法的结合。

（五）BAMG

BAMG（Bidimensional Anisotropic Mesh Generator）算法是 Gmsh 中常用的二维网格划分算法之一。它基于有限元解的梯度信息来生成各向异性的网格，以适应解的变化。BAMG 算法能够快速生成高质量的网格，并被广泛应用于各种科学和工程领域。

BAMG 算法的基本原理是在给定的域中生成一系列的各向异性网格。它通过使用有限元解的梯度信息，并与先前的网格一起，推导出一种用于网格加密/加粗的各向异性指标。这些指标控制了网格的分辨率和方向，以便捕捉解的变化和区域特性。

BAMG 算法的关键步骤如下：

（1）网格初始化：算法从一个初始网格开始，该网格可以是简单的单元组合。

（2）密度与方向控制：利用有限元解的梯度信息，BAMG 算法计算出每个节点的局部网格分辨率和方向。这些指标反映了解的变化和领域的特性，用于控制网格的加密和加粗。

（3）网格加密和加粗：基于计算得到的各项异性指标，算法在需要加密的区域内插入新的节点和单元，以增加网格的分辨率。同时，在需要加粗的区域内合并节点和单元，以减少网格的分辨率。这些操作在迭代的过程中不断进行，以逐渐调整网格的几何特性。

（4）网格优化：生成初始网格后，BAMG 算法执行一系列的网格优化步骤，以改善网格的质量和形状。这些步骤包括移动节点、翻转单元和压缩网格等操作，以优化网格结构和提高网格质量。

BAMG 算法是一种自适应和异性的二维网格生成算法，它在处理包含多个区域以及区域内特定要求的网格生成问题方面表现出色。BAMG 算法通过迭代和优化过程，使得生成的网格在区域内的分辨率得到调整，以适应特殊需求。这些特殊需求可能涉及边界层网格、异性要求和区域的特殊几何形状。

（六）Frontal-Delaunay for Quads

Frontal-Delaunay for Quads（FDQ）算法是一种用于生成四边形网格的算法，它基于 Frontal-Delaunay 和 Delaunay 收缩两个思想，为四边形网格生成提供了高效和自适应的解决方案。

四边形网格在许多科学计算和工程应用中都是重要的，比如计算机辅助工程设计、计算流体力学和有限元分析等。而 FDQ 算法能够通过迭代和优化过程，将输入的初始几何区域逐步转化为四边形网格。

下面是 FDQ 算法的基本步骤：

（1）网格初始化：算法开始时，根据输入的几何区域，生成初始的网格结构。这个初始网格可以是由三角形组成的，也可以是由一些已知的四边形组成的。

（2）区域划分：将输入区域划分为若干个子区域，每个子区域包含一些网格单元。这个划分过程可以根据输入几何形状的特点和要求进行，如采用自适应分割策略或根据特定边界条件划分。

（3）Delaunay 收缩：对于子区域中的三角形网格单元，进行 Delaunay 收缩操作。Delaunay 收缩是指将三角形网格单元转化为四边形网格单元的过程。这个过程可以通过一些几何变换和优化策略来进行，如平移、旋转和网格调整等。

（4）Frontal-Delaunay：对于每个子区域，进行 Frontal-Delaunay 算法操作。Frontal-

Delaunay 算法是指在当前子区域中按照一定顺序处理每个网格单元，并根据 Delaunay 性质来添加和调整四边形网格单元。

（5）网格优化：在生成四边形网格后，还可以进行一些网格优化操作，以提高网格质量和适应性。例如，进行网格平滑操作、调整四边形的形状和尺寸等。

通过以上步骤的迭代，FDQ 算法能够逐步将输入的几何区域转化为高质量的四边形网格。算法的具体实现和优化策略可能因应用和需求而有所差异，可以根据具体问题进行适当的调整和扩展。

FDQ 算法是一种基于 Frontal-Delaunay 和 Delaunay 收缩思想的四边形网格生成算法。它在解决四边形网格生成问题时具有高效、自适应和优化的特点，并在实际应用中取得了良好的效果。

（七）Packing of Parallelograms

Packing of Parallelograms 算法是一种用于生成平行四边形堆放和布局的网格生成算法，它基于 BAMG（Bidimensional Anisotropic Mesh Generator）算法的核心思想和技术，为平行四边形的排列提供高效的解决方案。

平行四边形堆放和布局在许多领域中都是重要的问题，比如计算机图形学、计算机辅助设计和有限元分析等。这些问题通常涉及将平行四边形以最优方式排列，以便满足特定的需求，如形状匹配、空间利用率和网格质量等。

Packing of Parallelograms 算法的基本思想是通过迭代优化的方式，将一组给定的平行四边形布局在二维空间中，以最大化空间利用率并满足给定的约束条件。下面是该算法的基本步骤：

（1）初始布局：算法开始时，根据给定的平行四边形集合，随机生成一个初始布局。这个布局可以是任意的，然后通过后续的优化过程逐步改进。

（2）布局评估：对于每个生成的布局，通过一系列的评估指标来度量其性能。这些指标可能包括空间利用率、几何形状匹配度和网格质量等。

（3）优化过程：通过迭代优化过程，持续改进当前的布局。这个过程通过引入一些优化策略和操作来进行，如平移、旋转和缩放等。

（4）约束处理：在优化过程中，需要考虑一些特定的约束条件。例如，保持平行四边形之间的最小间距、避免重叠和满足特定的几何形状要求等。

（5）收敛判据：在优化过程中，需要定义一个收敛判据来确定何时停止优化。这个判据可能是通过比较连续迭代中的布局改进的程度，或者达到预定义的目标阈值。

通过以上步骤的迭代，Packing of Parallelograms 算法能够逐步改进初始布局，最终得到一个满足约束条件且性能较好的平行四边形布局。

需要注意的是，Packing of Parallelograms 算法的具体实现和优化策略可能因应用和需求而有所差异。算法的效率和性能也会受到输入数据的规模和复杂度的影响。总的来说，Packing of Parallelograms 算法是一种基于 BAMG 算法的高效平行四边形堆放和布局算法。它在解决平行四边形排列问题时具有广泛的应用潜力，并且可根据特定的需求进行定制和扩展。

（八）Quasi-Structured Quad（experimental）

Quasi-Structured Quad（experimental）算法是一种基于准结构化网格的算法，用于对二维空间进行网格划分。它是对传统矩形网格划分算法的一种改进和扩展。

Quasi-Structured Quad 算法的主要思想是在矩形网格的基础上，通过额外的控制点和曲线来创建更灵活的单元格形状。它可以实现更精细的网格划分，适用于更复杂的几何形状。

算法步骤如下：

（1）创建基本网格：首先，按照矩形网格的步骤创建基本的矩形网格划分。

（2）添加控制点：对于每个单元格，通过添加额外的控制点来调整单元格的形状。控制点可以位于单元格的边界上或内部，通过移动控制点可以改变相邻单元格的形状。

（3）连接控制点：使用曲线或折线将相邻控制点连接起来，形成更复杂的单元格形状。常见的曲线类型包括贝塞尔曲线和 B 样条曲线。连接方式可以根据实际需要进行调整，以满足不同的几何要求。

（4）形成单元格：根据连接的控制点和曲线，形成新的准结构化单元格。这些单元格可以根据实际需要具有不同的形状和大小。

（5）完成网格划分：得到完整的准结构化网格划分结果。

Quasi-Structured Quad 算法的优点是能够实现更自由的单元格形状，适用于对复杂几何形状的精细划分。然而，由于算法的复杂性增加，它可能需要更多的计算和处理时间。此外，控制点的选择和连接方式也对算法的效果产生重要影响，需要根据具体情况进行调整和优化。因此，它通常用于一些实验性的应用和特定需求的场景中。

（九）Initial Mesh Orly（no node insertion）

Initial Mesh Orly（no node insertion）是一种网格划分算法，主要用于有限元分析和计算流体力学等领域。它是 Orly 算法的一个变种，该算法不涉及节点插入的操作。

算法步骤如下：

（1）确定边界：根据给定的几何形状，确定边界线段和边界条件。

（2）划分初始网格：根据边界定义，划分初始的简单网格，通常是等边长的三角形或四边形。

（3）区域划分：根据几何特征和网格密度要求，将整个区域划分为若干个局部区域。

（4）局部网格改善：对于每个局部区域，在保持边界的情况下，通过移动和调整网格线段和节点来改善局部区域的网格质量。

(5) 网格平滑：对整个网格进行平滑处理，以进一步优化网格质量和几何逼近。

最终，通过这些步骤，可以得到一个初步的网格划分，该网格划分考虑了几何形状的特征，并且在保持边界的条件下改善了局部区域的网格质量。

Initial Mesh Orly (no node insertion) 算法的优点是简单易实现，适用于静态场景或少量动态场景的问题。由于不涉及节点插入操作，算法速度较快。然而，它的网格质量可能无法满足高精度的数值计算要求，因此在某些情况下可能需要进行后续的网格优化和改进。

三、三维算法

(一) Delaunay

Delaunay 算法是一种用于生成三角剖分的算法。该算法将每个顶点视为一个 Delaunay 球，通过计算相邻球之间的共面或共圆关系来构建 Delaunay 三角形，最终生成网格。算法一般适用于简单形状的三维几何体和非结构化网格的生成。

Delaunay 算法的基本思想是构建一个 Delaunay 三角形剖分，其中任何三角形的外接圆不包含其他点。这样的剖分具有良好的性质，如角度接近正交、尺寸均匀、稳定性较好等。

以下是 Delaunay 算法的基本步骤：

(1) 初始化：将待划分区域的边界点集作为初始点集。如果存在内部点，也将其添加到点集中。

(2) 构建三角形：根据初始点集，构建一个初始的三角形集合，通常为一个超级三角形，它包含了所有待划分区域的点。

(3) 点插入：逐个将点插入当前的三角形剖分。插入点的选择可以采用不同的策略，如随机选择、逐点插入等。

(4) 三角重构：对于每个插入的点，将其周围的三角形进行重构，以保持 Delaunay 性质。算法会通过删除旧的三角形和添加新的三角形来逐步调整剖分。

(5) 结束条件：当所有点都被插入三角形剖分或达到其他指定的停止条件时，算法结束。

最终，Delaunay 算法会生成一个满足最大化最小空圆性质的三角形剖分。这种剖分对于许多应用领域，如计算几何、有限元分析、地理信息系统等都具有重要意义。

Delaunay 算法的优点是能够生成具有良好性质的三角形剖分，使得计算结果更准确和稳定。然而，算法的执行效率可能受到点的分布和数量的影响。对于大规模点集，可能需要采用一些优化技术，如增量式构建、空间分层结构等，以提高算法的速度和效率。

(二) Frontal

Frontal 算法是一种用于生成三维有限元网格的算法。它是一种迭代算法，通过定义并扩展一个称为“前沿”的活动区域，逐步构建一个连续的三维网格。

Frontal 算法的基本思想是以一个初始的“前沿”为起点，按照固定的顺序处理待划分区域上的每个“前沿”面。“前沿”面是指网格与未生成网格区域之间的边界面。

以下是 Frontal 算法的基本步骤：

（1）初始化：选择一个起始点或一组起始点，并将它们作为初始的“前沿”面。

（2）迭代扩展：重复以下步骤，直到覆盖整个待划分区域。

a. 选择一个待处理的“前沿”面。

b. 对于当前的“前沿”面，计算相关的邻域面或体。

c. 根据所选择的算法策略，生成新的网格单元并添加到网格中。

d. 更新“前沿”面，将新生成的边界面加入“前沿”面集合中。

（3）结束条件：当所有的“前沿”面都被处理完毕，即覆盖整个待划分区域后，算法结束。

最终，Frontal 算法会生成一个完整的三维网格，该网格满足有限元分析所需的要求，如规则性、网格质量等。

Frontal 算法的优点是它能够生成高质量的网格，尤其适用于规则几何形状和复杂的流体域。此外，由于算法是迭代的，可以进行并行计算，提高了算法的效率和性能。

然而，Frontal 算法在处理具有复杂边界和不规则形状的问题时可能受到一些限制。此外，算法的效果可能受到网格密度、划分顺序、算法策略等因素的影响。因此，在应用 Frontal 算法时需要综合考虑问题的特点和需求，并进行合适的参数选择和优化。

（三）HKT（experiemntal）

HKT 算法（Hilbert-Knuth Transformation）是一种用于三维网格划分的算法，旨在将三维网格划分为具有均匀分布和紧凑性质的子区域（单元）。该算法基于 Hilbert 曲线和 Knuth 变换的组合，以实现高效的三维网格划分。以下是 HKT 算法的基本介绍：

HKT 算法利用 Hilbert 曲线和 Knuth 变换的特性，将三维网格的坐标转换为一维的线性序列，然后根据该序列实现网格的划分。算法旨在确保子区域具有均匀性，即每个子区域含有近似相等数量的网格单元，并具有紧凑性，即相邻的网格单元也在一定程度上相邻。

HKT 算法的基本步骤为：

（1）网格划分定义：确定初始的三维网格划分范围和子区域数量。

（2）Hilbert 曲面映射：将三维网格中的每个点通过 Hilbert 曲线映射到一维空间中。Hilbert 曲线具有紧凑性和连续性的特点。

（3）Knuth 变换：对 Hilbert 曲线上的一维序列进行 Knuth 变换，以实现进一步的数字重排和均匀性优化。Knuth 变换可以避免连续的数字出现在相邻的区域中。

（4）子区域划分：根据映射后的序列，将一维空间的坐标转换回三维网格的坐标，并据此划分子区域。子区域的形状和大小可根据具体需求进行调整和优化。

（5）终止条件：根据划分的子区域数量或其他预设条件，终止算法并得到最终的三维网格划分结果。

HKT算法可以通过以下优化措施进行改进：

（1）网格质量优化：根据具体应用需求，考虑如何优化子区域的均匀性和紧凑性，以及处理不规则网格和边界条件的情况。

（2）多尺度划分：对于大规模的三维网格，可以考虑多级划分策略，将网格划分为多个层次，以提高算法的效率和可扩展性。

（3）并行计算：利用并行计算技术，对HKT算法进行并行化处理，以加速网格划分的过程。

需要指出的是，HKT算法是一种有效的三维网格划分算法，但具体的实现和优化方法可根据具体需求进行调整和改进。对于特定的应用和约束条件，可能需要结合其他算法和技术进行综合处理，以满足更复杂的需求。

（四）MIMG3D（experiemntal，single volume orly）

MIMG3D算法（Multi-level Improved Marching Cubes for 3D grid division）是一种用于三维网格划分的算法，基于改进的Marching Cubes算法。MIMG3D算法旨在将三维网格划分为具有均匀分布和拓扑性质的子区域（单元）。以下是MIMG3D算法的基本介绍：

MIMG3D算法结合了多级网格技术和改进的Marching Cubes算法，通过迭代的方式实现三维网格的划分。算法利用网格的特征值和拓扑信息，以及合适的约束条件，生成均匀且具有较好拓扑性质的子区域。

MIMG3D算法的基本步骤为：

（1）网格划分定义：确定初始的三维网格划分范围和子区域数量。

（2）多级网格划分：将原始网格划分为多个级别的网格，每个级别的网格都是由前一个级别上采样得到的。通过多级网格的使用，可以更好地平衡网格划分的精度和计算效率。

（3）特征值计算：在每个级别的网格上计算网格单元的特征值，以描述局部的形状和性质。常用的特征值包括曲率、梯度等。

（4）特征边界提取：根据特征值的分布和约束，确定特征边界，即划分子区域的边界线。这些特征边界将作为子区域的边界，并最终决定子区域的划分。

（5）拓扑修复：通过拓扑修复操作，确保子区域的连通性和紧凑性。这可能涉及边界的调整、区域的合并或分割等操作。

（6）终止条件：当满足特定的终止条件时，停止迭代，并得到最终的三维网格划分结果。

MIMG3D算法可以通过以下优化措施进行改进：

（1）特征值计算优化：考虑特征值计算的效率和准确性，可采用近似计算、分布采样或多尺度策略等方法，以加速计算过程。

（2）拓扑修复优化：根据具体应用需求，结合拓扑修复算法和数据结构，以提高修复的效率和准确性。

（3）约束和目标设置：根据实际需求，设置合适的约束条件和优化目标，以满足特定的网格划分要求，例如控制子区域的大小、形状等。

（五）Initial Mesh Only（no node insertion）

“Initial Mesh Only（no node insertion）”指的是在三维网格划分算法中，只进行初始网格生成而不进行节点插入操作。通常生成初始网格是进行三维有限元分析或计算流体力学等模拟中的重要步骤。

在这种算法中，初始网格可以按照一定的规则或方法生成，例如简单的均匀分割、半正六面体网格等。然后，根据问题的要求和模拟的目标，这个初始网格可能需要做进一步细化或改进。但在“Initial Mesh Only”算法中，没有进行进一步的节点插入操作，而是在生成初始网格后直接使用它进行后续分析。

这个算法的主要优点是简单且快速，适用于一些不需要过于复杂网格的问题。然而，这种网格可能无法完全满足各种约束条件，如几何形状的精确表示、光滑性或解的准确性等。在某些情况下，可能需要进行更高级别的网格生成算法或进行节点插入操作来改进初始网格。

四、二维重组算法

（一）Blossom

二维重组算法中的“Blossom”算法实质上是一种二部图匹配算法，用于解决图论中的最大加权二分匹配问题。该算法可以用于优化二维网格的结构，以满足特定的约束和目标。以下是 Blossom 算法的基本介绍：

Blossom 算法是一种经典的二部图匹配算法，通过在二维网格的顶点集合和边集合上构建二部图，来解决最大加权二分匹配问题。

Blossom 算法的基本步骤为：

（1）构建二部图：将二维网格的节点作为左侧顶点集合，边作为右侧顶点集合，构建二部图。每个边的权重表示网格中对应节点间的连接关系、距离或其他度量指标。

（2）初始化匹配：从一个空的匹配开始，每个左侧节点和右侧节点都没有匹配边。

（3）寻找增广路径：通过遍历图，寻找增广路径（未匹配顶点组成的路径），以增加匹配的边数。

（4）修改匹配：根据增广路径，修改当前匹配，增加匹配边的数量。

（5）收缩花朵：如果存在未匹配顶点无法通过增广路径链接到已匹配顶点的情况，则收缩花朵（Blossom），合并一组节点，以减小图的规模。

（6）重复执行寻找增广路径和修改匹配的步骤，直到无法找到更多的增广路径。

其算法优化可从以下几方面进行：

Blossom 算法已经经过优化，具有高效且较低的时间复杂度。但还有一些改进措施可以考虑：

（1）启发式规则：采用启发式规则来寻找增广路径，以减少遍历的节点和边数，提高算法的效率。

（2）并行计算：将 Blossom 算法应用于并行计算环境中，以提高处理大规模网格的能力。

（3）精确度和约束：根据具体需求，考虑如何在 Blossom 算法中引入约束和优化准则，以实现特定目标和约束条件的优化重组。

需要指出的是，Blossom 算法是一个非常复杂而强大的算法，需要深厚的图论知识储备和理解力。在实际应用中，可以将 Blossom 算法作为二维重组算法的一部分，结合其他算法和技术，以满足具体的需求和约束条件。

（二）Simple

Simple 算法即简单的二维重组算法，也称为网格细化算法，是一种基本且直观的方法，它通过将每个网格单元划分为更小的子单元来进行重组。以下概述一种简单的二维重组算法：

（1）将原始二维网格划分为较大的网格单元。

（2）遍历每个网格单元，将其划分为更小的子单元。

（3）根据需要，对子单元进行进一步划分和重组，以达到所需的精细度和准确性。

Simple 算法的具体步骤为：

（1）定义原始网格：确定初始的二维网格，即网格的节点和边的组成。

（2）划分网格单元：将原始网格划分为较大的网格单元，可以是正方形、矩形或非规则形状的单元。

（3）子单元划分：遍历每个网格单元，并将其细分为更小的子单元。这可以通过将每个单元划分为四个子单元来实现，即四分法。

（4）进一步划分和重组：按需对子单元进行进一步划分和重组。这可以根据所需的网格精度和特定要求进行调整，例如添加更多子单元或根据约束条件进行调整。

其算法优化和改进可从以下几方面进行：

（1）适应性划分：根据特定区域的特性和精细度需求，将网格单元在不同区域进行不同精细度的划分，提高算法的效率和准确性。

（2）错误控制：考虑误差控制策略，确保细化后的网格符合预期的几何特征，并保持一定的误差限制。

（3）加速技术：应用空间分区、数据结构或并行计算等方法，提高算法的执行效率和速度。

另外，简单的二维重组算法是一种基础的方法，可根据实际需求进行改进和扩展。具体的算法实现和优化方法可能因应用领域和具体要求而有所不同。

（三）Simple Full-Quad

Simple Full-Quad（简称 SFQ）是一种二维重组算法，用于将现有的二维网格进行全四边形的划分和重组。它的主要目标是生成具有规则结构和拓扑性的四边形网格。以下是 SFQ 算法的基本介绍：

SFQ 算法的设计原则是通过对现有的二维网格进行迭代划分和重组，生成全四边形的规则网格。算法的核心思想是通过添加节点和边来改进网格结构，以形成四边形单元。

SFQ 算法的基本步骤为：

（1）定义原始网格：确定初始的二维网格，即网格的节点和边的组成。

（2）迭代划分：通过迭代的方式，在每个正方形网格单元中添加一个节点，将正方形划分为四个子正方形，然后连接新添加的节点以形成新的四边形单元。

（3）边界调整：为了保持网格的边界一致性，进行边界上的调整和修正操作。这包括节点移动、边的添加和删除等。

（4）优化处理：根据实际需求进行优化处理，例如节点位置的调整、边长的均衡分布、角度的优化等。

（5）终止条件：当满足特定的终止条件时，停止迭代，并得到最终的全四边形网格结构。

另外，SFQ 算法可以通过以下优化措施进行改进：

（1）网格连接策略：选择合适的节点连接策略，以确保生成的四边形网格拓扑性好。

（2）网格质量优化：考虑如何改进四边形网格的质量，例如提高四边形的正交性、减少网格的倾斜度、减小网格的悬挂节点等。

（3）约束和目标设置：根据具体应用需求，制定特定的约束条件和优化目标，例如控制网格的网格尺寸、边长比例、角度限制等。

需要注意的是，SFQ 算法是一种基本的二维重组算法，其具体实现和优化方法可以根据实际需求进行调整和扩展。对于更复杂的场景和需求，可能需要结合其他算法和技术进行综合处理。

（四）Blossom Full-Quad

Blossom Full-Quad（简称 BFQ）是一种基于 Blossom 算法的二维重组算法，用于生成全四边形的规则网格。BFQ 算法结合了 Blossom 算法的匹配和增广路径查找技术，以及全四边形网格的构建策略。以下是 BFQ 算法的基本介绍：

BFQ算法基于Blossom算法，通过构建二部图的方式，将网格节点作为左侧顶点集合，边作为右侧顶点集合，并利用Blossom算法的核心思想解决二分匹配问题。通过合适的约束和修正操作，在匹配过程中生成全四边形的规则网格。

BFQ算法的基本步骤为：

（1）构建二部图：将二维网格的节点作为左侧顶点集合，边作为右侧顶点集合，构建二部图。每个边的权重可以表示网格中对应节点间的连接关系或距离度量。

（2）Blossom算法匹配：利用Blossom算法进行二分匹配，寻找最大匹配边集合。这些匹配边可以视为四边形网格的边界。

（3）重组四边形：根据匹配边和网格的拓扑关系，生成全四边形的规则网格。这可以通过合适的约束和修正操作来实现，例如节点移动、边界调整、四边形划分等。

（4）优化处理：可根据实际需求进行优化处理，例如节点位置的调整、边长的均衡分布、角度的优化等。

（5）终止条件：当满足特定的终止条件时，停止算法，并得到最终的全四边形网格结构。

BFQ算法可以通过以下优化措施进行改进：

（1）增广路径优化：基于Blossom算法的增广路径查找部分，可采用启发式规则或其他算法改进方法，以减少遍历的节点和边数，提高算法的效率。

（2）网格质量优化：考虑如何改进四边形网格的质量，例如提高四边形的正交性、减少网格的倾斜度、减小网格的悬挂节点等。

（3）约束和目标设置：根据具体应用需求，制定特定的约束条件和优化目标，例如控制网格的网格尺寸、边长比例、角度限制等。

（五）Christos's bipartite labelling

Christos's bipartite labelling（克里斯托斯的二部图标号算法）是一种用于二部图的标号算法，用于解决最大加权二分匹配问题。该算法可以应用于二维重组中，以优化网格结构并满足特定约束条件。

以下是该算法的基本介绍：

（1）初始化：为每个左侧顶点（节点）设置标号，并初始化匹配为空。

（2）标号过程：通过循环迭代，对左侧顶点进行标号操作。根据已知的匹配，更新左侧顶点的标号，以反映右侧顶点的情况。

（3）匹配过程：根据标号信息，选择可用于匹配的右侧顶点。选择匹配时，可以使用贪心匹配策略或其他策略。

（4）更新标号：根据当前匹配，更新右侧顶点的标号信息。通过适当的标号调整，使得匹配的选择更加有效和准确。

（5）终止条件：当无法再找到增广路径时，算法终止。此时得到的匹配即为最大加权二分匹配。

Christos's bipartite labelling 算法可以进行以下优化措施：

（1）启发式规则：采用启发式规则来更新标号，以减少标号的更新次数和匹配的选择空间。

（2）边界条件：根据具体的约束条件，设置合适的边界条件，以限制标号更新和匹配的选择范围。

（3）加速技术：应用空间分区、数据结构或并行计算等方法，提高算法的执行效率和速度。

第三节　网格操作

一、网格节点操作

软件中前处理模块支持用户对网格节点进行编辑与操作，如图 3-7 所示。用户可在界面中通过“网格信息”按钮查看生成的网格及节点信息，在“节点编辑”中通过“选取节点”可在界面中自动显示节点编号并查看相应坐标，用户可通过“平移节点”“合并节点”“节点投影”“节点复制”进行以下操作，可在界面中点选单个目标节点以及ctrl＋鼠标左键选取多个目标节点、移动目标节点的位置、合并两个或多个目标节点、对目标节点进行投影、复制目标节点，以及增加/删除单个或多个选中节点等。

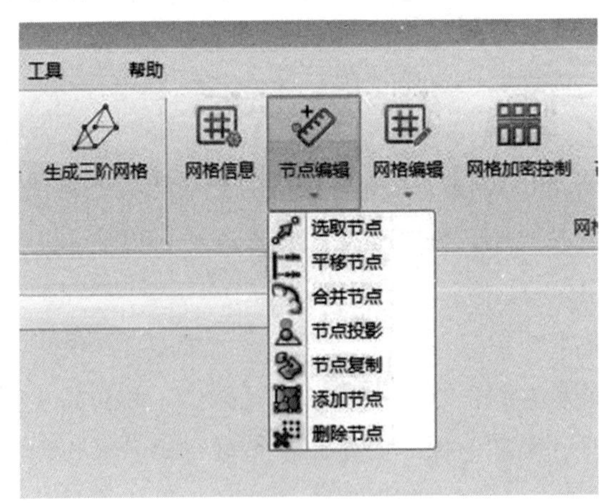

图 3-7　网格节点编辑操作示意图

二、单元操作

软件中可支持对创建的网格以及导入的网格文件进行单元编辑与操作，如图 3-8 所示。用户可在系统网格功能模块的“网格编辑”中对单元进行平移、旋转以及复制等操作，同时系统中支持点选或框选单个或多个目标单元，查看单元节点与相关信息，系统中也支持通过点击“创建单元”进行手动创建，通过点击“删除网格”删除单元，通过点击“平移单元”“旋转单元”“复制单元”等按钮对选中目标单元进行平移、旋转以及复制等操作，通过点击“分割单元”“合并单元”可以对单元进行分割以及合并操作，以达到用户目标。该系统中包含自适应网格加密与稀疏等算法，用户可通过对模型设置网格划分参数如网格个数、网格尺寸等，或在图 3-8 中点击“单元密度调整”对已经划分完成的网格密度进行局部或整体的密度调整，包含对网格进行粗化和细化等操作。该软件中也支持用户通过点击“单元法线方向修改”按钮修改单元法线方向，从而修改单元的局部坐标系，以保证后续系统求解器对单元的单元刚度、质量矩阵等在局部坐标系中求解的准确性。

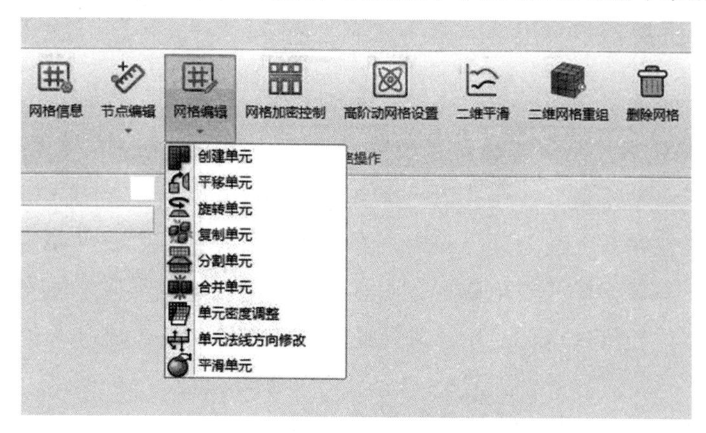

图 3-8 网格单元编辑操作示意图

三、网格模型处理

软件中可支持用户在前处理网格功能页面中进行网格模型处理操作，包括但不限于对网格进行平滑、拓扑检查、重新划分以及修补等操作，用户可通过在页面中点击如图 3-9 所示的按钮，例如通过点击“拓扑检查”对网格拓扑信息进行检查，并显示相关检查结果信息；可通过点击“网格平滑”对生成或导入网格进行网格平滑处理；通过点击“网格重新划分设置”对生成网格划分设置重新进行参数以及算法的选择，并可一键进行网格自动划分；可通过点击“网格修补”按钮进行网格自动修补功能，自动修复系统中质量较差或已破损的网格单元。

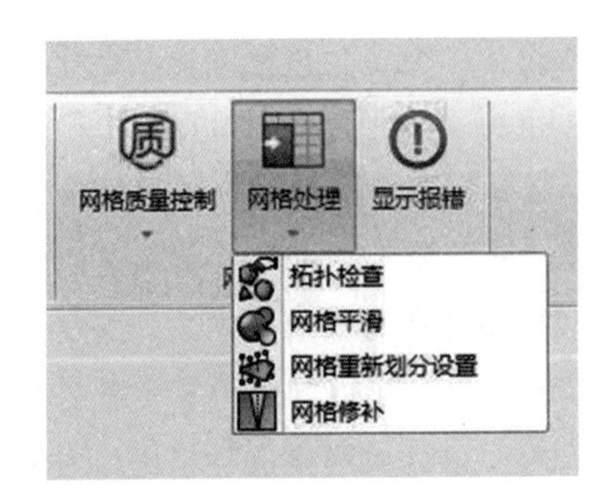

图 3-9　网格处理操作示意图

四、网格质量控制

软件的前处理网格功能模块中支持对网格进行严格的质量控制，用户可通过如图 3-10 所示的“网格质量控制”按钮对系统中导入或划分的网格进行严格的质量控制；用户可通过“质量自动检查”按钮在该系统自动检查生成以及导入的网格质量；通过“质量检查结果”按钮在系统前处理界面中查看整体网格质量，之后可在界面中通过对节点或网格进行编辑与操作提升网格质量；同时也可通过点击“网格整体光顺处理”按钮对划分网格进行整体光滑处理，对用户进行质量信息提示，并生成高质量的网格。

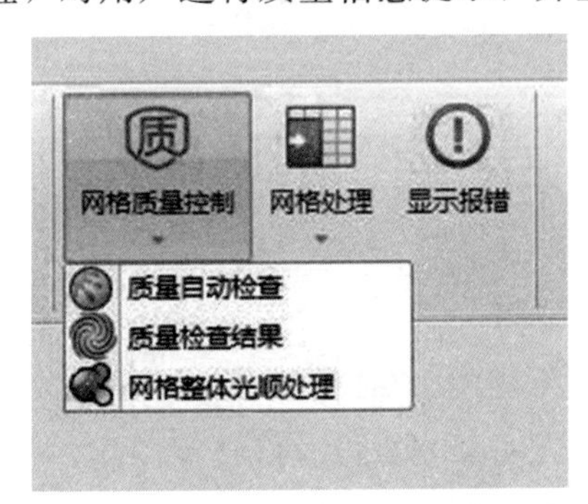

图 3-10　网格质量控制操作示意图

五、高级动网格功能

软件中具备高级动态网格技术，可根据模型及用户需求生成六面体网格、四面体网格和混合网格等。为实现动态网格的生成，需在每一时刻采用一套全局重构网格，但其中的插值工作量由于涉及点或单元对应关系的搜索，将会非常耗费时间，在二维问题中时间耗散可能还可接受，但对于三维复杂物体而言，网格量大增，其所耗费的时间及财力是不可接受的。因为本系统应用了非结构网格局部重构技术，只需要在原有网格基础上对网格节点做一些简单的移动和重新生成某些局部区域网格，即可以作为新时刻的计算网格，可以实现对局部网格重构或完全不重构，亦即可以进行非定常计算。同时局部网格重构只需重新建立局部区域内网格的映射关系，对引入的少量新点或单元进行插值，就可以求解非定常问题，大大缩短了插值过程所耗费的时间。

软件中可生成的块结构动网格重构结果如图 3-11 所示。

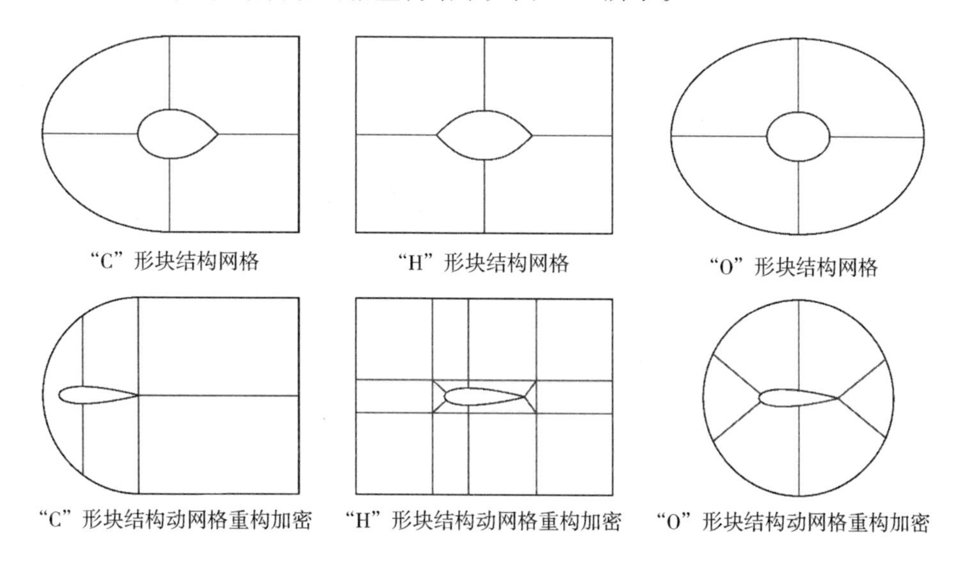

图 3-11　前处理块结构化动网格重构加密划分示意图

针对有相对位移的动边界非定常问题，目前主流的动态网格技术主要有四种：弹簧网格技术、重叠网格技术、笛卡尔网格技术、局部重构网格技术。而在这四种动态网格技术中，局部重构网格技术具有广泛的应用，所受到的限制相对更小。局部重构网格技术可应用于处理任意位移下的动边界流场问题，新旧网格间只需在局部重构区域内建立映射关系，进行少量的插值运算，是一种解决任意相对位移动边界问题的高效方法。其对物体间距、边界形状、位移大小无特定限制，且能够很好地与弹簧网格技术相结合，兼顾弹簧网格技术的优点，是一种可广泛应用的方法。因此本软件中主要包含一种弹簧近似法和局部重构相结合的方法，来实现动态网格技术。

（一）动网格局部重构技术

在动网格方法中，网格节点移动必须采取一种高效而且要尽量少破坏原有网格的方法，从而减少重构工作量。在该软件中采取了一种弹性网格中所采取的网格节点移动策略，该方法能够很好地保证网格单元的构形，在移动过程中使构形变化尽量减小。这是由于在弹簧网格法中，将网格中的每一条边都近似为一根拥有对于刚度系数的弹簧，且边长越短，刚度系数越大，边长越长，刚度系数越小。对于某单一的网格单元，长边的变形必然大，短边的变形必然小，最大限度保证该网格单元的构形变化较小。从而，能够最大限度地保证变形后网格有极高的质量。

由于采取了弹簧近似网格移动策略，在边界移动较小的情况下，网格尺寸仍可满足流场计算，无须重构。但在边界移动到一定情况下，网格尺寸变化过大，导致某些区域网格变得过于稀疏，某些区域网格变得过于密集。此时，对这些区域的网格需要重新生成，以满足数值计算的需要，在本文中采取了一种基于体积判断和分层思想相结合的策略确定网格的重构区域，从而最终兼顾弹簧动网格技术与局部重构网格技术的优点。

在重构区域的网格确定后，可自动获取该区域的边界网格。然后在该边界的网格基础上，应用DELAUNAY网格法生成对应体网格。同时必须使边界网格的法向指向区域内部，这样才能在网格最终的去除上保证网格的正确生成。该体网格的尺寸控制主要通过边界网格尺寸函数控制，使整个区域的网格尺寸基本保持光顺变化。然后通过数据传递，将该部分网格与旧有不需重构的网格合并，得到最终的网格，并且需在重构区域内网格建立一种可行的数值传递算法。

1. 弹簧近似点移动法

网格点随动边界如何移动，直接影响着网格变形后的质量，需重构区域的大小。网格点的移动策略必须使网格尽量小地受到破坏。在本软件中包含一种改进弹簧近似网格法，实现对点的移动。

弹簧方法是通过将每一条边近似为一根弹簧，然后在边界点移动的情况下，通过求解静力学平衡方程，得到每一个点的位移。每条边的弹簧刚度系数取对应边长的反比，如一条给定 $i-j$ 边的刚度系数为：

$$k_m = 1/[(x_i - x_j)^2 + (y_i - y_j)^2]^{1/2} \tag{3-1}$$

网格中运动边界上的网格点严格随物体而动，其他边界上的网格点则保持静止。然后在每一个时间步，求解每一内部点 i 的 x、y、z 三个方向的静力学平衡方程，得到其位移(δ_{x_i}，δ_{y_i}，δ_{z_i})。在该处中通过使用一种探测纠正过程求解静力学平衡方程。首先通过位移的线性插值得到预测的位移如下：

$$\bar{\delta}_{x_i} = 2\delta_{x_i}^n - \delta_{x_i}^{n-1} \; \bar{\delta}_{y_i} = 2\delta_{y_i}^n - \delta_{y_i}^{n-1} \; \bar{\delta}_{z_i} = 2\delta_{z_i}^n - \delta_{z_i}^{n-1} \tag{3-2}$$

然后使用雅可比迭代求解静力学平衡方程如下：

$$\delta_{x_i}^{n+1} = \frac{\sum k_m \bar{\delta}_{x_i}}{\sum k_m} \; \delta_{y_i}^{n+1} = \frac{\sum k_m \bar{\delta}_{y_i}}{\sum k_m} \; \delta_{z_i}^{n+1} = \frac{\sum k_m \bar{\delta}_{z_i}}{\sum k_m} \tag{3-3}$$

在对上式的迭代求解完成以后，可得到每一个内部点 i 的新位置：

$$x_i^{n+1} = x_i^n + \delta_{z_i}^{n+1} \; y_i^{n+1} = y_i^n + \delta_{y_i}^{n+1} \; z_i^{n+1} = z_i^n + \delta_{z_i}^{n+1} \tag{3-4}$$

该预测纠正求解过程比使用简单的一步雅可比迭代要高效得多，能够在更少的迭代步骤下实现对网格点的移动。该网格移动方法，在壁面间距离足够大，边界做较大位移的情况下，仍能够保持很高的网格质量。此方法通过对naca0012翼型转动模拟结果，可看出当物体离动壁面边界较远时，物体可做较大变动，且网格仍能够保持极高质量，其结果如图3-12所示。

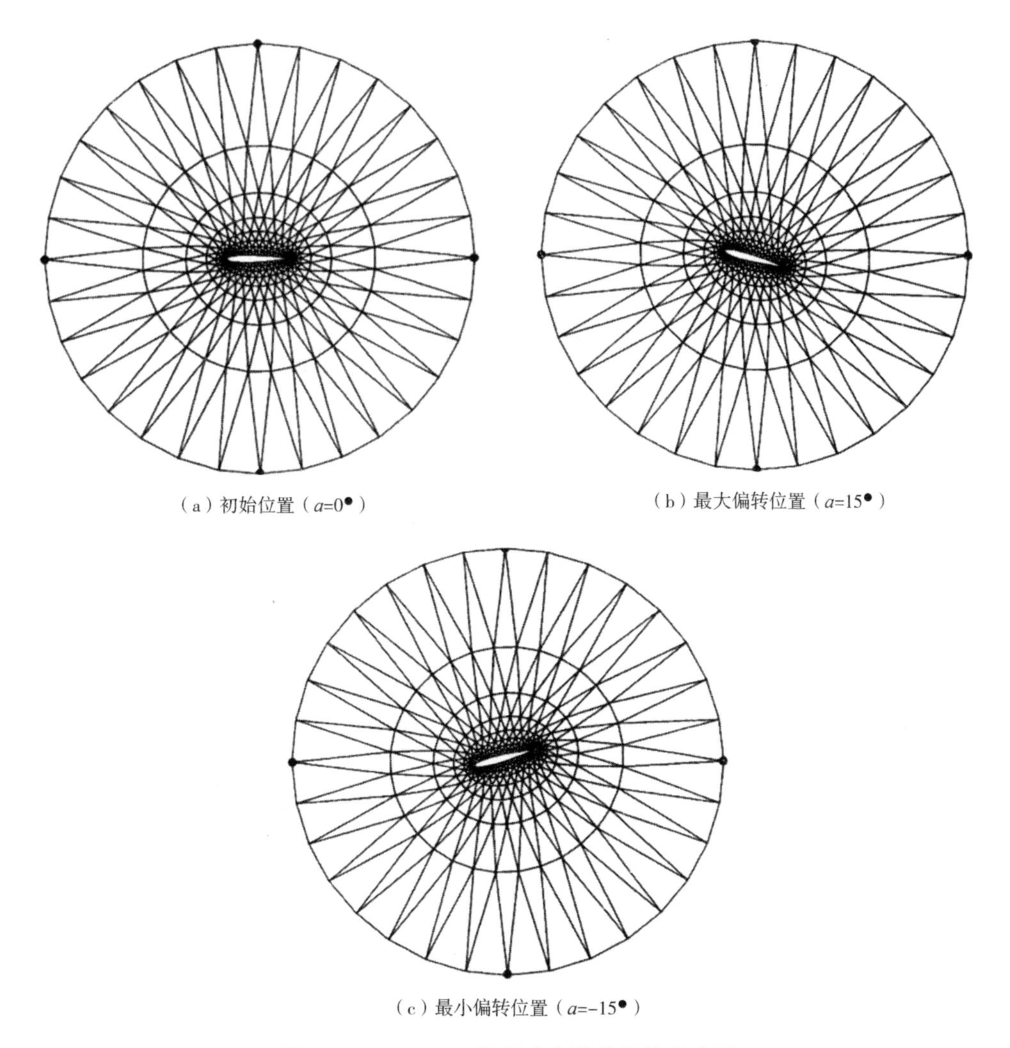

（a）初始位置（$a=0^{\circ}$）　（b）最大偏转位置（$a=15^{\circ}$）

（c）最小偏转位置（$a=-15^{\circ}$）

图 3-12　naca0012 翼型动态弹性网格示意图

2. 网格局部重构区域确定

在使用弹簧方法对网格点进行移动后，网格拓扑结构不变，但靠近动边界周围的网格单元会发生较大的变化，包括大小、形状等要素。当动边界的运动位移相对动静边界间距大小较小时，在对应方向上单元的变化会相对较小，此时该方向的网格一般不需重构；而当动边界的运动位移相对动静边界间距大小较大时，在该方向上单元的变化相对较大，此时该方向上的某些网格单元将需要新构建。在应用局部重构技术中，最为关键的步骤就是如何准确高效地重构区域。针对这一问题，本系统在体积探测的基础上，局部运用一种分层思想的方法，最终实现重构区域的确定。

由于在边界移动后，内部点是通过求解雅可比迭代式的弹簧系统的静力学平衡方程，该过程中，边界位移对弹簧系统的影响是从动边界开始，逐层向流场区域内部传递的。在完成第一步迭代时，与动边界相连的第一层网格点会受到影响；而在进行第二步迭代时，位移则会继续传递到第一层网格点以外的第二层网格点上，对第二层网格点产生影响；在整个迭代过程中，动边界的位移将逐层传递到网格内部中。通过这种逐层传递位移的方式，以及一定步数迭代求解弹簧系统静力学平衡方程时影响层数的探测，我们可以得出结论：网格单元变化最大位置是在动静边界之间的某个区域上，位于某些层面上。以上分析给分层确定重构区域的思想提供了一定的理论依据。

对于一套给定网格，通过 DELAUNAY 网格生成方法的研究，必须使其满足以下条件：网格体积光顺变化，避免体积过大或过小单元，即网格过密或者过疏；避免高倾斜率单元的出现。因此，网格局部重构就是将不满足以上条件的单元查找出来并进行修复。该部分的工作是应用体积判断法并结合分层新思想实现对重构网格区域的准确定位，该方法简单高效且完全自动完成。

网格局部重构区域确定具体步骤如下：

(1) 为每一个网格节点赋予一个目标体积，该目标体积用于控制整个网格的尺寸。

(2) 单元目标体积计算。每个单元的目标体积则采用该单元四个顶点的目标体积平均值。

(3) 判断并标定体积过大和过小单元。

(4) 判断是否需要重构。当标定的需重构单元数目为零时，不需要重构，可以直接进行非定常的下一步计算；当标定的需重构单元不为零时，需要进行重构，进入下一步分层重构区域的确定。

(5) 通过分层原理确定重构区域。其主要按以下几步进行：①应用点—单元和点—点数据关系，从动边界开始，一层一层往外延伸，将网格单元和网格节点分为各个不同层，并标定点与单元的层数；②利用体积判断标定的需重构单元，确定需要重构单元的最大层数及最小层；③将位于最大层和最小层之间的网格单元标定出来，这些单元所组成的区域就是最终的需重构网格单元，这些单元上的网格节点则标为相关网格节点。

(6) 得到重构区域的边界网格。其步骤如下：①取一个单元，判定其是否为需重构单元；若是进入下一步。②搜索某个面的相邻单元，判定该相邻单元性质。若相邻单元是需重构单元，则进入第④步；否则进入下一步。③得到一个边界网格面，计算节点的存储顺序，必须使面法向量指向重构区域内部。分为两种情况计算：第一种，若该面位于网格区域内部，即该面存在相邻单元，则可计算该相邻单元的体积，体积为正，网格点按相反顺序方式存储，体积为负，网格点按此顺序方式存储；第二种，若该面位于整个网格的边界上，即该面不存在相邻单元，则可通过边界的点—面数据结构快速定位其是哪个边界面，并按边界数据中顺序存储网格节点，同时需记录下该重构边界面网格是哪个边界面。④搜索单元下一个边界面，重新回到第②步，直到搜索完四个边界面。⑤取下一个单元，回到第①步，直到搜索完所有单元。

(7) 标定需删除节点以及重构区域边界节点。首先，利用重构区域边界网格，标定重构区域边界节点。其次，利用相关网格节点，标定不是重构边界节点的相关节点为删除节点。

到此，重构区域的工作就已经完全确定，可进入下一步，区域网格的全部重构。利用以上方法，能够准确定位重构区域，且用于再生成网格后能够得到高质量的网格。

3. 重构区域网格重构

通过上述步骤，实现了对重构区域的确定及重构区域的边界网格确定。接下来需要解决以下两个问题：

（1）重构区域的网格重新生成；

（2）重构区域内网格与重构区域外网格的结合。

在对重构区域进行 DELAUNAY 网格重新生成的过程中，其网格尺寸主要使用基于边界分布的尺寸控制函数进行控制。在工程应用中，单独依靠此控制尺寸函数对洞体进行网格生存时，可适当调整网格尺寸密度系数以使网格满足尺寸要求。应用该重构方法生成的网格质量高。

网格局部重构基本步骤如下：

（1）输出重构区域界面网格数据。该数据包括边界网格点数据、边界网格面单元信息。

（2）调用 DELAUNAY 网格程序生成洞体网格，输出洞体网格。

（3）输入洞体网格及边界网格数据。

（4）比较洞体边界网格与重构区域界面网格，得到洞体边界网格点在原网格中的存储位置。

（5）将洞体网格点插入原网格点数据。需要覆盖原网格中删除点数据，并最终要将所有删除点数据去除，重新实现点的连续存储。

（6）将洞体网格单元插入网格单元数据。需覆盖原网格中删除单元数据，并最终将所有的单元数据去除，重新实现单元数据的连续存储。

（7）更新原边界网格中位于洞体界面上单元面的相邻单元。

通过以上方法实现了对网格的局部重构。该方法高效且能够得到满足要求的网格，是一种行之有效的方法。

4. 数据传递

在以上方法中，重构区域内部点是通过重新布点得到的，对于这些点需要得到其在之前时刻的对应流场参数。如当前网格位于 $n+1$ 时刻，则需要得到这些新点在 n 和 $n-1$ 时刻的对应流场参数，才能最终实现非定常流场问题的求解。未经重构的网格点则对此可采取面积坐标的思想确定其在 n 和 $n-1$ 时刻的坐标值，并采用有限元插值的思想得到其对应的流场参数。变形前后网格对应关系如图 3-13 所示。

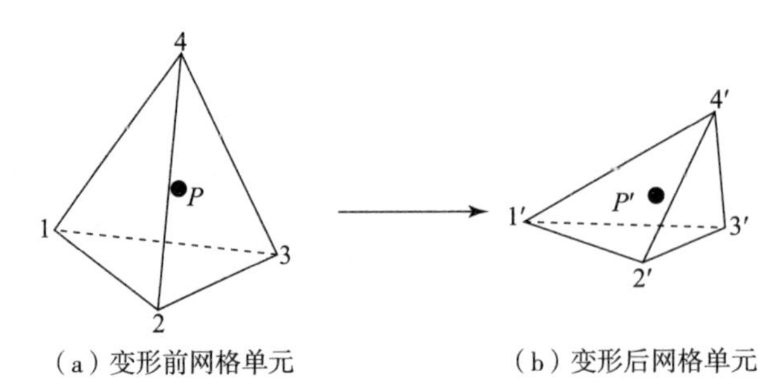

（a）变形前网格单元　　（b）变形后网格单元

图 3-13　变形前后网格对应关系图

对于网格中的一个 $n+1$ 时刻新点 $p'(x_{p'},\ y_{p'},\ z_{p'})$，其在 n 时刻旧网格中必有对应点 $P(x_p,\ y_p,\ z_p)$。且可通过单元搜索确定新点 P' 位于某个变形后单元(1′，2′，3′，4′)以内，则该单元变形前为(1，2，3，4)。最终由体积坐标可得到(n)及以前时间步新点 p' 处流场参数如下：

$$U'_p = f_1 U_1 + f_2 U_2 + f_3 U_3 + f_4 U_4 \tag{3-5}$$

而

$$f_1 = \Omega_1/\Omega，\ f_2 = \Omega_2/\Omega，\ f_3 = \Omega_3/\Omega，\ f_4 = \Omega_4/\Omega \tag{3-6}$$

式中：U——任意流场参数；

Ω——四面体（1′，2′，3′，4′）的体积；

Ω_1——四面体（P'，2′，3′，4′）的体积；

Ω_2——四面体（1′，P'，3′，4′）的体积；

Ω_3——四面体（1′，2′，P'，4′）的体积；

Ω_4——四面体（1′，2′，3′，P'）的体积。

（二）混合网格

结合结构网格和非结构网格优势的混合网格技术受到越来越多的重视。混合网格具有剖分灵活、易于实现网格自适应等优点，适于处理复杂边界问题，因此被广泛地应用。软件中可生成的混合网格主要有以下几种：三棱柱/四面体网格和针对多部件或多体复杂外形的混合网格等。软件中生成的混合网格案例图如图 3-14 所示。

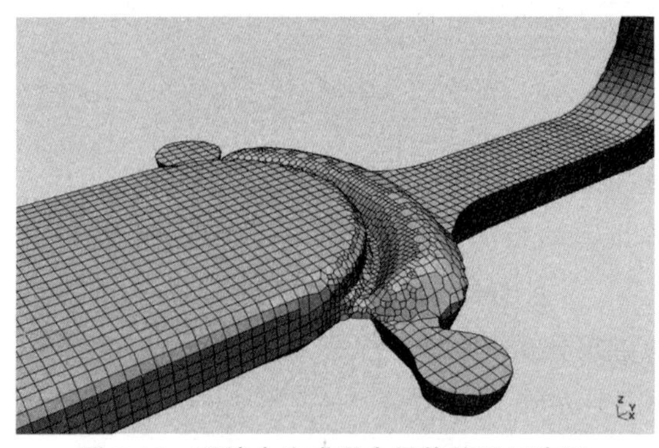

图 3-14　系统中生成混合网格结果示意图

1. 三棱柱/四面体网格

三棱柱/四面体网格的生成分为两部分：靠近物面区域的三棱柱网格的生成及其他区域的四面体网格的生成。三棱柱网格是采用代数的方法生成的，基本的过程是把物体按一定的方式进行放大而得到放大物面，与原物面联立求出两组物面上每个点的矢量方向，把对应的两个点用三次曲线进行拟合，得到拟合曲线，再截取该曲线，从而得到三棱柱网格。四面体网格是采用 Delaunay 方法生成的，生成步骤为：首先找到三棱柱的最外层网格点，形成覆盖整个计算域的最初始的网格；其次采用 Delaunay 法进行网格划分并删除不必要的网格，从而形成新的四面体网格。其优点是对于复杂外形的表面网格和空间网格生成较容易，并且减少了计算存储量。

2. 针对多部件或多体复杂外形的混合网格

混合网格是先对多体问题的每一单体或复杂外形的每一部件生成贴体结构网格，在体与体、部件与部件之间的交界区挖出一个洞（Hole），洞内由非结构化网格来填充。这类混合网格的代表有“拉链”网格和“龙形”网格等。

3. 矩形/非结构混合的网格

矩形网格不仅易于生成而且不必进行 Jacobian 矩阵的计算，比贴体网格更简单、更快捷。但是它不能处理复杂曲面边界，处理不好就会出现“台阶效应”。而非结构化网格却有模拟复杂外形的优势，在物面附近采用非结构化网格可以消除“台阶效应”，同时达到模拟复杂外形的目的。因此，将两者结合起来必能充分发挥它们各自的特长，这样一方面可以提高网格生成和计算的效率，另一方面可以处理复杂外形问题，这就形成了矩形/非结构混合网格。亦可在物面附近采用结构（二维）或半结构（三维）网格，然后由非结构化网格过渡到外场的矩形网格，由此构成混合网格。

六、网格局部加密技术

软件中具备自适应网格划分技术，可对网格进行自动或手动的局部加密，同时软件包含自动模板功能，可快速生成高质量自加密的多种网格类型，并能在后续分析计算中对局部进行网格加密控制。

自适应网格技术能对预先划分好的网格按照用户所定义的误差准则，自动进行误差判断并进行网格疏密程度的调整，即以最适合于所求解问题的方式来布置节点及确定其间的联系，进而取得令人满意的数值模拟计算结果。自适应网格技术是根据得到的误差信息决定解是否有足够的精度，若误差过大，则对网格进行改进使其满足精度要求。自适应网格原则上只需定义一种描述问题几何特性的初始网格及可接受的误差水平，计算机可自动产生能够实现这一有效水平的网格，可以提高分析效率和计算结果的可靠性。自适应网格的最大优点在于它能与物理问题的解相适应，网格的疏密随物理量变化的梯度的大小而自动调节。

（一）自适应网格加密与稀疏

软件中具备基于五点点阵的自适应网格加密技术，可捕捉不同尺度的界面运动与变形，该方法已经成功应用在了非规则边界计算中。计算区域中每个网格点与周围的网格点组成至少一个点阵，点阵的类型有两种："＋""×"，如图 3-15 所示。

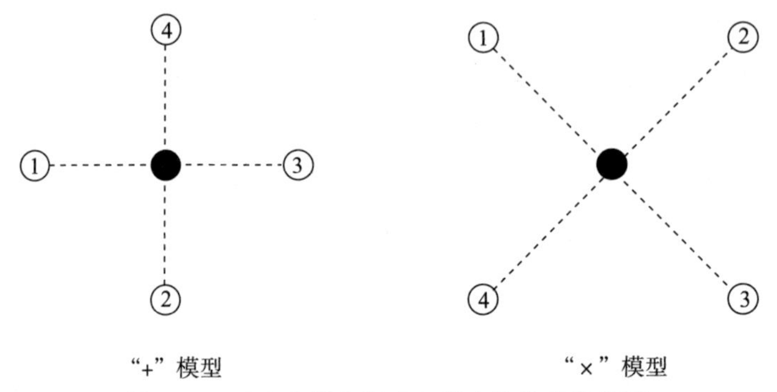

图 3-15　五点点阵自适应加密方法的点阵模型

为了使得加密与稀疏网格的过程中点的插入与删除更方便，每个网格点在全局范围内的标识只用一个代码（i）来表示。对计算区域中任意网格点(i)，其空间位置表示为 $X_n^m=(x，y)$，与周围点组成的点阵表示为(i_n^m)。其中，m 为网格点(i) 加密点阵的 m 层号，$n=0$，1，2，3，4 为网格点点阵中成员点的序号。

在加密或者稀疏网格之前，需设定一个判断标准，来确定网格点阵（i_n^m）是否需要加密或稀疏。同时需定义两个控制系数：上界 θ_1，下界 θ_2。由讨论点处的点阵内所有成员点相位量中的最大值减最小值得到该点处的相位量差值：

$$\Delta=\max(\varphi_i)-\min(\varphi_i) \tag{3-7}$$

当讨论点处相位量的差值 Δ 在 θ_1、θ_2 之间时，网格不需要加密或稀疏；如果相位量的差值 Δ 大于上界 θ_1，则需要进行加密处理来提高该网格点处的分辨率；而当相位量差值 Δ 小于 θ_2 时，则需要进行网格稀疏处理。背景网格为结构网格，每个网格点的点阵为"＋"模型如图 3-16 所示。为了详细说明加密的过程，以网格点（i）以及其点阵为说明对象。

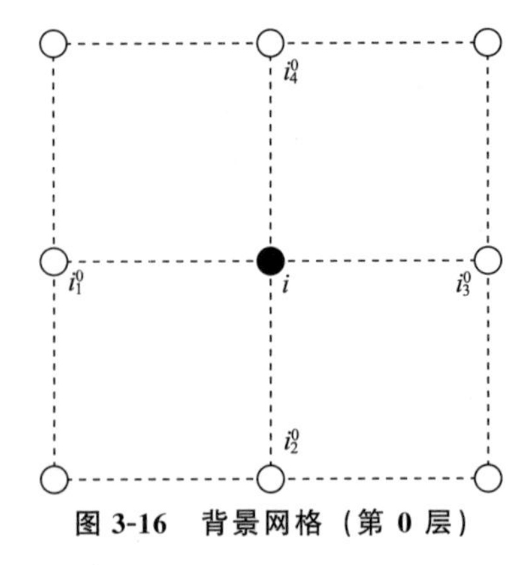

图 3-16　背景网格（第 0 层）

1. 网格加密

当网格点(i)处分辨率需要提高时($\Delta > \theta_1$)，进行加密处理，将i点的点阵从第0层(i_n^0)加密到第1层(i_n^1)。如图3-17所示，在原有点阵(i_n^0)的四个边中点处分别插入一个新点(•)。

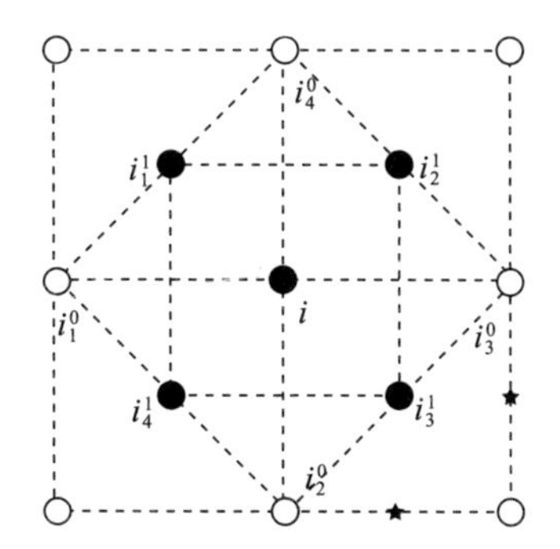

图3-17　加密（从第0层向第1层加密）

新插入点(i_1^1，i_2^1，i_3^1和i_4^1)的坐标分别由点阵i_n^0的四条边端点的坐标得到：

$$X_1^1 = \frac{X_1^0 + X_4^0}{2},\ X_2^1 = \frac{X_4^0 + X_3^0}{2},\ X_3^1 = \frac{X_3^0 + X_2^0}{2},\ X_4^1 = \frac{X_2^0 + X_1^0}{2} \tag{3-8}$$

从新插入点的分布可以看出，新插入点(i_1^1，i_2^1，i_3^1和i_4^1)与点i形成"×"形点阵，即点i的点阵从第0层升级到了第1层。另外，还有一个现象是，新插入的点(以i_1^1为例)与其周围点组成一个点阵，模型为"×"形，即新插入点的点阵与点i的点阵加密后的分辨率一致。其他新插入点的点阵同样自动升级到第1层。

若点i处需要再加密一层，将点i的点阵从第1层(i_n^1)升级到第2层(i_n^2)。同样地，在第2层点阵(i_n^1)的四条边中点处插入新点，如图3-18所示。

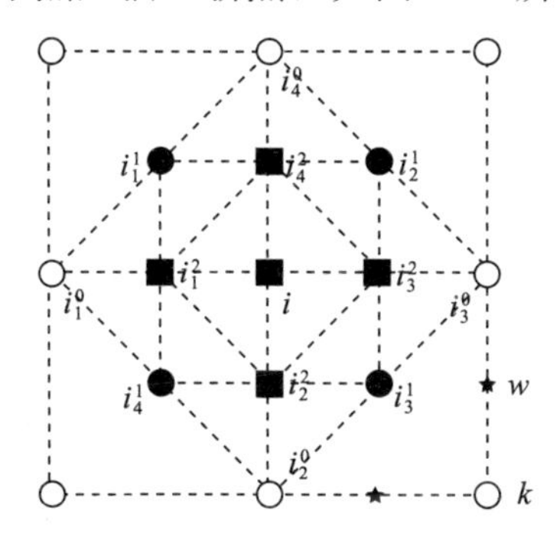

图3-18　加密（从第1层向第2层加密）

新插入点(i_1^2，i_2^2，i_3^2和i_4^2)的坐标分别由点阵i_n^1的四条边端点坐标得到：

$$X_1^2 = \frac{X_1^1 + X_4^1}{2},\ X_2^2 = \frac{X_4^1 + X_3^1}{2},\ X_3^2 = \frac{X_3^1 + X_2^1}{2},\ X_4^2 = \frac{X_2^1 + X_1^1}{2} \tag{3-9}$$

需要注意的是，对于为了加密而新插入的点在边界上的情况，只有在从奇数层向偶数层加密的过程中才可能出现。如果需要加密的网格点的点阵（以点 i_3^1 的点阵为例，点阵模型为“×”形，属于第1层加密的网格，其成员点为 i、i_2^2、i_3^2、k）中出现有两成员点间的线段于边界重合(边 i_3^0k，假设上图右边为边界)，则点 i_3^1 的点阵从第 1 层向第 2 层加密的时候需要在边界上插入新点(w)，新点的坐标由 i 点点阵中位于边界上的两成员点(i_3^0，k) 的坐标来确定。

与从第 0 层向第 1 层加密过程相同，从第 1 层加密到第 2 层的过程中新插入的点(i_1^2，i_2^2，i_3^2，k) 与点 i 形成“+”形点阵，即点 i 的点阵从第1层升级到了第2层。新插入的点各自与其周围点组成一个新点阵，模型为“+”形，与 i 点处最高分辨率点阵模型一致。如若需要继续加密，按照相同的步骤即可实现。由加密的过程不难看出，从第 0 层开始，点阵模型为“+”，到第1层点阵模型为“×”，再到第2层的点阵为“+”…… 点阵遵循偶数层为“+”形，奇数层为“×”形的规律交替变换；对计算区域中的一点的点阵从第 n 层加密到第 $n+1$ 层的时候，所用到的点全部为第 n 层点阵中的点及其点阵，保证了各点加密的独立性。另外，新插入点的物理量的确定，由此点处形成的新点阵中的成员点插值得到：

$$V_q=\frac{1}{4}\sum_{k=1}^{4}V_{q_k^m}-\frac{h^2}{16}\sum_{k=1}^{4}(\Delta V)_{q_k^m}+O(h^4) \tag{3-10}$$

式中：q—— 新点全局代码；

k—— 点阵中成员点的序号；

h—— 为网格长度。

2. 网格稀疏

当计算区域中某点处不需要保持高分辨率而需要降低加密层数时（$\Delta<\theta_2$），则进行网格点阵稀疏处理。稀疏处理的过程相比加密过程来说，要简单很多。只需要将该点处的点阵信息用上一层点阵信息覆盖。在计算的过程中，每计算一定时间步数（具体步数由具体问题而定），根据界面的运动变化后相位量的分布情况对网格进行一次加密稀疏处理，重新分布网格点的密度，对相位量梯度变化大的区域网格进行加密，对相位量梯度变化小的区域进行稀疏处理，从而保证在界面附近网格点高密度，而均匀相区域保持较稀疏的网格。需要说明的是，自适应频率的确定（步数的确定）必须视具体问题中界面的运动变化的快慢和变化幅度来确定，步数应在保证计算速度的同时尽量设得小一点，如果步数太大会造成界面跑在高分辨率网格之前的现象，则达不到保持界面附近分辨率高的目的。

七、参考坐标系统

软件中具备新建任意的参考坐标系统的功能，软件中支持创建包括笛卡尔、球和圆柱等坐标系，并支持在一个模型系统中创建不同类型的全局和局部的坐标系。

软件中支持建立的笛卡尔、球和圆柱等参考坐标系原理如图 3-19 所示。

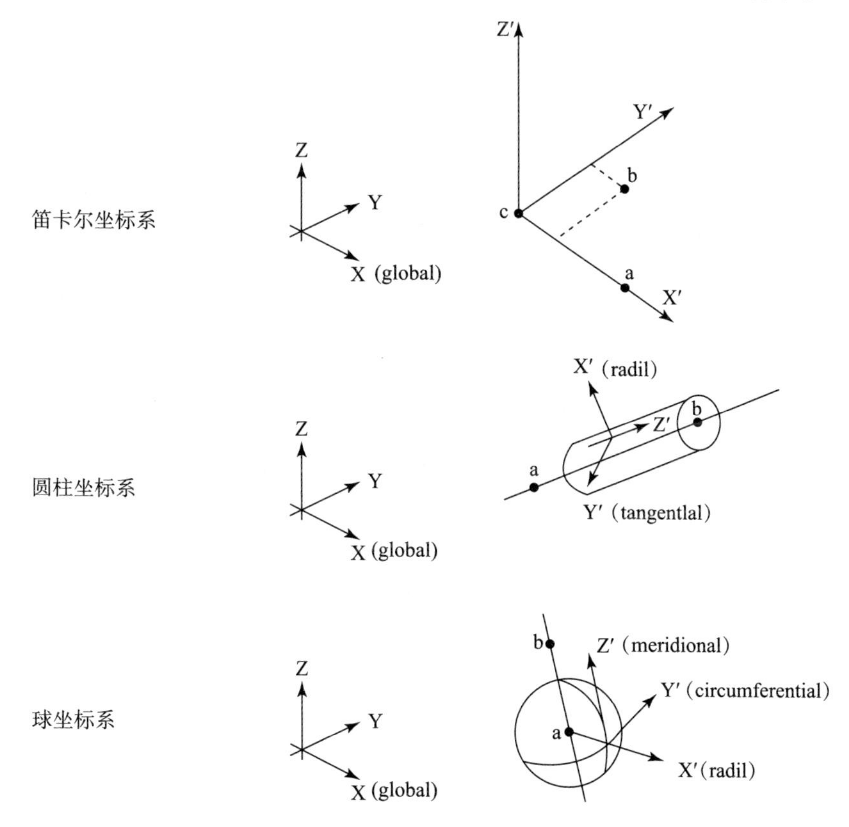

图 3-19　笛卡尔、球和圆柱等参考坐标系原理

软件中创建笛卡尔、球和圆柱等参考坐标系统的界面如图 3-20 所示。

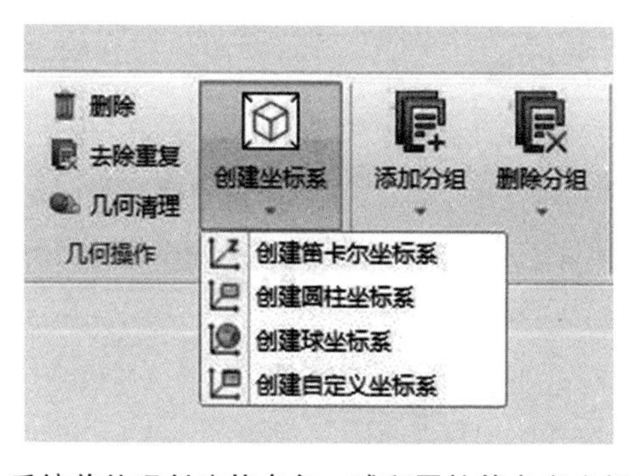

图 3-20　系统前处理创建笛卡尔、球和圆柱等参考坐标系示意图

第四章　工作流

工作流用于仿真设计中多学科/多工具之间集成一体化，实现联合仿真，从而实现全面评估系统的整体性能，在不同领域的仿真结果可以相互验证和校准，确保模型的准确性和可靠性。这有助于减少不必要的实验和测试，节省时间和资源。联合仿真的作用在于综合考虑多个系统的相互作用，实现系统级别的分析、优化和决策。

本章对工作流模块功能进行介绍，详细说明功能实现，并介绍多学科优化案例。优化重点是能否给出最小的评价函数设计，全局优化算法能够跳出局部最小，在更大的多位空间寻找最优解。

第一节　工作流功能

软件工作流功能模块可进行光学系统优化分析流程的搭建与分析，用于多学科软件集成仿真，对仿真软件进行统一集成。工作流模块界面主要涉及菜单栏、组件库、功能交互区、组件属性区、后台输出区等窗口，如图 4-1 所示。不同的视图窗口可以由用户重新排列，并且可以被关闭和再次打开。有些视图在默认情况下是关闭的，但可以根据需要打开。

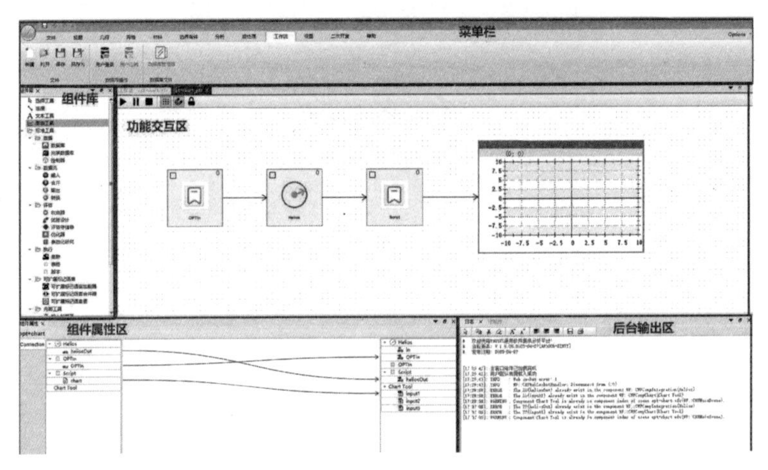

图 4-1　工作流用户图形界面

• 菜单栏：包含文件管理和光学数据库操作。

• 组件库：包含工作流模块中的“选择工具”、工作流连接工具“连接”、工作流文字介绍工具“文本工具”、二维图表显示工具“图表工具”等，标准工具主要包含脚本和优化器等，以及自定义工具库等。

• 功能交互区：工作流模块的核心视图和功能交互区，用于构建和配置工作流。

• 组件属性区：包含组件属性显示和连接显示等功能，可对每一个组件设置输入输出、脚本命令和组件设置等。

• 后台输出区：包含日志和控制台，可查看运行流程中的日志及后台命令输出。

工作流功能模块架构如图 4-2 所示。工作流功能提供广泛的多组件模块，提供光学软件组件、多学科优化组件、用户自定义组件等多类型组件模块。提供集成的光学软件管理功能，可在软件开发集成平台上打开对应的光学软件进行设计分析；提供独立的多学科优化组件，内置多种优化算法，支持设置优化算法、优化变量、约束条件以及优化目标，通过优化器组合调用光学设计分析软件，实现对光学多指标的优化。工作流组件可以相互耦合，同时也支持循环，甚至是多嵌套的循环。下面显示了软件中的工作流组件：

a. 数据：数据库；

b. 数据流：输入，输出，合并，转换；

c. 评估：收敛器、试验设计、评估存储器、优化器、参数化研究；

d. 执行：集群、表格、脚本；

e. 用户集成工具：成像光学设计软件 ODES、CODEV、杂散辐射分析软件 Lightpro 等。

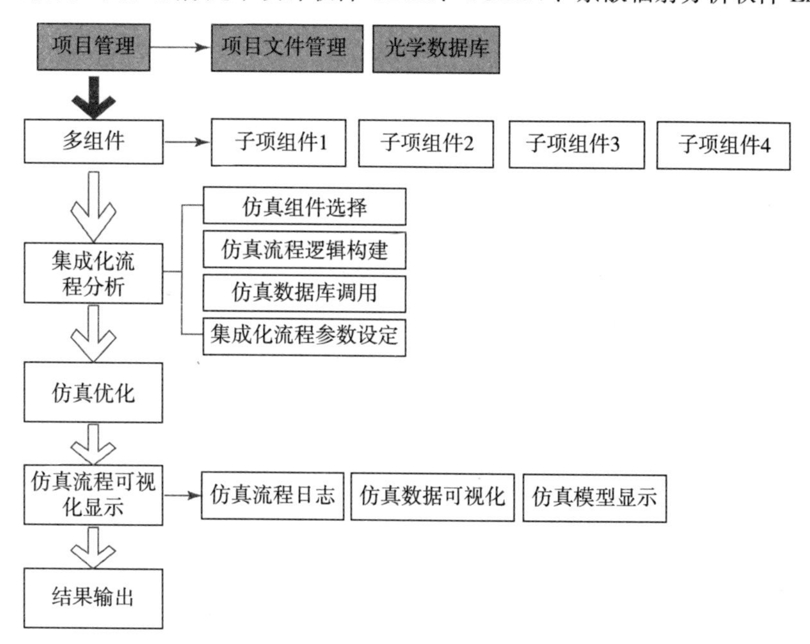

图 4-2　工作流功能架构

工作流功能提供多学科仿真流程，提供协同仿真流程工作流搭建和多组件一键自动运行功能。多学科协同仿真流程功能可实现仿真模型的构建、参数设置、仿真和分析等过程，在光学设计分析软件之间通过数据交换，自由拖拽组件串联集成多种光学软件，实现灵活可视化的工作流搭建，并支持一键自动运行，实现多学科协同仿真。

工作流功能提供光学数据库，提供支持国产瀚高数据库进行镜头库、玻璃库、各类输入输出文件的管理，实现用户管理、数据选择、导入导出、数据展示等功能。

一、项目文件管理

“项目文件管理”功能能够实现具有项目文件管理概念，包含项目/文件的新增、打开等功能，在界面中与之相对应的交互界面和底层可以执行此功能。用户点击工作流菜单，软件支持“新建”“打开”“保存”“另存为”功能。

1. 新建

选择工作流菜单，点击“新建”后，弹出路径及文件名称设置界面，如图 4-3 所示，选择文件所保存的文件路径，文件名中输入新建文件的名称，点击保存，新建工作流文件。

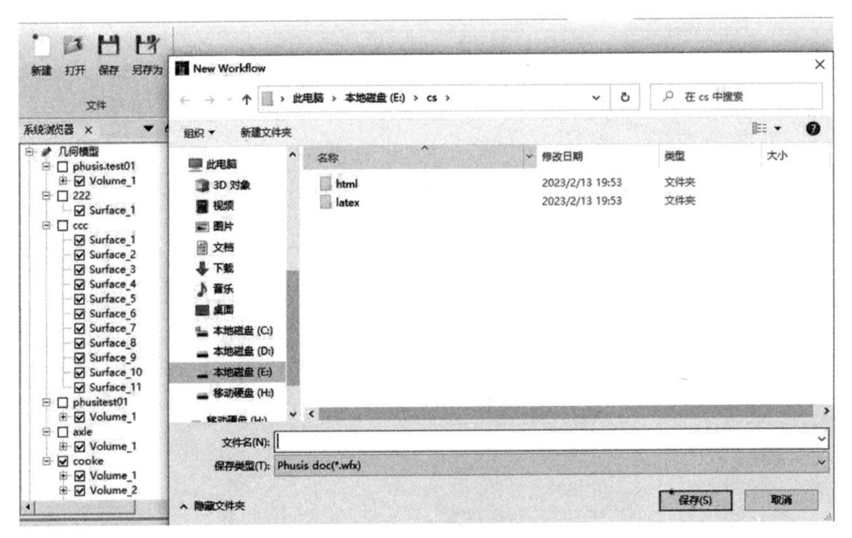

图 4-3 新建工作流文件

2. 打开

选择工作流菜单，点击“打开”后，弹出路径选择界面，选择路径下的文件，打开已保存的工作流文件。

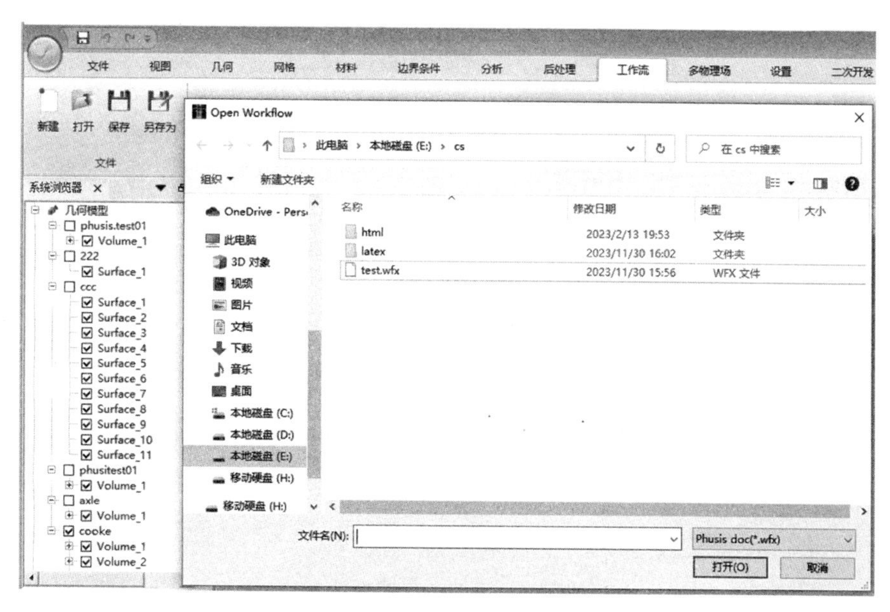

图 4-4　打开工作流文件

3. 保存

选择工作流菜单，点击“保存”后，弹出路径选择界面，保存文件为 data. wf 文件，如图 4-5 所示。保存文件也可使用快捷键“Ctrl+S”。

*data.wf - 记事本

文件(F)　编辑(E)　格式(O)　查看(V)　帮助(H)


```
{
  "connections": [],
  "nodes": [
    {
      "active": true,
      "commandScriptLinux": "",
      "commandScriptWindows": "odes.exe -i \"${in:inputFile}\"",
      "component": {
        "identifier": "odes",
        "name": "odes",
        "version": "version"
      },
      "identifier": "de.rcenvironment.integration.common.odes",
      "launchSettings": {
        "rootWorkingDirectory": "D:\\soft\\phusisWorking",
        "toolDirectory": "D:\\soft\\odes"
      },
      "location": "280:240",
      "name": "odes",
      "postScript": "PHUSIS.write_output(\"objectiveFunction\", 1.1)",
      "preScript": "",
      "staticInputs": [
        {
          "datatype": "Float",
          "identifier": "",
          "name": "111"
        },
```


图 4-5　保存工作流文件

4. 另存为

选择工作流菜单，点击“另存为”后，弹出路径及文件名称界面，输入文件名为“data1”，将文件另保存为 data1. wf 文件。

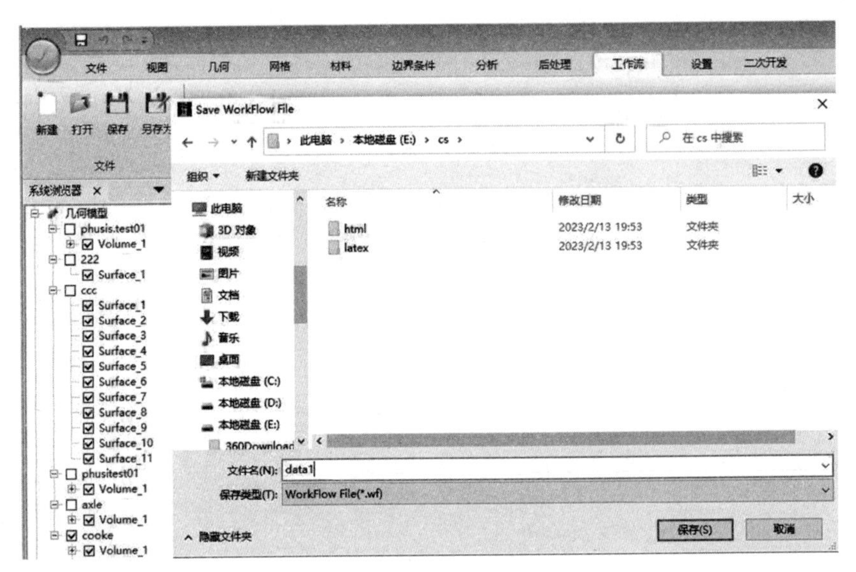

图 4-6　另存工作流文件

二、光学软件组件

软件提供光学软件组件、多学科优化组件、用户自定义组件等多类型组件模块。提供集成的光学软件管理功能，可在软件开发集成平台上打开对应的光学软件进行设计分析；提供独立的多学科优化组件，内置多种优化算法，支持设置优化算法、优化变量、约束条件以及优化目标，提供统一的优化参数变量管理环境，可关联各光学设计分析软件中的参数，通过优化器组合调用光学设计分析软件，实现对光学多指标的优化。

执行“光学软件组件”功能后，软件能够实现提供对集成的光学软件管理功能，可直接在软件开发集成平台上打开对应的光学软件进行设计分析，在界面中与之相对应的交互界面和底层可以执行此功能。

(一) 工作流数据

软件中的工作流组件可以将数据发送到其他工作流组件，因此需要在发送工作流组件和接收的组件之间通过“Connection”工具创建连接，创建连接的必要条件是具备相同格式的输入和输出。该连接可被认为是一个直接的数据通道。数据作为彼此不相关的原子包发送（工作流组件之间没有数据流）。工作流数据类型定义界面如图 4-7 所示。

软件支持的数据类型包含：

• 原始数据类型：Text 文本（不多于 140 个字节）、Boolean 布尔值（true 或 false）、Integer 整数、Float 浮点数。

• 引用的数据类型（实际数据存储在 OJSS 的数据管理中，仅传输引用）：File 文件、Directory 目录。

• 其他数据类型：Vector 向量［仅限于一维向量，例如 $(x, y, z, \cdots)$］、Matrix

矩阵（限于浮点数类型的表格）。

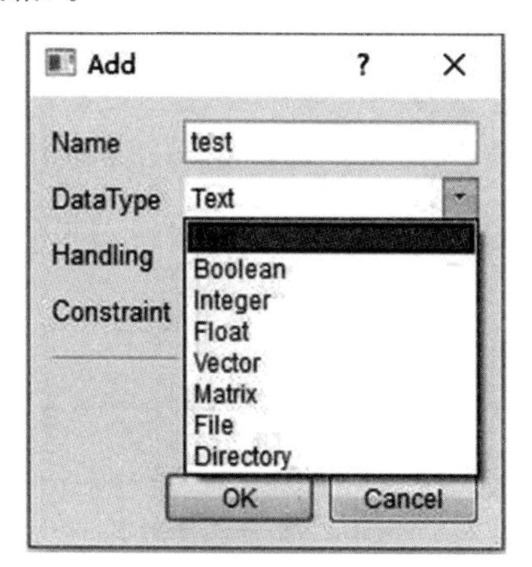

图 4-7　工作流数据类型定义界面

但是，不是所有的工作流组件都支持上述列出的所有数据类型，如果输出和输入之间可以创建一个连接，则需满足以下要求：

- 输出的数据类型与输入的数据类型相同或可转换。
- 输入还没有连接到另一个输出。

需要注意的是，输出的数据可以发送到多个输入，但是一个输入只能从单个输出接收数据。表 4-1 的是显示哪些数据类型可转换为其他类型。

表 4-1　数据类型转换表格

来源转换	Boolean	Integer	Float	Vector	Matrix	File	Directory
Boolean		⚐	⚐	⚐	⚐		
Integer			⚐	⚐	⚐		
Float				⚐	⚐		
Vector					⚐		
Matrix							
File							
Directory							

工作流的执行是数据驱动的，只要所有所需的输入数据都可用，软件就会执行工作流流程。工作流组件中的数据执行调度具备调度和约束选项，用户可以在创建工作流时对这些选项进行选择。数据调度选项如图 4-8 所示，数据约束选项如图 4-9 所示。

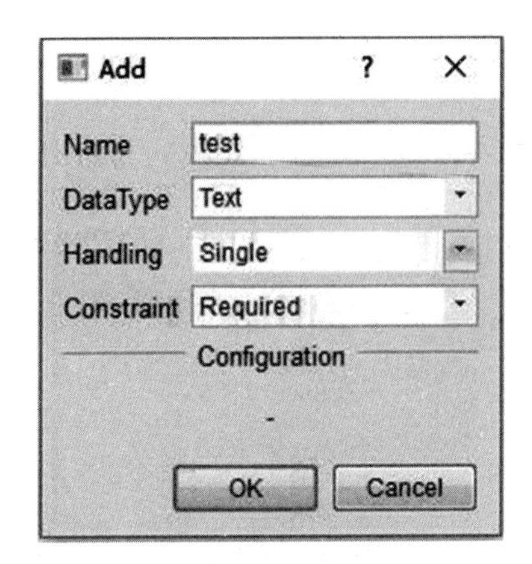

图 4-8　数据调度选项

数据输入调度主要包含以下处理选项：

• Constraint 常量：该值在执行期间不会被消耗，将在下一次迭代中被重用（如果工作流中有任何循环）。如果接收到多个值，工作流将失败（嵌套循环除外）。在嵌套循环完成后，所有类型为 Constraint 的输入都将在嵌套循环中重置。

• Single 单个（被消耗）：输入值将在执行过程中被消耗，并且不会在下一次迭代中被重用（如果工作流中有任何循环）。输入值不允许形成队列，如果在使用当前值之前接收到另一个值，则工作流将失败。这可以防止工作流设计错误。例如，在一次迭代中，优化器在一次输入中不能接收超过一个值。

• Queue 队列（被消耗）：输入值将在执行期间被消耗，并且不会在下一次迭代中被重用（如果工作流中有任何循环），允许输入值形成队列。

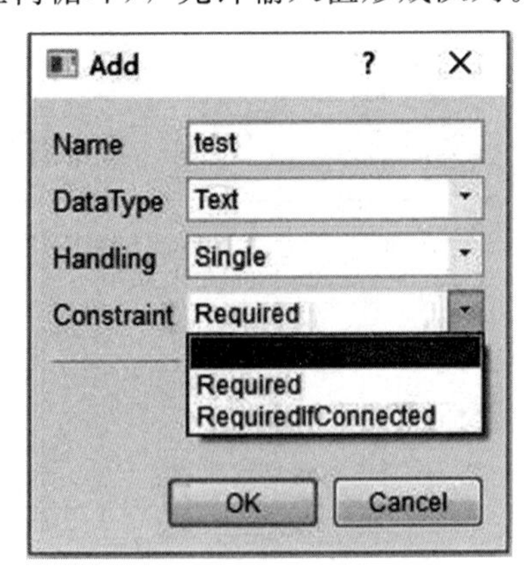

图 4-9　数据约束选项

数据输出约束主要包含以下处理选项：

• Required 必需：执行数据输出时需要输入的值，因此，该组件中输入必须连接到一个输出。

• Required If Connected 连接时必需：输入值在执行时不是必需的（例如，组件内可以使用默认值作为回退)。因此，组件中的输入不需要连接到一个输出。但是如果该组件连接到一个输出，则将被作为输入类型为 Required 来进行处理。

• Not Required 非必需：执行时不需要输入值，因此，该设置中组件输入不需要连接到输出。如果该组件连接到输出，并且在执行时有一个值可用，则该组件的输入值将被作为输出传递给下一个组件。类型为 Not Required 的组件中，除非输入是组件定义的唯一输入，否则它的值不能用来运行组件。使用此选项可以轻松创建非确定性的工作流。

(二) 图表组件

软件中支持加入二维图表工具，用户可基于脚本组件将包含数据的 *.csv 文件传至该工具中，便可二维显示该表格中的数据，显示示意图如图 4-10 所示。

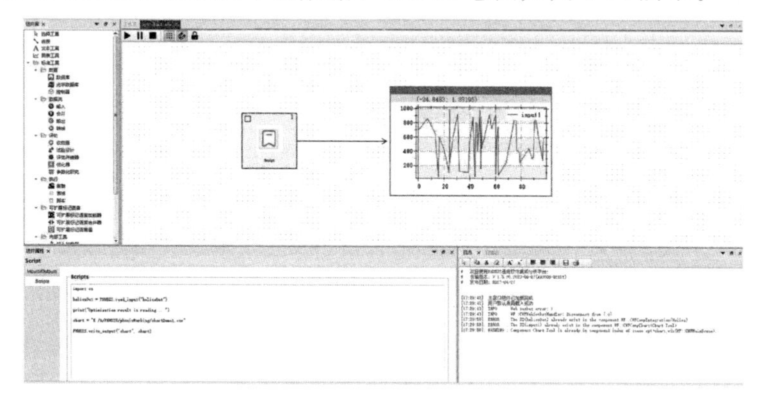

图 4-10　图表工具定义和显示界面

(三) 脚本组件

软件中的脚本组件是最通用、使用场景最广泛的一个组件，该组件基于 Python 脚本，用户可以实现对数据及运行结果的各种操作，并基于该流程和其他流程创建较复杂的工作流。脚本组件属性中包含输入输出和脚本的设置，可以通过输入/输出设置该组件的输入输出数据，在 Scripts 中定义组件的预处理和后处理脚本命令，如图 4-11、图 4-12 所示。

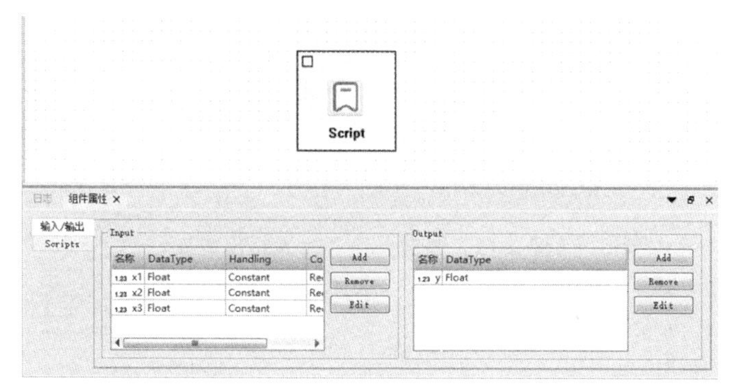

图 4-11　Scripts 输入输出定义界面

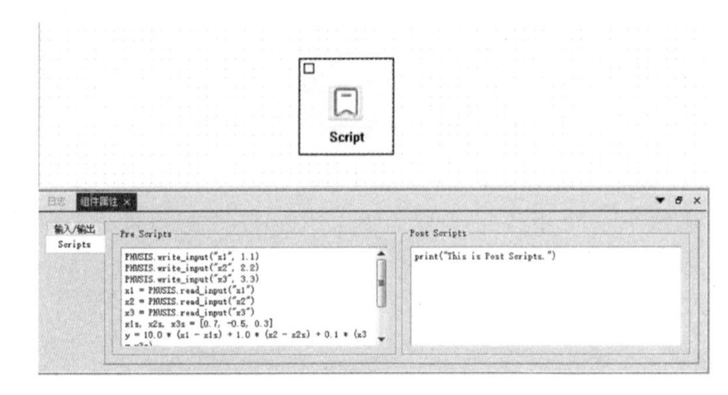

图 4-12　Scripts 脚本定义界面

(四) 自定义组件

软件具备许多组件，通过这些组件，用户可以创建较复杂的工作流程。通过使用软件中的组件可以搭建工作流，并且可以通过脚本组件调用外部工具。因为软件工作流中不能在组件之间共享配置，因此每个脚本组件中的设置都必须进行单独配置。此外，为了简化包含调用外部工具的工作流的构建流程，软件中可以外部工具集成为用户定义的组件。

自定义组件中可以设置该工具与软件的“接口”。该接口包括其输入、输出以及工具的执行方式等。自定义组件可以通过组件属性中的“输入/输出”窗口设置该组件的输入输出数据，在 Scripts 中定义组件的预处理和后处理脚本命令，在 Execution 中设置组件求解器路径和根工作目录，以及调用求解器的命令等。如图 4-13、图 4-14、图 4-15 所示。

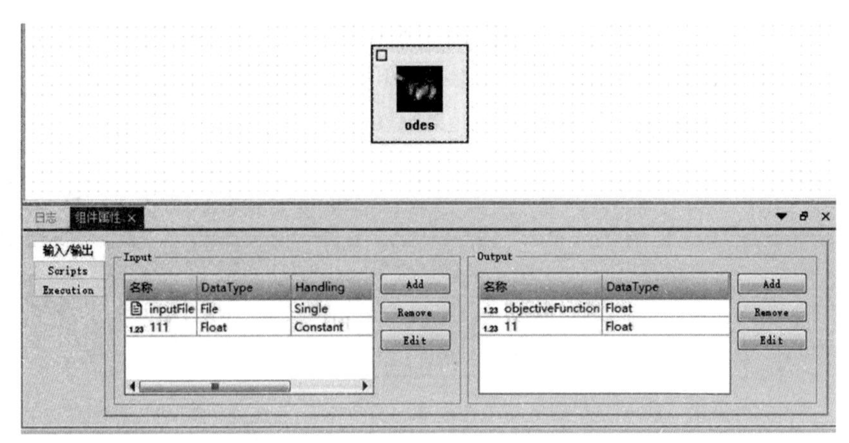

图 4-13　自定义组件输入输出界面

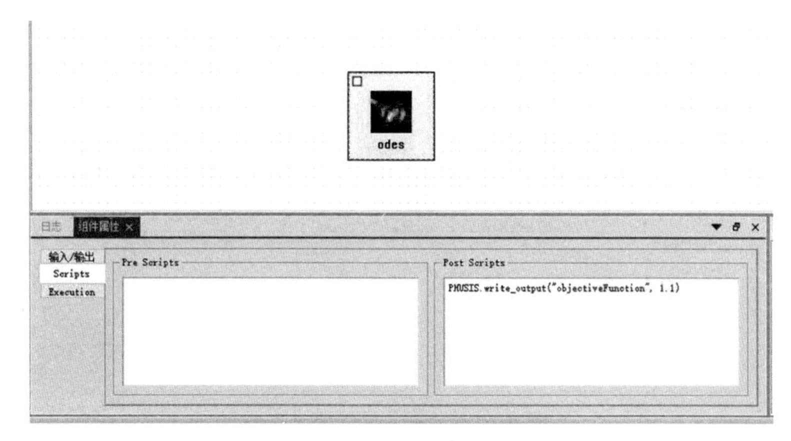

图 4-14　自定义组件脚本界面

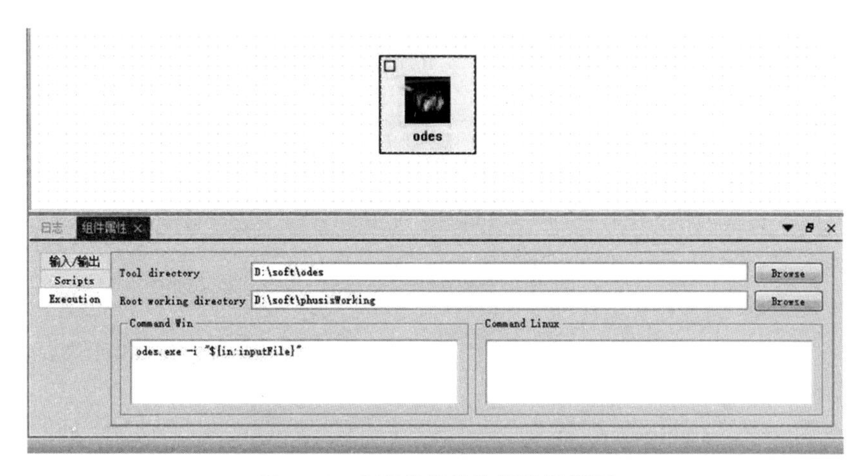

图 4-15　自定义组件执行设置界面

自定义组件集成的一个主要设置包括预处理脚本、执行脚本和后处理脚本命令的定义。预处理脚本和后处理脚本分别定义了如何将来自 OJSS 中其他组件的传入数据传递给自定义组件，以及如何将自定义组件的传出数据传递给 OJSS 中的其他组件，这些脚本是基于 Python 语言编写的。

如果要集成外部工具，该工具需满足以下三个要求：

①可以通过命令行调用；

②具有可通过命令行调用的非交互模式；

③可通过环境变量、命令行参数或文件提供其输入。

满足上述要求后，可以将工具集成到软件中。当用户需要新增自定义组件时，需要在软件安装目录…\ OJSS \ OJSS _ Release \ integration \ 路径下创建自定义组件文件夹，文件夹名称为集成组件的名称，文件夹需包含配置文件和组件图标，其中配置文件的名称为“configuration”的 json 文件，组件图标的文件格式要求为“png”，如图4-16所示。

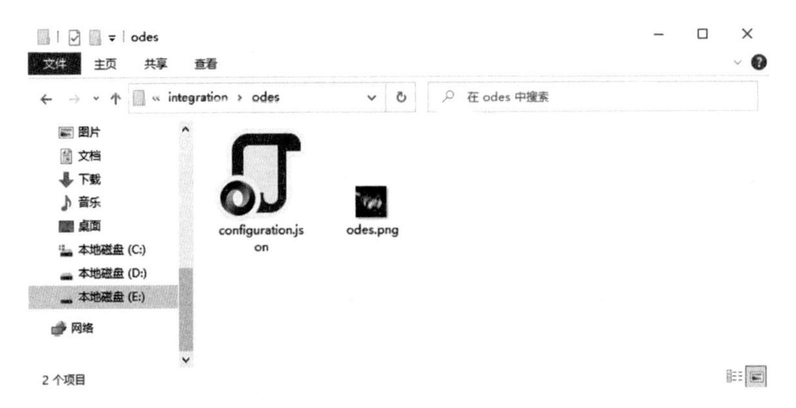

图 4-16　自定义组件要求文件

配置文件采用 json 格式，图 4-17 为 odes 自定义组件的配置文件，配置文件需要包含表 4-2 中的参数，并要求参数符合表 4-2 中相应要求。

```
configuration.json
1  {
2    "toolName" : "odes",
3    "toolIconPath" : "odes.png",
4    "commandScriptLinux" : "",
5    "commandScriptWindows" : "odes.exe -i \"${in:inputFile}\"",
6    "enableCommandScriptLinux" : false,
7    "enableCommandScriptWindows" : true,
8    "postScript" : "PHUSIS.write_output(\"objectiveFunction\", 1.1)",
9    "preScript" : "",
10   "inputs" : [ { } ],
11   "integrationType" : "Common",
12   "isActive" : true,
13   "outputs" : [ { } ],
14   "uploadIcon" : true,
15   "launchSettings" : [ {
16     "limitInstallationInstancesNumber" : "10",
17     "limitInstallationInstances" : "true",
18     "rootWorkingDirectory" : "D:\\soft\\phusisWorking",
19     "toolDirectory" : "D:\\soft\\odes",
20     "version" : "1.0"
21   } ]
22 }
```

图 4-17　odes 自定义组件配置文件

表 4-2　配置文件参数

参数	是否必须填写属性值	备注
toolName	是	自定义组件名称，名称可由英文字母、阿拉伯数字、汉字组成，不能超过 20 个字符
toolIconPath	是	自定义图标的路径，必须放在自定义组件文件夹下，使用文件即可
commandScriptLinux	是	Linux 系统下执行 command 命令

续表

参数	是否必须填写属性值	备注
commandScriptWindows	是	Windows 系统下执行 command 命令
enableCommand-ScriptLinux	是	Linux 系统 command 命令是否可用，只有 true 和 false 两个值，ture 代表可用，false 代表不可用
enableCommandScriptWin-dows	是	Windows 系统 command 命令是否可用，只有 true 和 false 两个值，ture 代表可用，false 代表不可用
postScript	否	后置脚本，自定义组件运行结束后执行的 python 语句
preScript	否	前置脚本，自定义组件开始运行前执行的 python 语句
inputs	否	自定义组件输入参数
integrationType	是	自定义组件类型，值统一为 Common
isActive	是	自定义组件是否可用，只有 true 和 false 两个值，ture 代表可用，false 代表不可用
outputs	否	自定义组件输出参数
uploadIcon	是	自定义组件图标是否可用，只有 true 和 false 两个值，ture 代表可用，false 代表不可用
launchSettings	是	运行设置，需包含 limit Installation Instances Number、limit Installation Instances、root Working Directory、toolDirectory、version
limitInstallationInstanc-esNumber	是	显示启动实例个数
limitInstallationInstances	是	是否限制启动实例个数，只有 true 和 false 两个值，ture 代表限制，false 代表不限制
rootWorkingDirectory	否	工作目录
toolDirectory	否	自定义组件“exe”所在目录
version	是	自定义组件版本

（五）多学科优化组件

软件能够实现提供独立的多学科优化组件，内置多种优化算法，在界面中与之相对应的交互界面和底层可以执行此功能。多学科优化组件包含多种优化算法，包括局部优化算法和全局优化算法，详细优化算法将在第五章中介绍，本节主要介绍多学科优化功能。

用户可以拖拽多学科优化组件至工作流中，点击工作流中优化组件，在组件属性处进行优化算法接口设置。用户点击组件中 Algorithm 按钮，选择优化算法，如图 4-18 所示。不同的优化算法可能有不同的计算复杂度和搜索速度，以及对解的质量的折中。根据具体问题的要求和限制，选择合适的优化算法可以在保证一定效率的同时，达到所需的优化质量。

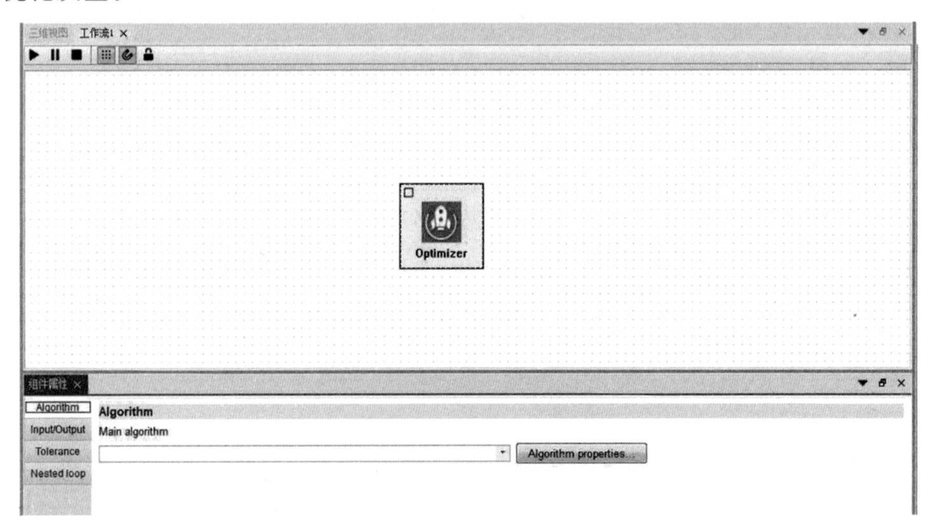

图 4-18　优化算法设置

用户点击组件属性中 InputOutput 按钮，进行优化算法输入输出接口设置，支持设置、约束条件以及优化目标。

优化问题中，优化目标是指需要被优化的特定目标或指标。优化目标的作用是明确优化问题的目标或要求，指导优化算法搜索最优解的方向。它可以帮助定义问题的成功度量标准，并根据这些标准进行决策。优化目标提供了明确的目标或要求，使问题定义更具体。它帮助确定优化的方向和目标状态，为优化算法提供了清晰的指导；优化目标通常以数值形式表示，可以量化问题的目标和约束条件，这样可以将问题转化为数学模型，使得问题更易于分析和解决；优化目标提供了衡量解决方案质量的标准，通过评估和比较不同解的目标函数值，可以确定哪个解更好或更优；优化目标可以帮助决策者或优化算法确定最佳解决方案；优化目标对优化算法的搜索过程具有指导作用，它可以通过指示搜索方向、决策参数的调整等方式，在解空间中引导搜索过程，朝着更有利于达到优化目标的方向前进。

软件中优化目标可以包含多个，根据设置权重进行多目标优化，如图 4-19 所示，可以通过 Add 按钮新增目标参数，在 Weight 处设置目标参数权重，在 Optimization target 处设置优化为最小值还是最大值。

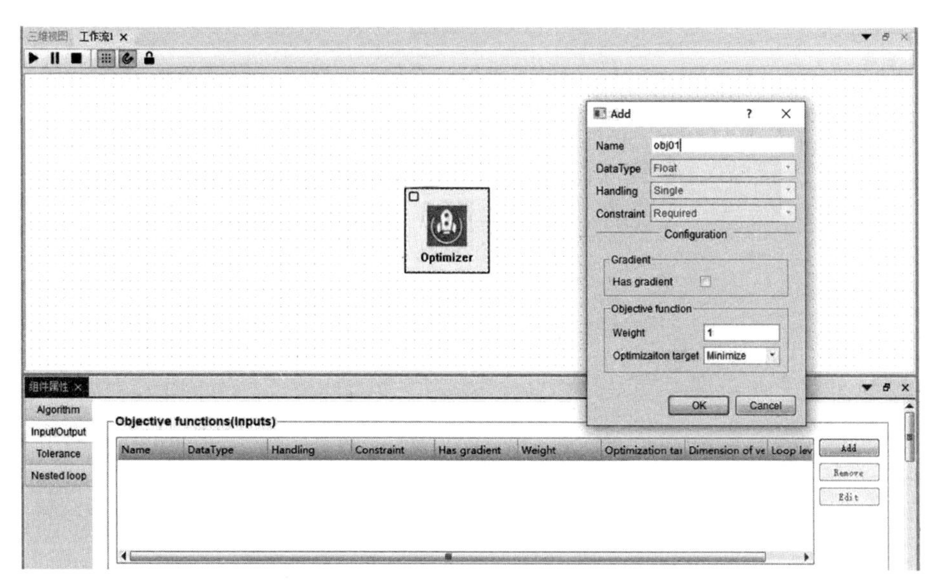

图 4-19　优化目标设置

在优化问题中，约束是指在求解最优解的过程中需要满足的条件或限制。约束的作用是对问题进行限制，确保最优解满足特定的要求或条件。它可以影响问题的可行解空间，引导优化算法在搜索过程中遵守特定约束条件，以找到满足约束的最优解。约束将问题的解限制在一定的范围内，排除了不满足约束条件的解。通过定义约束条件：①可以界定可行解空间，缩小问题的搜索范围，减少无效的搜索方向。②约束条件确保最优解在搜索过程中满足问题的实际可行性和合理性。例如，在优化生产计划时，约束条件可以限制生产资源的总量或产能，以确保最优解是实际可行的生产计划。③约束可以同时对多个变量或指标进行限制，以平衡不同的需求或目标。它可以将问题的多个方面纳入考虑，从而寻找到满足各种约束条件的最优解。④约束对优化算法提供了一些优化方向和启发式信息。在搜索过程中，算法可以根据约束条件对可能解的可行性进行评估，从而更有针对性地搜索满足约束的最优解。

软件中约束同样可以包含多个，可选择设置参数具有统一边界和具有梯度，选择参数具有统一边界，需设置参数的最大、最小值，如图 4-20 所示，可以通过 Add 按钮新增目标参数，在 Bounds 处设置参数统一边界约束，在 Gradient 处设置参数梯度约束。

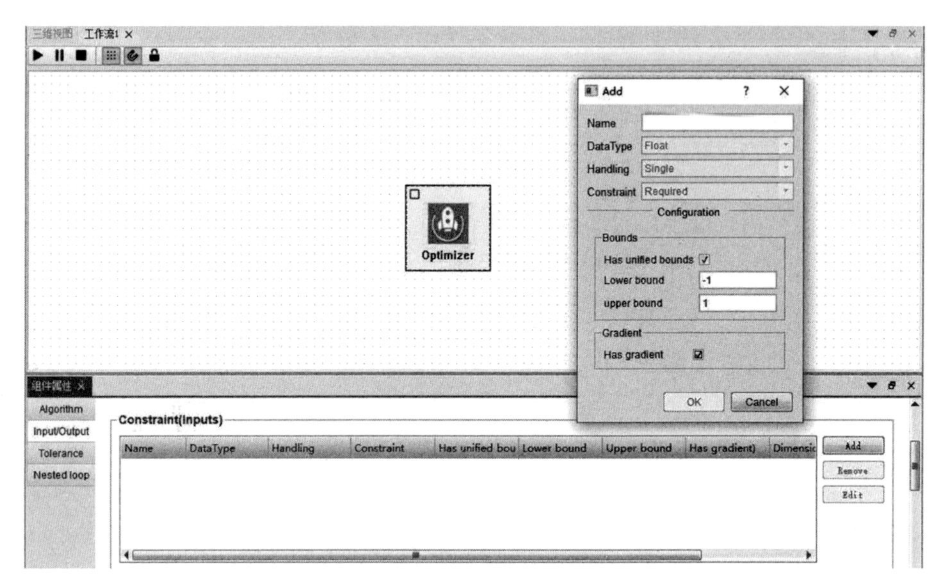

图 4-20　优化约束设置

在优化问题中，优化变量是指在搜索最优解时可以自由调整和优化的变量。优化变量扮演着非常重要的角色，它们的作用如下：

（1）定义设计空间：优化变量定义了问题的设计空间，即可行解的范围。通过对变量的选择和调整，可以定义问题的解空间以及可能的解决方案，使得优化算法能够在设计空间中搜索最优解。

（2）影响目标函数：优化变量的改变直接影响着目标函数的值。通常情况下，目标函数是根据优化变量进行构建和定义的，它描述了我们要最小化或最大化的特定目标或性能指标。通过调整优化变量的取值，可以改变目标函数的值，进而影响最优解的选择。

（3）受约束条件的影响：优化变量还受到问题的约束条件的限制。约束条件描述了问题的限制和要求，可能包括等式约束和不等式约束。通过优化变量的调整，需要同时满足约束条件的限制，以实现可行解和满足问题要求的最优解。

（4）探索潜在解空间：优化变量的变化和调整可以帮助优化算法在解空间中探索潜在的解决方案。通过优化变量的不同组合和取值，可以尝试不同的解并评估其对目标函数和约束条件的影响，以找到最优解。

软件中优化变量可以包含多个，支持设置初始值、界限和是否为离散变量，如图4-21所示，可以通过 Add 按钮新增优化变量，在 Bounds 处设置变量界限，在 Options 处设置变量是否为离散变量，在 Start values 处设置变量初始值。

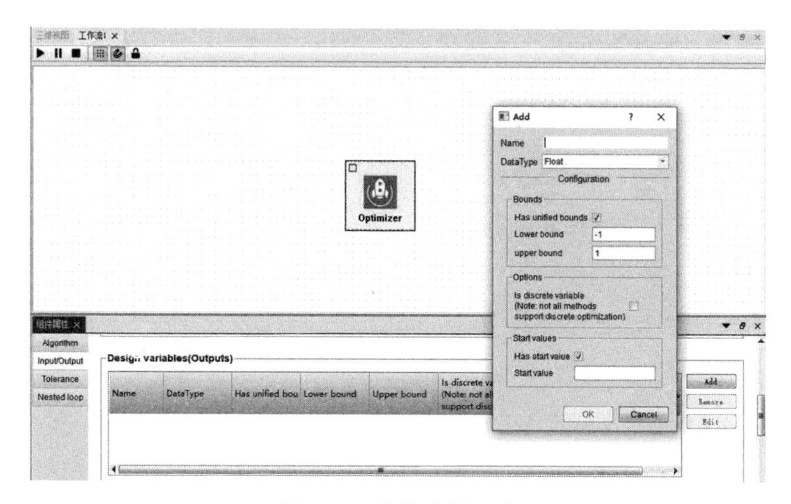

图 4-21　优化变量设置

在优化问题中，容忍度是指在寻找最优解时所允许的目标值或约束条件的偏差或误差范围。容忍度的作用是考虑现实问题中的不确定性和实际可行性，给予一定的灵活性和容错性。考虑实际误差和噪声，在现实问题中，很难获得完全准确的输入数据和模型，同时还可能存在测量误差和系统噪声。容忍度的设置：①可以使优化问题对这些实际误差和噪声具有一定的容错性，使得最优解在一定的偏差或误差范围内是可接受的。②可以设定目标灵活性，容忍度允许在一定程度上调整目标值，使得算法可以找到接近最优解但不完全达到目标的解。它可以帮助解决优化问题中目标间的冲突或权衡，平衡不同方面的需求。③可以支持约束宽松性，对于约束条件，容忍度的设置可以使得最优解允许一定的偏离。这可以解决约束条件之间的冲突或妥协，允许一些约束条件在一定程度上不满足，以获得更接近最优解的解决方案。④可以改善鲁棒性，通过设置容忍度，可以增加优化算法在面临数据变化或模型不确定性时的鲁棒性。容忍度可以使得算法对于输入的小变动或扰动不过分敏感，并能找到具有一定抗干扰能力的解。

用户点击组件属性中 Tolerance 按钮，可以进行优化器容忍度设置，如图 4-22 所示，对优化过程中出现空值和错误的情况，设置选择不同的下一步操作。

接收到“无值”情况下的容错。当组件优化循环中产生了“无值”，有四种下一步操作选择：

（1）失败；

（2）放弃评估循环运行并继续下一次；

（3）在最长时间内返回评估循环，如果超过最大时间则失败；

（4）在最长时间内返回评估循环，如果最大时间超过则丢弃。

嵌套循环有以下两种设置可以进行选择：

（1）如果放弃了评估循环运行，则最终在循环终止时失败（仅适用于嵌套循环之外）；

（2）仅使循环失败并将失败转发到外部循环（仅适用于嵌套循环）。

当优化循环中运行组将出现错误，有以下两种下一步操作选择：

（1）失败；

（2）放弃评估循环运行并继续下一次。

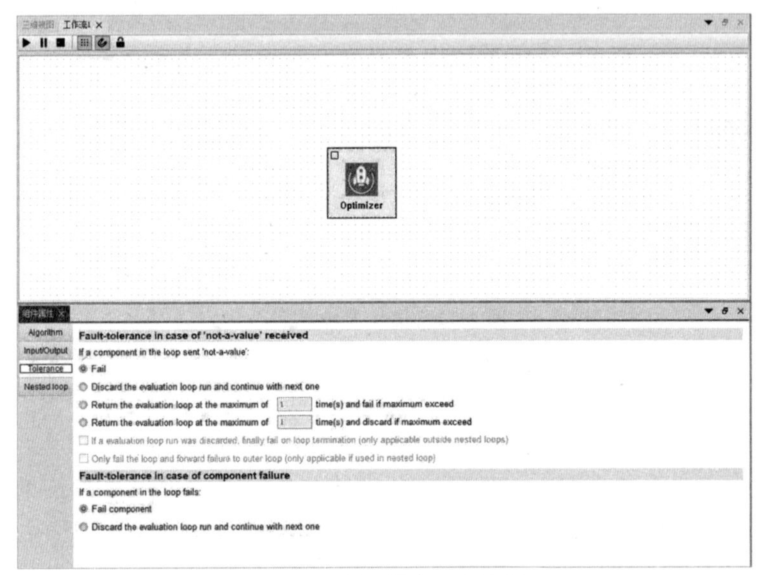

图 4-22　优化器容忍度设置

用户可点击组件属性中 Nestedloop 按钮，进行优化器优化嵌套循环设置，如图4-23所示。

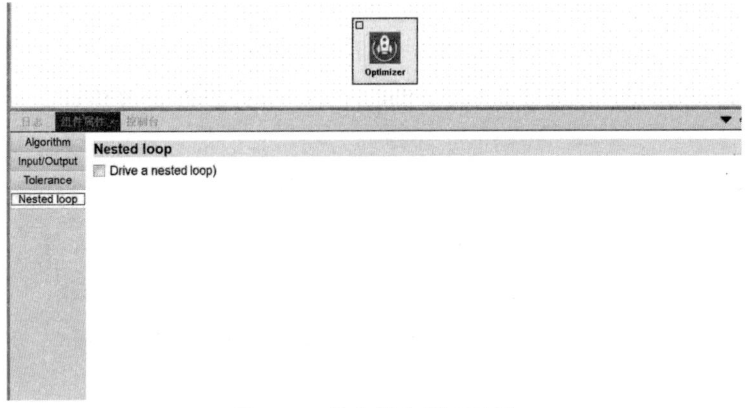

图 4-23　优化嵌套循环设置

用户点击组件库中的连接，进行相关连接，提供统一的优化参数变量管理环境，可关联各光学设计分析软件中的参数，如图 4-24 所示，点击执行，通过优化器组合调用光学设计分析软件，实现对光学多指标的优化。

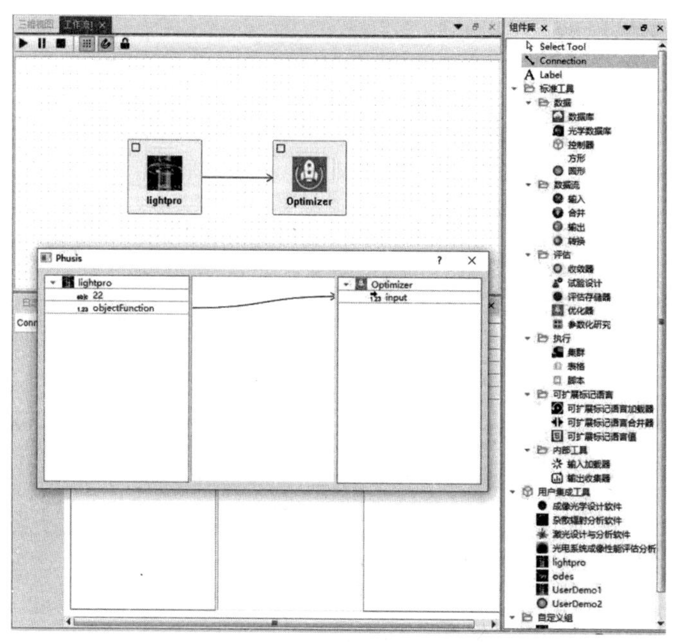

图 4-24　优化流程搭建

（六）多学科自定义优化

软件内置的自定义组件可以使用多学科优化组件进行优化，对于其他非内置自定义组件，软件提供多学科自定义组件进行优化。多学科自定义组件支持用户自定义脚本使用优化算法，可以针对不同多学科优化场景达到优化目标。多学科自定义优化组件拖拽到工作流中，需要鼠标单击组件进行设置，组件优化计算界面如下图 4-25 所示，软件包含优化流程设置、样本点设置和优化输出这三个模块。

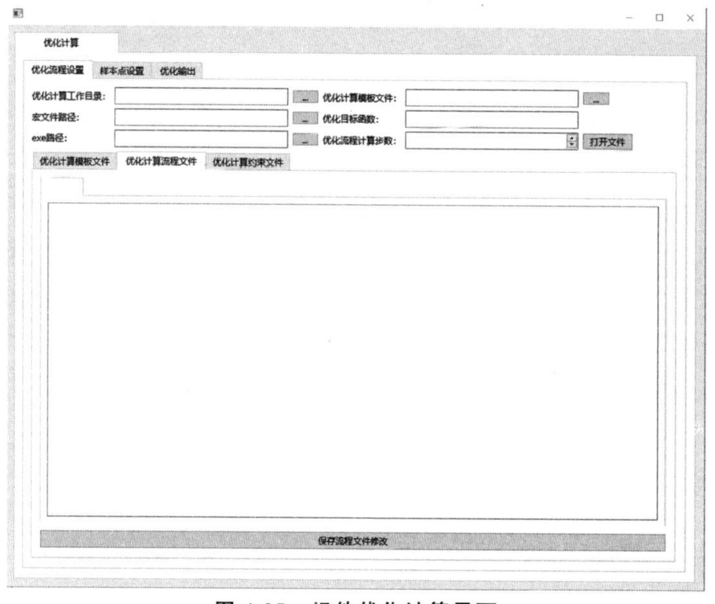

图 4-25　组件优化计算界面

1. 优化流程设置

1.1　路径设置

（1）优化计算工作目录：计算结果以文件夹形式保存在所选目录下，如图 4-26 所示，命名规则为 W0、W1、W2…，默认路径为…/OptFlow _ v2/work，同时该路径及软件中所有路径目前仅支持设置为英文无空格路径。

iconengines	2023/4/9 19:55	文件夹	
imageformats	2023/4/9 20:13	文件夹	
macro	2023/4/9 20:13	文件夹	
OptFlow	2023/4/9 20:13	文件夹	
platforms	2023/4/9 20:13	文件夹	
styles	2023/4/9 20:13	文件夹	
translations	2023/4/9 20:13	文件夹	
W0	2023/4/9 20:35	文件夹	
W1	2023/4/9 20:35	文件夹	
W2	2023/4/9 20:35	文件夹	
W3	2023/4/9 20:36	文件夹	
codev.rec	2023/4/9 20:11	CODE V Recov...	1 KB
codev10976.rec	2023/4/9 20:11	CODE V Recov...	1 KB
D3Dcompiler_47.dll	2014/3/11 18:54	应用程序扩展	3,386 KB
libEGL.dll	2018/12/3 19:29	应用程序扩展	16 KB
libGLESV2.dll	2018/12/3 19:29	应用程序扩展	2,722 KB
log.txt	2023/4/9 20:11	TXT 文件	2 KB
opengl32sw.dll	2016/6/14 21:08	应用程序扩展	15,621 KB
OptFlowui.exe	2023/4/9 20:09	应用程序	115 KB
optimizeResult.csv	2023/4/9 20:11	Microsoft Exc...	1 KB
Qt5Core.dll	2023/4/9 19:55	应用程序扩展	4,967 KB
Qt5Gui.dll	2018/12/3 19:35	应用程序扩展	5,213 KB
Qt5Svg.dll	2018/12/3 22:19	应用程序扩展	258 KB
Qt5Widgets.dll	2018/12/3 19:40	应用程序扩展	4,420 KB
vc_redist.x86.exe	2021/6/28 11:43	应用程序	14,294 KB

图 4-26　计算结果保存

（2）优化计算模板文件：选择一个优化计算模板文件，默认文件为软件安装目录下 OptFlow 文件夹里面的 s0. temp。

（3）宏文件路径：默认路径位于软件安装目录下 macro 文件夹，内部包含优化流程中使用到的 *. seq 文件（包含优化、约束和宏函数等），用户设置时可选中 macro 文件夹下的任意一个或多个 *. seq 文件，在设置完优化流程计算步数后点击“打开文件”按钮，之后可将刚才选中的所有 *. seq 文件添加至优化计算流程文件中。该功能主要支持用户批量添加多个宏文件，打开文件后用户若需要批量修改优化计算流程文件中导入的宏函数，可重复选择宏文件路径中需要添加的所有宏文件，并再次点击“打开文件”按钮，选中的一个或多个 *. seq 文件会连同路径实时更新至所有优化计算流程文件中。（*需注意，每一个优化计算流程文件中都包含一个与其序号相同的优化计算文件，例如 s1. seq 中包含下列命令：in “… \ macro \ merit _ function1. seq”，该行命令为固定默认存在，不包含在宏文件路径设置的操作中，用户可自行在界面文本框中手动修改相关路径和文件并进行保存。）

（4）优化目标函数：编辑指定优化目标函数提取值名称。

（5）exe 路径：选择用户安装好的软件根目录下的 exe 文件路径，以 codev 软件为例，如图 4-27 所示。该路径设置好之后，再次点击“打开文件”按钮，优化计算流程文件中调用的命令：run “…\CODEV115\macro\setvig. seq” 1e-07 0.1 100 NO YES；GO 中，该路径会随 CODEV. exe 路径的更改而更改。

LicenseTools	2023/3/31 10:13	文件夹	
macro	2023/3/31 10:13	文件夹	
plate	2023/3/31 10:13	文件夹	
sentinel	2023/3/31 10:13	文件夹	
umr	2023/3/31 10:13	文件夹	
AsphereWriter.exe	2021/2/18 19:48	应用程序	550 KB
chart_de_DE.dll	2021/2/18 19:49	应用程序扩展	506 KB
chart_en_US.dll	2021/2/18 19:49	应用程序扩展	500 KB
chart_fr_FR.dll	2021/2/18 19:49	应用程序扩展	508 KB
chart_ja_JP.dll	2021/2/18 19:49	应用程序扩展	484 KB
chart_ko_KR.dll	2021/2/18 19:49	应用程序扩展	484 KB
chart_ru_RU.dll	2021/2/18 19:49	应用程序扩展	505 KB
chart_zh_CN.dll	2021/2/18 19:49	应用程序扩展	479 KB
chart_zh_TW.dll	2021/2/18 19:49	应用程序扩展	480 KB
ChartEngine.dll	2021/2/18 19:49	应用程序扩展	761 KB
ChartGen.exe	2021/2/18 19:48	应用程序	236 KB
chartInterface.dll	2021/2/18 19:49	应用程序扩展	51,775 KB
codev.1.rec	2023/4/4 18:27	CODE V Recov...	1 KB
codev.2.rec	2023/4/4 18:37	CODE V Recov...	1 KB
codev.3.rec	2023/4/4 18:40	CODE V Recov...	1 KB
codev.4.rec	2023/4/4 18:43	CODE V Recov...	1 KB
codev.exe	2021/2/18 19:48	应用程序	375 KB
codev.rec	2023/4/4 18:44	CODE V Recov...	1 KB
codev8956.rec	2023/4/4 18:37	CODE V Recov...	1 KB
codevm.exe	2021/2/18 19:48	应用程序	79,279 KB
codevtodxf.exe	2021/2/18 19:48	应用程序	485 KB
cvbeif.dll	2021/2/18 19:48	应用程序扩展	11,730 KB
cvbeif_de_DE.dll	2021/2/18 19:49	应用程序扩展	488 KB
cvbeif_en_US.dll	2021/2/18 19:49	应用程序扩展	447 KB
cvbeif_fr_FR.dll	2021/2/18 19:49	应用程序扩展	514 KB
cvbeif_ja_JP.dll	2021/2/18 19:49	应用程序扩展	286 KB
cvbeif_ko_KR.dll	2021/2/18 19:49	应用程序扩展	276 KB
cvbeif_ru_RU.dll	2021/2/18 19:49	应用程序扩展	537 KB

图 4-27　codev. exe 文件位置

（6）优化流程计算步数：可编辑优化流程计算步数，点击“打开文件”按钮可以在优化计算流程文件和优化计算约束文件窗口中打开并进行检查和修改。

1.2　文件调整

（1）优化计算模板文件：点击“打开已选中模板文件”按钮可以在窗口内展示选中的模板文件并进行修改，点击“保存修改”按钮可以将修改后的内容保存到原模板文件中，如图 4-28 所示。同时点击保存文件后，在该模板文件中通过中括号{}设置的优化变量个数及名称会实时更新至样本点设置窗口中的优化变量个数和样本点设置表格中。

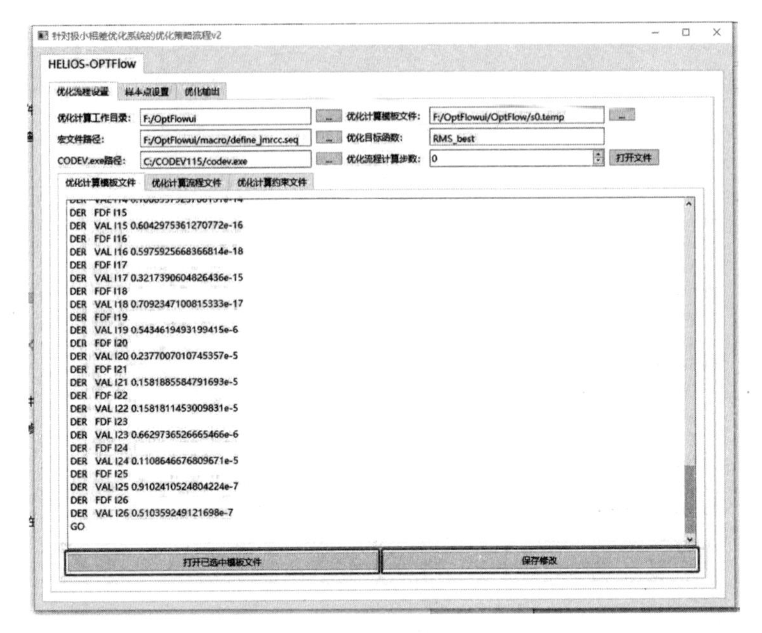

图 4-28　优化模板文件调整

（2）优化计算流程文件、优化计算约束文件：点击优化流程计算步数右方的“打开文件”按钮后，程序会按照计算步数在窗口内将文件打开，并将选中的宏文件和 codev 运行路径写入流程文件，用户可以进行检查和修改，点击“保存文件修改”可以相应地保存修改后的全部流程文件或约束文件，如图 4-29 所示。若输入的计算步数大于实际的流程文件或约束文件个数则会创建空白的流程文件或约束文件，不会写入数据。

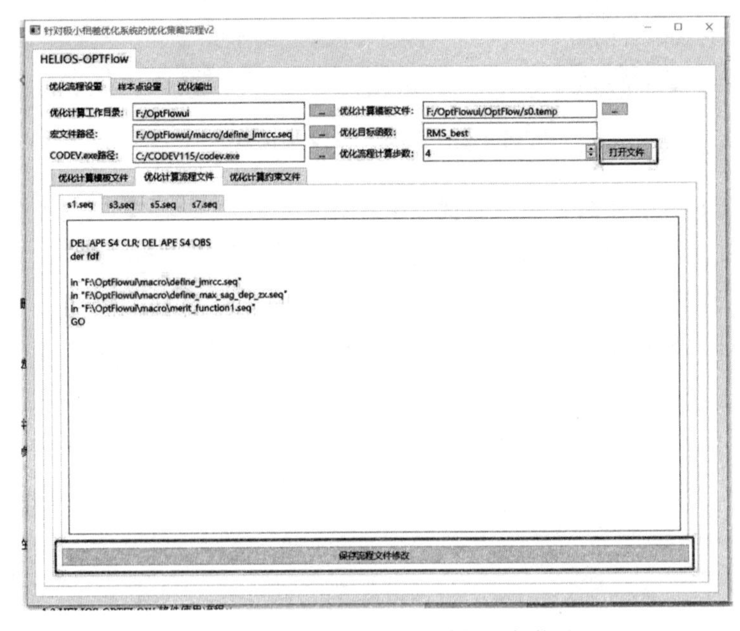

图 4-29　流程（约束）文件打开与修改

2. 样本点设置

2.1　样本点数据调整

（1）优化变量个数：统计当前打开的模板文件中优化变量个数，该值不可修改，会随模板文件中优化变量的更改而更改。

（2）全局浮动采样区间：可根据需求进行修改。

（3）单起点最大迭代次数：可根据需求进行修改。

（4）样本点个数：默认为24个，若改动数值则优先在尾行增加或删除。

（5）样本点操作：根据按钮提示可在尾部添加一行或删除鼠标所选单元格所在行。

2.2　样本点数据输入

在下方的表格窗口中可以直接将excel表中的数据通过复制粘贴到软件表格当中。可双击单元格对单个数据进行修改。

3. 优化输出

用户点击开始优化按钮运行求解器，计算过程会在下方窗口中实时输出。对本次优化结果进行实时监控，该窗口会实时更新优化结果，同时点击表格中的文件路径，可直接在软件中打开该优化结果文件。

4. 操作流程

下面将以codev像差优化为示例，介绍光学系统从初始结构到满足最终较严苛约束的光学系统流程，向读者说明优化操作流程。

（1）用户需将所有的.seq文件放在本软件根目录下的macro文件夹中，如图4-30所示。点击软件根目录下的“OptFlowui.exe”文件运行软件。

（2）按照用户实际需要，分别对优化计算工作目录、优化计算模板文件、宏文件路径、优化目标函数、CODEV.exe路径进行设置，确认无误后，填写优化流程计算步数。

（3）点击界面下方“打开已选中模板文件”按钮，检查模板文件是否有误（必须点击“打开模板文件”按钮，否则数据无法正常传入），若不需要修改则跳至第4步，若需要修改则在窗口中对模板文件进行修改，修改后点击“保存修改”按钮对文件进行保存。

（4）点击优化流程计算步数右方“打开文件”按钮（必须点击“打开文件”按钮否则数据无法正常传入），然后在优化计算流程文件和优化计算约束文件窗口进行检查，若不需要修改则跳至第（5）步，若需要修改则在对应窗口中对文件进行修改，修改后点击下方“保存修改”按钮对流程（约束）文件进行保存。（保存按钮只需在全部流程文件或全部约束文件修改完成后点击一次），如图4-30所示。

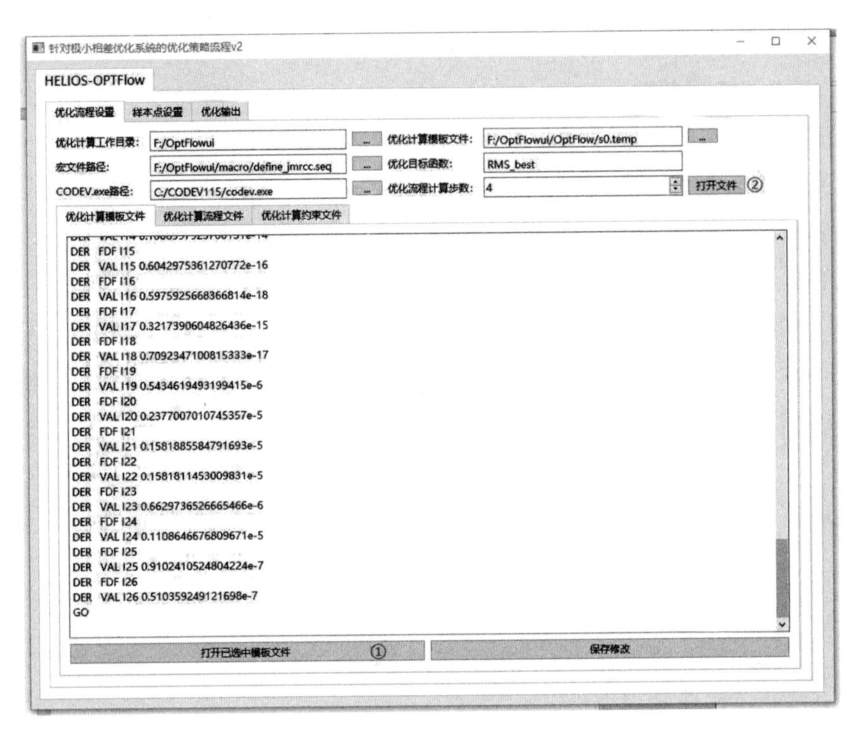

图 4-30 优化流程设置

(5) 点击样本点设置选项卡，根据需要对样本点数据进行调整，如图 4-31 所示。

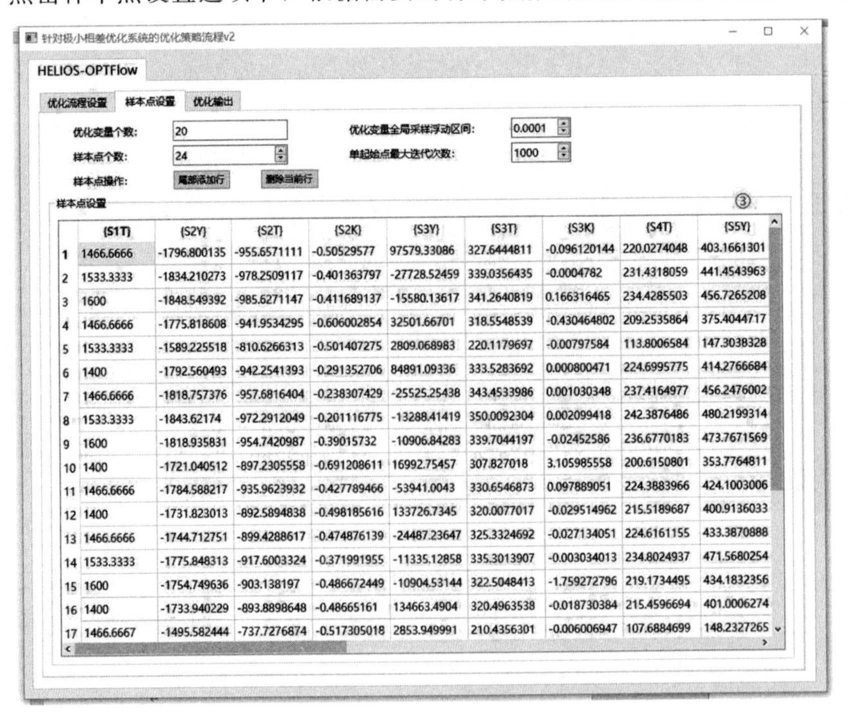

图 4-31 样本点设置

（6）通过 ctrl＋c 和 ctrl＋v 的方式将 excel 表格中的数据粘贴到软件表格当中，数据会从选中的单元格开始进行粘贴。

（7）点击优化输出选项卡，点击“开始优化”按钮进行计算（点击按钮前请关闭 optimizeResult.csv 防止无法正常读写导致显示结果出错），点击“终止优化”按钮来停止本次优化。优化过程会在下方“优化过程输出”窗口中实时显示，优化结果会在上方“优化结果监控”中实时显示，如图 4-32 所示。

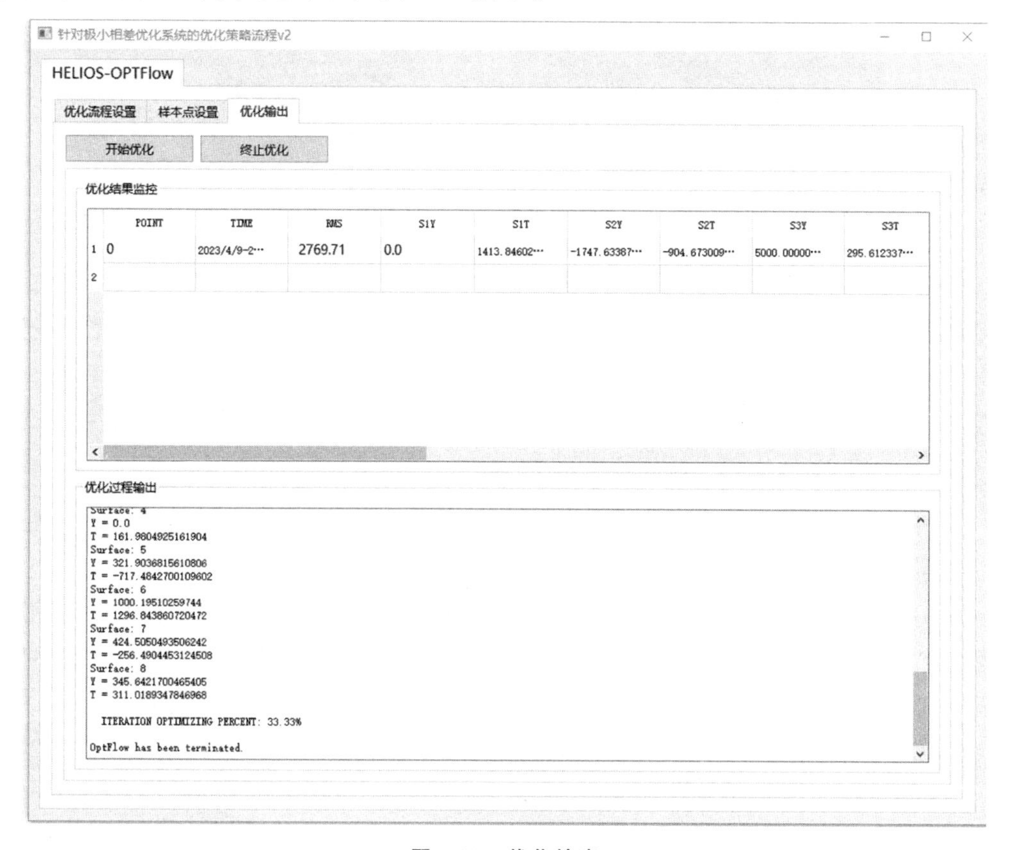

图 4-32 优化输出

三、协同仿真流程

传统仿真分析软件大部分基于参数列表进行仿真，而光学一体化仿真由于涉及多个仿真步骤、多种分析软件，而且存在求解前后顺序，这就需要一种更加直观的仿真分析方法，可以清楚地了解多学科仿真的前后关系，以及每个步骤所使用的分析软件和参数设置，因此软件采用流程图示的方法。用户创建仿真流程，将仿真分析中每个步骤作为流程中的一个节点，每个节点可以设置分析的软件和参数，然后通过带有箭头的线段将各节点连接起来，即可实现光学多工具软件的联合仿真，如图 4-33 所示，为协同仿真流程案例示例图。

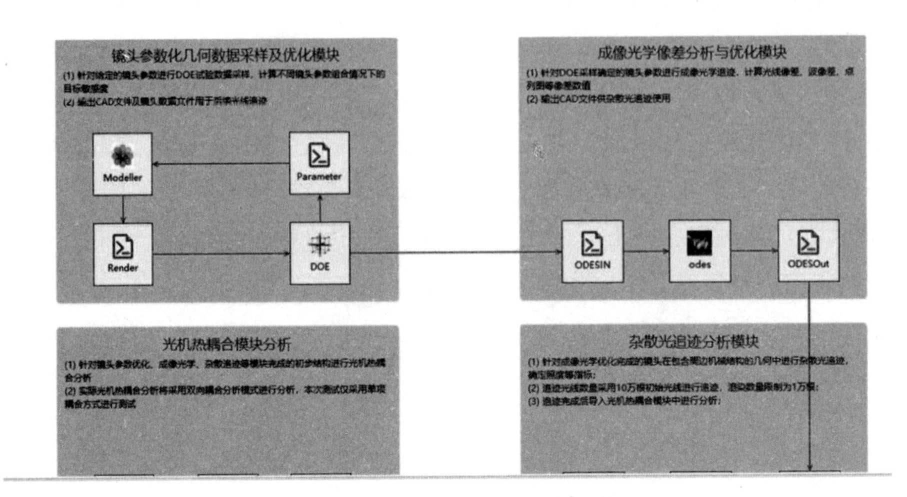

图 4-33　协同仿真流程案例

软件提供协同仿真流程工作流搭建和多组件一键自动运行功能。多学科协同仿真流程功能可实现仿真模型的构建、参数设置、仿真运行和结果分析等过程，在光学设计分析软件之间通过数据交换，自由拖拽组件串联集成多种光学软件，实现灵活可视化的工作流搭建，并支持一键自动运行，实现多学科协同仿真。

执行“协同仿真流程”功能后，软件能够实现提供协同仿真流程搭建环境，在光学设计分析软件之间通过数据交换，实现多学科协同仿真，在界面中与之相对应的交互界面和底层可以执行此功能。

点击工作流窗口，将右侧组件树上的组件拖拽至工作流窗口内，进行 Connect 操作连接各个组件，定义组件中的 I/O 信息，连接各个数据接口，根据所需即可进行协同仿真流程搭建，如图 4-34 所示。

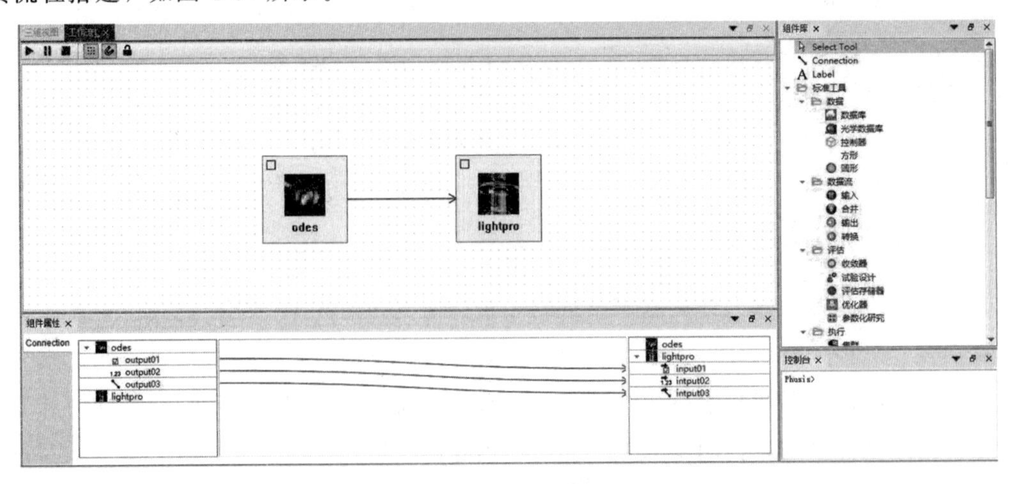

图 4-34　协同仿真流程

工作流菜单下有“执行工作流”功能，软件能够实现支持驱动协同仿真流程中软件的一键运行，在界面中与之相对应的交互界面和底层可以执行此功能。

点击“执行工作流”（图中三角形）后，运行当前的工作流程，点击“工作流”窗口左上角的运行，可运行工作流程，流程调用成像软件，odes 图标左上角出现红色闪烁，odes 软件启动，并打开软件界面，如图 4-35 所示。成像软件完成计算后，流程自动调用杂散软件，lightpro 图标左上角出现红色闪烁，lightpro 软件启动，并打开软件界面。杂散软件完成计算后，输出结果文件。

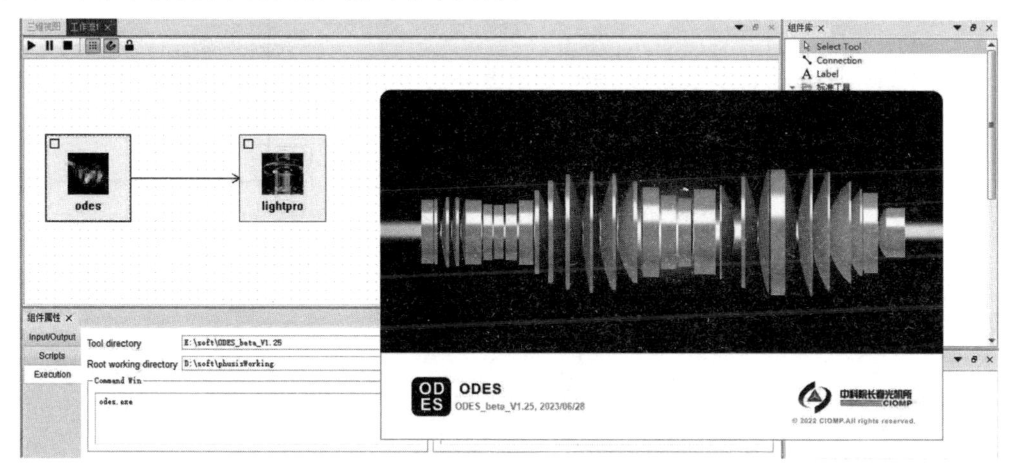

图 4-35 流程调用成像组件

四、光学数据库

软件能够对光学软件的输入和输出数据进行数据文件管理，包括光学镜头文件、镜头配置文件、CAD 文件、杂散光文件、文件基本操作数据、宏文件导数据、系统参数、表面属性、变焦设置、环境变化设置、表面分组设置、二维镜头参数、三维镜头参数、等高线图数据、CAD 元件制图数据、镜头数据等。构建光学材料库实现对材料数据的管理，如光学玻璃数据、样板材料数据、激光类材质数据、大气属性数据等。软件提供对这些文件的建立、外部数据导入、修改、检索、信息显示和删除等操作接口，在界面中与之相对应的交互界面和底层可以执行此功能。

用户管理可实现连接数据库，并获取数据，显示在数据库管理器界面上。数据库管理器左面以树状形式显示数据目录，对数据进行分组管理，点击分组中相应的文件可以在数据库管理器右面查看详细信息，右键点击数据库管理器左侧树目录节点可以导入相应类型的文件，右键点击数据库管理器左侧树目录节点下的文件，可以进行导出和删除功能，如图 4-36 所示。

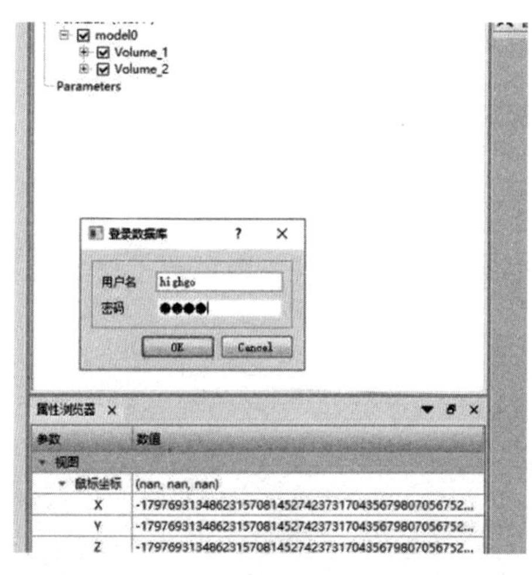

(a) 瀚高数据库登录

(b) 数据分组管理与显示查看

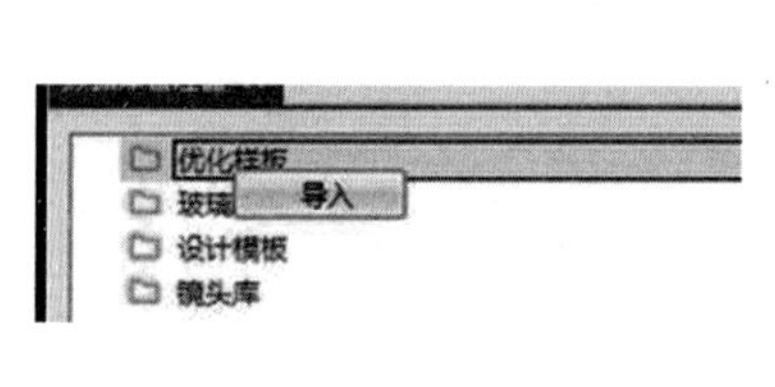

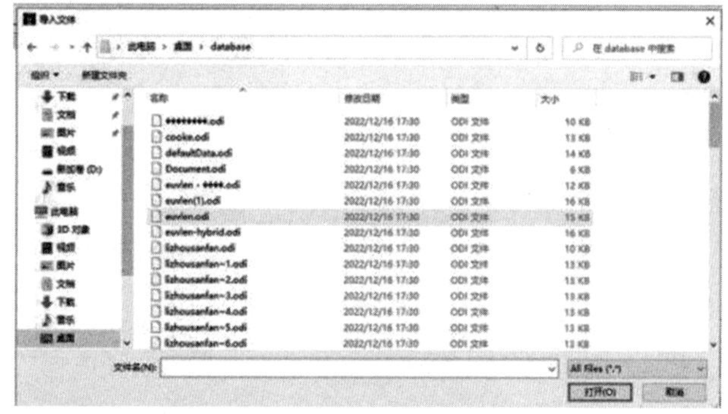

(c) 光学镜头库数据导入功能

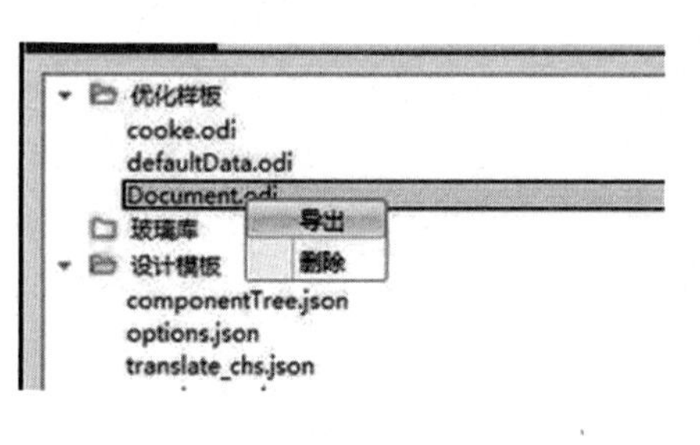

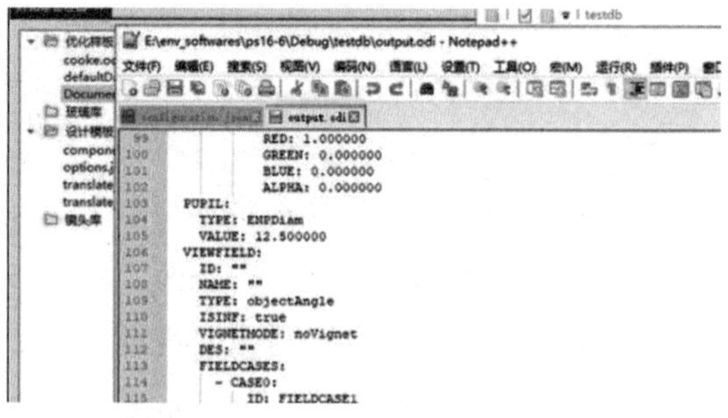

(d) 光学镜头库数据导出功能

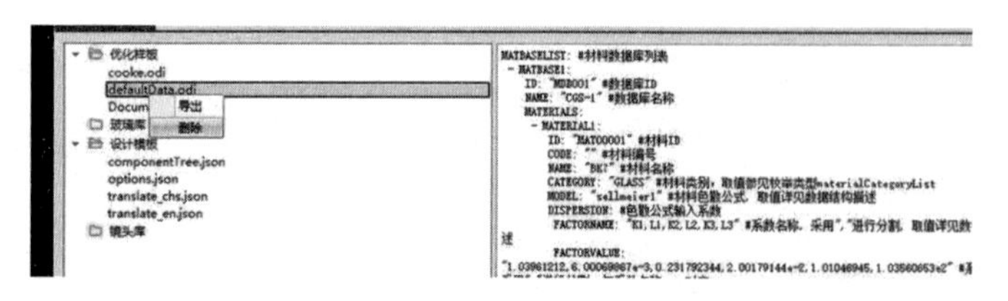

(e) 光学镜头库数据删除功能

图 4-36 光学镜头数据库功能

第二节 多学科优化案例

一、工作流搭建

软件通过组件集成实现组件功能应用，点击工作流——新建创建文件 case1. wfx，拖拽成像组件至工作流，点击工作流中的成像组件，显示组件属性，如图 4-37 所示。

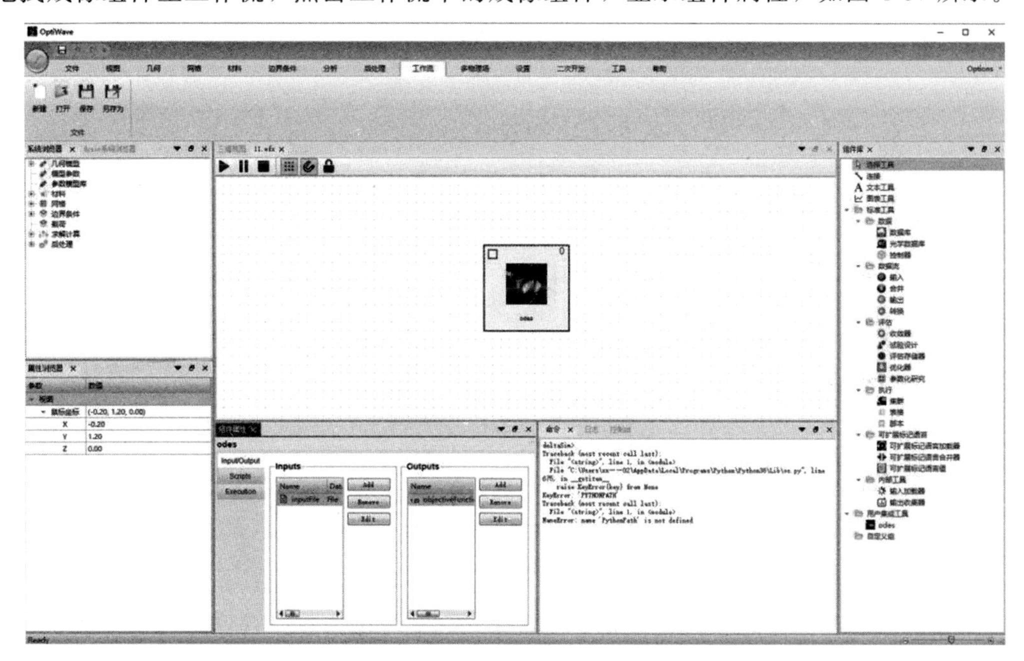

图 4-37 成像组件工作流搭建

点击“odes”组件，在组件属性中选择 Execution，在 Tool directory 字段后点击【Browse】，选择 odes 的启动文件夹后点击【选择文件夹】，在 Comand Linux 字段输入“ODES”，如图 4-38 所示。

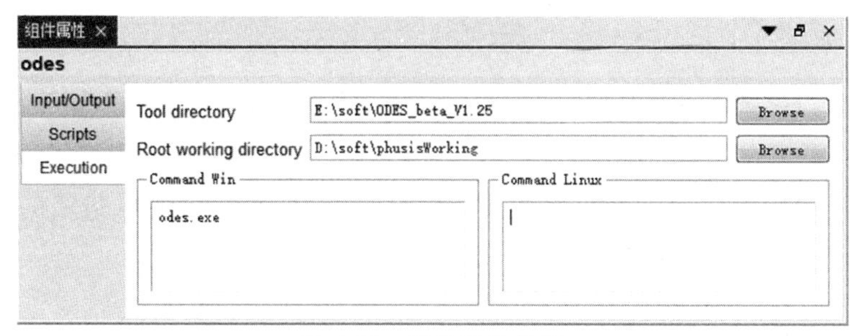

图 4-38 组件属性设置

点击工作流窗口左上角的运行，可运行工作流程，组件调用成像软件如图 4-39 所示。

图 4-39　工作流成像组件运行

在成像软件中设置变量及优化设置，保存文件后，自动化优化组件会读取相应的参数，自动读取约束和优化目标转换到自动优化组件属性设置中，对于未设置变量和优化设置的成像文件，用户可以在组件属性中设置相关约束和优化目标，本例对成像文件进行设置，在定义组件中选择优化算法、容忍度和优化嵌套循环进行设置。优化算法选择 soga，容忍度和优化嵌套循环为默认设置。

二、单透镜系统规格

设计任何一个镜头，都会有关于镜头的特定规格要求，比如焦距、分辨率、视场、材料等，不同系统规格各不相同。我们需要使用光学设计分析软件进行系统输入，对其进行分析，按照要求对系统进行优化。单透镜是最简单的系统，现以单透镜为例，规格参数如下：

有效焦距：100mm；

入瞳直径：10mm；

工作波长：587.61nm；

全视场角度：20°；

F/＃：10

像质目标：获得最小的光斑。

首先我们需要建立镜头模型，需要把已知的镜头系统参数输入软件，本软件必须设置的系统参数包括 3 部分：光瞳、波长、视场/渐晕。在本例的单透镜的系统参数中，入瞳直径为 10mm，全视场为 20°，波长为 546.1nm。

三、光学操作

（一）设置系统数据

打开镜头管理器，点击系统数据，显示系统数据设置界面。在系统数据界面选择左侧导航栏中的光瞳，光瞳规格选择为入瞳直径，输入入瞳直径 10mm，如图 4-40 所示。

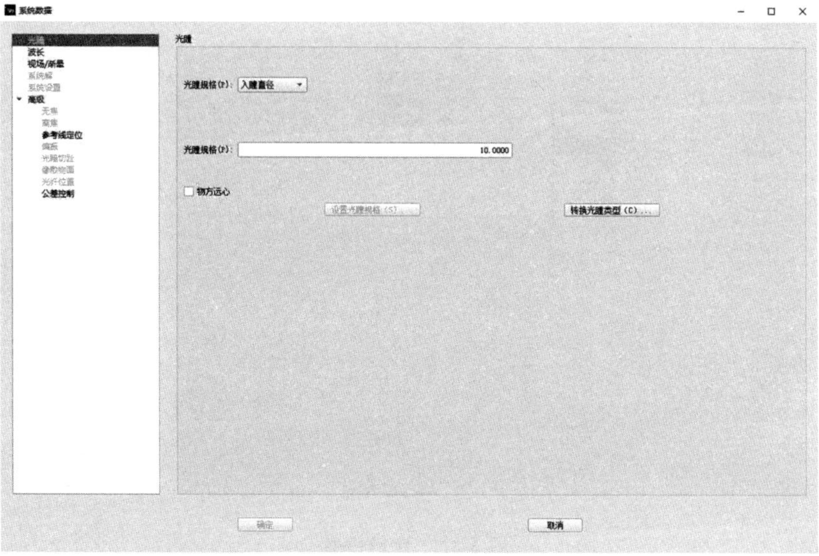

图 4-40　入瞳设置

在系统数据界面选择左侧导航栏中的波长，软件的初始波长与本示例的目标值是一样的，无须设置，如图 4-41 所示。

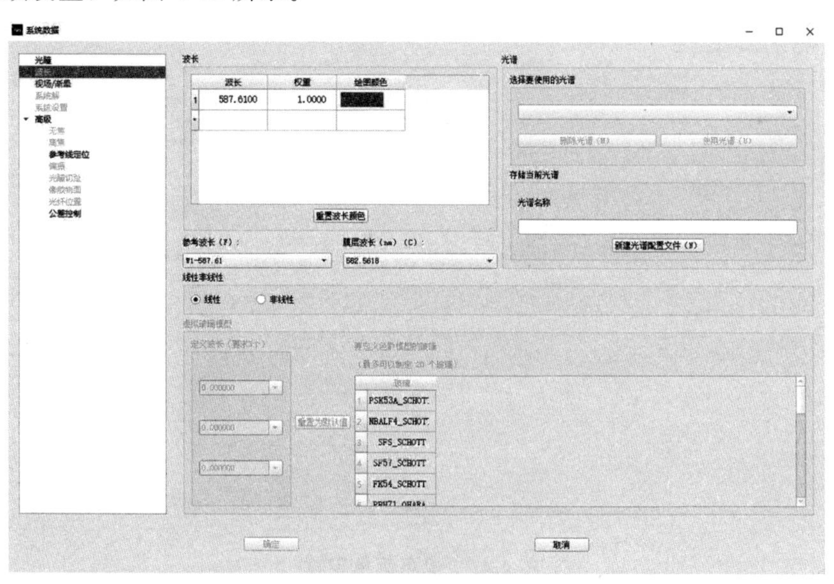

图 4-41　波长设置

在系统数据界面选择左侧导航栏中的视场/渐晕，软件默认视场角度为 0°平行光。

在视场设置界面中，选择视场类型为物体角度。

(1) 在表格栏中选择任意表格数据，右键单击，选择插入，重复操作，创建三个视场，如图 4-42 所示。

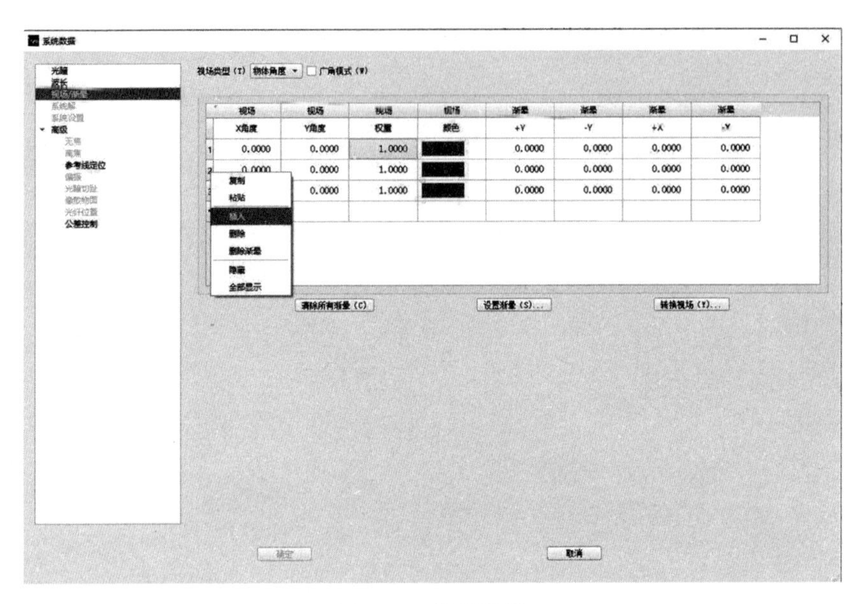

图 4-42　视场设置

（2）在表格栏中设置视场数据，“Y 角度”列输入数值 0、7、10，并设置三个视场不同颜色，如图 4-43 所示。

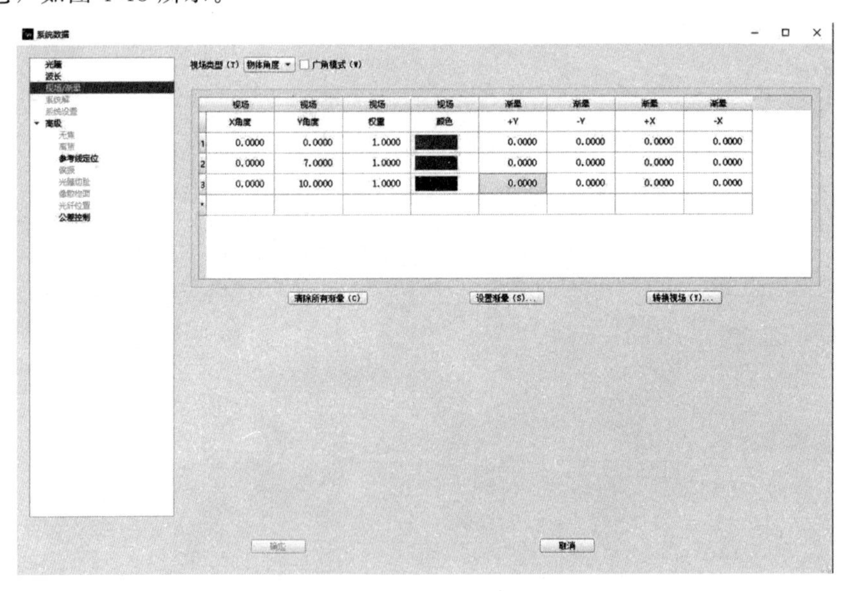

图 4-43　视场颜色设置

本例中单透镜要求 20°全视场，由于视场区域的旋转对称性，我们只需对一个截面上的视场进行设计，故选择使用 10°半视场，采用 3 个视场点。

（3）关闭设置界面，本软件当设置系统数据时，输入数据会自动进行光线追迹，计算系统模型数据，所以确定按钮置灰，设置完成后关闭设计界面即可。

单透镜的系统数据设置完毕，接下来设置单透镜镜头初始结构。

（二）单透镜镜头初始结构

软件在系统数据管理器中设置镜头初始结构，其中每一行代表一个系统的一个面，每个镜头模型都将以物面开始，以像面结束，光阑为孔径光阑所在的面起到对轴上光线进行限制作用。

（1）单透镜由两个面组成，在镜头数据管理器中需要再插入一个表面，将光标放置在光阑面上，右键单击，选择插入。

（2）光阑面对应的“玻璃”栏处输入透镜材料“KBK7 _ SUMITA”。

（3）第二面设置曲率半径为－51.6824，如图 4-44 所示。

镜头数据管理器

New Lens　系统数据　表面属性

表面编号	表面名称	表面类型	Y半径	厚度	玻璃	折射类型	Y半孔径	X半孔径
物面		球面	INF	INF	AIR	折射		
光阑		球面	INF	0.0000	KBK7_SUMITA	折射	5.0000	5.0000
2		球面	-51.6824	0.0000	AIR	折射	5.0283	5.0283
像面		球面	INF	0.0000	AIR	折射	5.0023	5.0023

图 4-44　镜头数据设置

在最后表面上通过解求厚度值，在初始结构中，可以通过设置参数求解，让软件自动计算优化数值。本例通过在最后表面厚度求解设置表面厚度。

（1）在第二面的厚度上单击右键，选择解，弹出解编辑器对话框。

（2）在解编辑器中进行设置，选择近轴像距解。

（3）点击确定按钮，如图 4-45 所示。

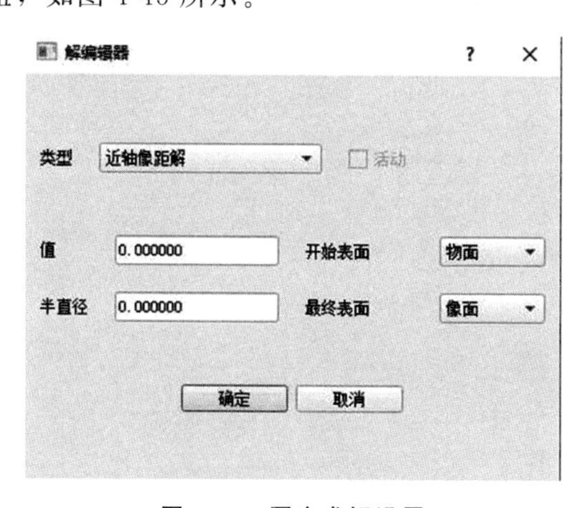

图 4-45　厚度求解设置

（三）查看镜头结构图与光线像差分析

镜头系统数据设置完成，进行绘制镜头结构图，帮助发现问题，并查看光线像差曲线进行像质分析。

（1）选择显示—查看镜头，查看光线追迹结构图，如图 4-46 所示。

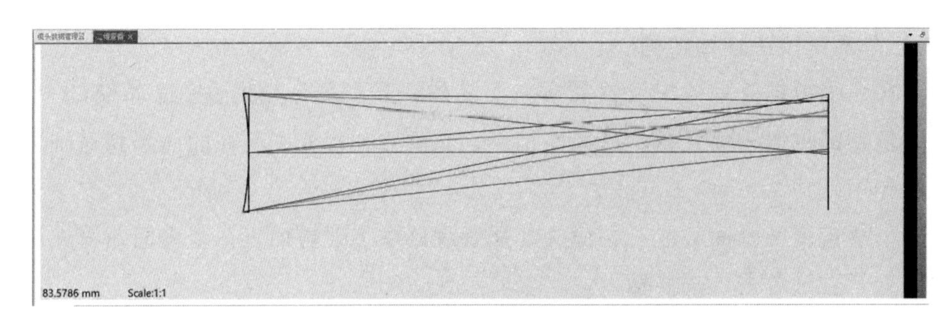

图 4-46　光线追迹图

（2）选择分析—光线像差曲线，查看光线像差评价分析，生成光线像差曲线数据，和不同视场光线像差图，如图 4-47、图 4-48 所示。

镜头数据管理器　二维查看　光线像差

```
# CHART NAME:          TRANSVERSE ABERRATION, X
  LINE INDEX:          0
  LINE LABEL:          field(0.00,0.00),waveLength:0
  LINE COLOR:          RGBGreen
  VIEW FIELD INDEX:    0
  WAVE LENGTH INDEX:   0
  WAVE LENGTH:         587.6100
     INDEX               STOP X              dX(X-X0)
       0                 -1.000000           0.453291
       1                 -0.979798           0.425458
       2                 -0.959596           0.398843
       3                 -0.939394           0.373416
       4                 -0.919192           0.349141
       5                 -0.898990           0.325988
       6                 -0.878788           0.303924
       7                 -0.858586           0.282918
       8                 -0.838384           0.262938
       9                 -0.818182           0.243956
      10                 -0.797980           0.225941
      11                 -0.777778           0.208865
      12                 -0.757576           0.192697
      13                 -0.737374           0.177409
      14                 -0.717172           0.162975
      15                 -0.696970           0.149366
      16                 -0.676768           0.136554
      17                 -0.656566           0.124514
      18                 -0.636364           0.113218
      19                 -0.616162           0.102640
      20                 -0.595960           0.092755
```

光线像差曲线数据　视场

图 4-47　光线像差数据

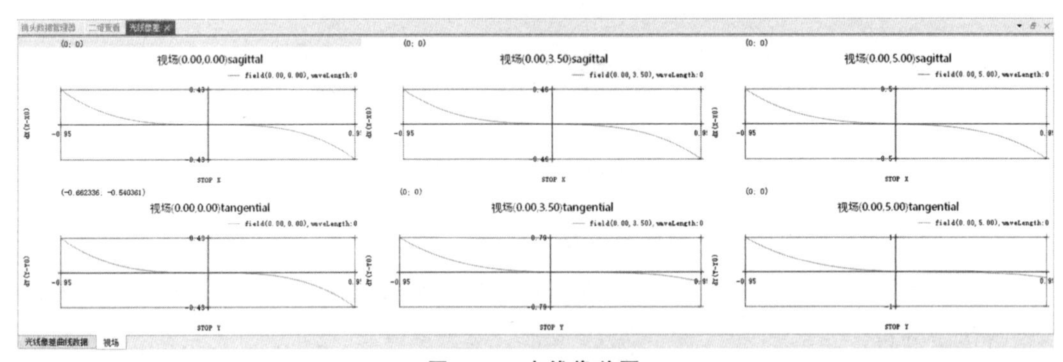

图 4-48　光线像差图

(四) 优化设置

初始结构设置完成，可以通过软件进一步优化，帮助找到最佳曲率半径值。在进行优化前，需要设置变量参数，表明这些参数可以自由变化。变量设置在系统数据管理器中定义，与镜头数据一同保存在镜头文件中。下面介绍将单透镜的前表面曲率半径与透镜厚度设置为变量。

(1) 选择光阑面中“Y 半径”，点击右键，选择变化，设置为优化变量。

(2) 选择光阑面中“厚度”，点击右键，选择变化，设置为优化变量，如图 4-49 所示。

表面编号	表面名称	表面类型	Y半径	厚度	玻璃	折射类型	Y半孔径	X半孔径
物面		球面	INF	INF	AIR	折射		
光阑		球面	INF V	0.0000 V	KBK7_SUMITA	折射	10.0000	10.(
2		球面	-51.6824	100.0960 S	AIR	折射	10.0569	10.(
像面		球面	INF	0.0000	AIR	折射	9.8059	9.8

图 4-49　变量设置

设置完成变量后，可以进行自动化设计设置。我们需要定义一些指导镜头优化过程的设置，包括误差函数设置和约束。误差函数设置为优化目标设置，告诉软件想实现什么样的目标。约束是对系统参数进行范围约束，保证参数在设置范围内进行优化。本例中我们只需优化到最小光斑。

(3) 选择优化—自动化设计，点击误差函数设置，如图 4-50 所示。优化类型选择默认设置 DLS，选择误差函数，误差函数类型垂轴光线像差，点击确定，返回自动化设计设置界面。

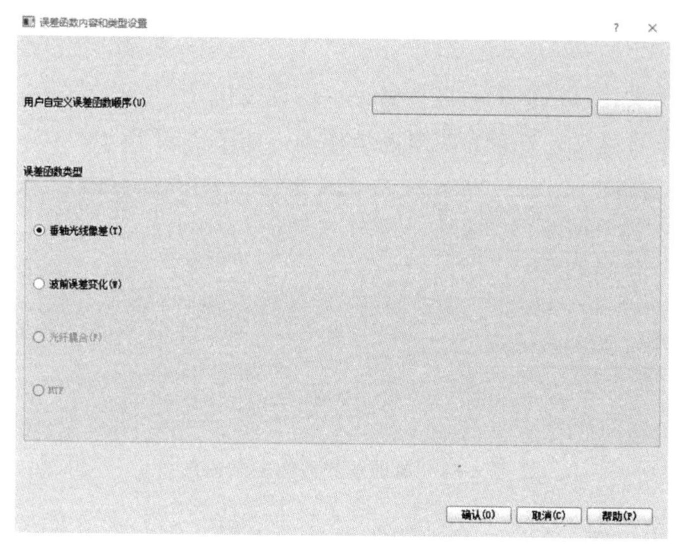

图 4-50　误差函数设置

约束分为一般约束、特定约束和用户约束。一般约束由于设置元件中心厚度约束和空气中心厚度，保证得到的镜片不会太薄或太厚，镜片之间空气厚度符合设计要求范围。特定约束可以对很多对象进行约束，包括许多物理和光学属性，如有效焦距、边缘厚度、垂轴色差、光程等。特定约束可以有多种约束模式，包括等式、下边界、上边界、最小化等。用户约束提供自定义的约束设置。

（1）在自动化设计对话框中，点击特定约束，弹出插入/编辑特定约束对话框。

（2）默认显示有效焦距设置界面，设置约束模式为“=”，并设置约束目标值为100，如图 4-51 所示。

（3）点击插入并关闭，返回自动化设计对话框。

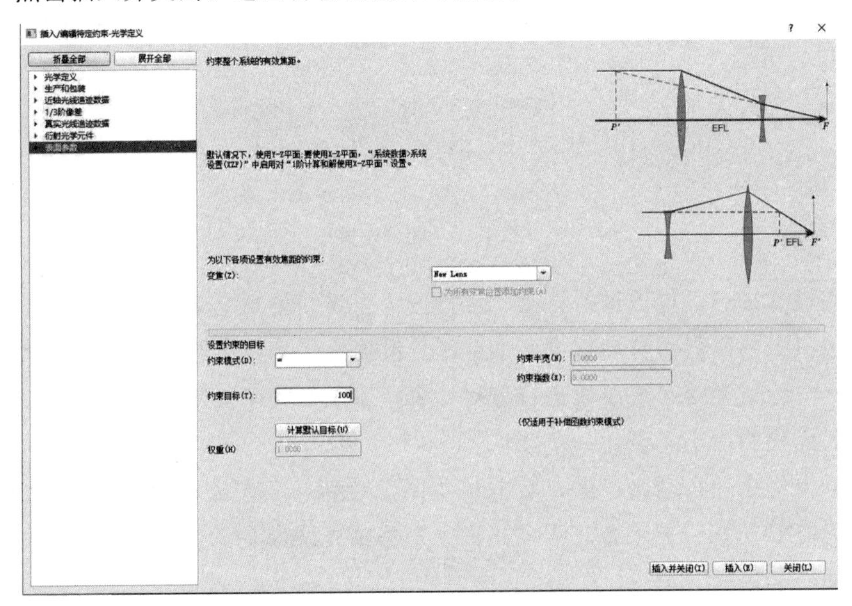

图 4-51　有效焦距特定约束设置

（4）在自动化设计对话框中，点击确定，进行优化。

选择显示—查看镜头，查看光线追迹结构图，如图 4-52 所示。

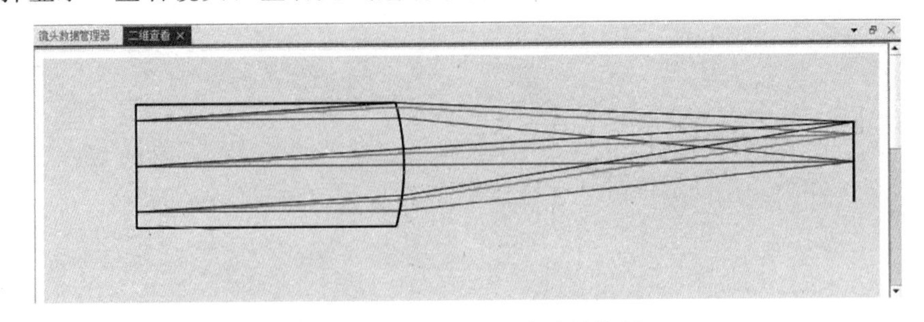

图 4-52　单透镜光线追迹结构图

从图 4-52 中可以明显看出，优化出来的透镜很厚，在实际加工时是不合理的，保存文件，退出成像软件，多学科优化组件对成像光学系统进一步优化。

四、优化结果

工作流优化完成后，查看输出的文件并用成像软件打开，查看镜头结构图和光线像差分析结果。

（1）选择显示—查看镜头，查看光线追迹结构图，如图 4-53 所示。

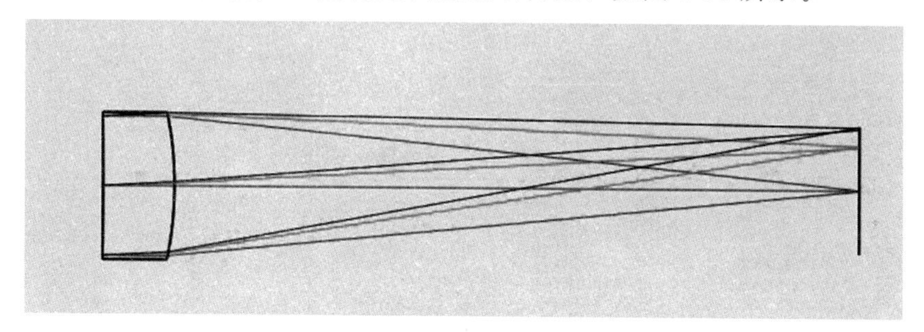

图 4-53　改进后单透镜光线追迹结构图

（2）选择分析—点列图，查看点列图评价分析，生成点列图数据，和不同视场点列图，如图 4-54、图 4-55 所示。

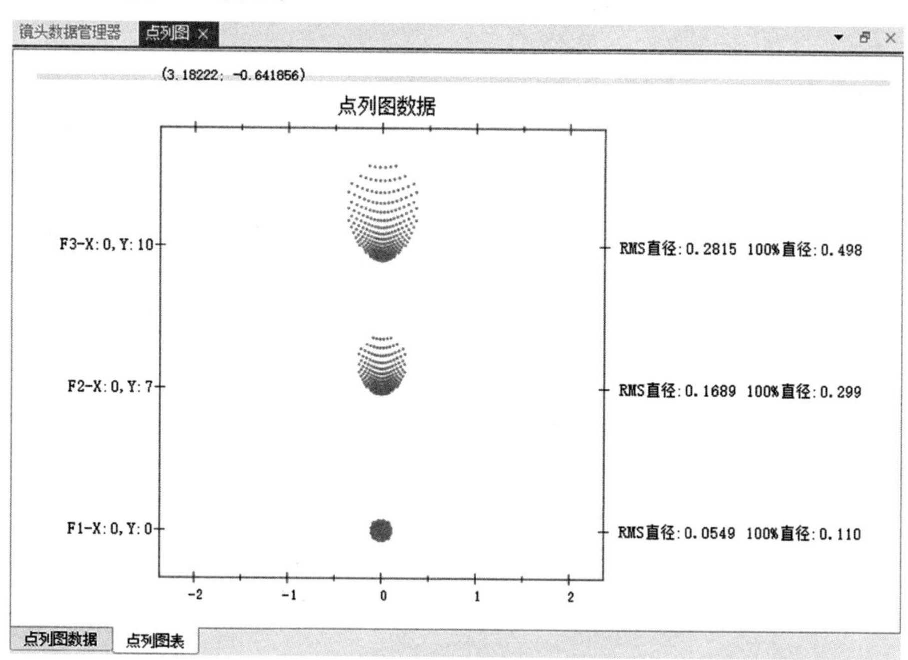

图 4-54　点列图

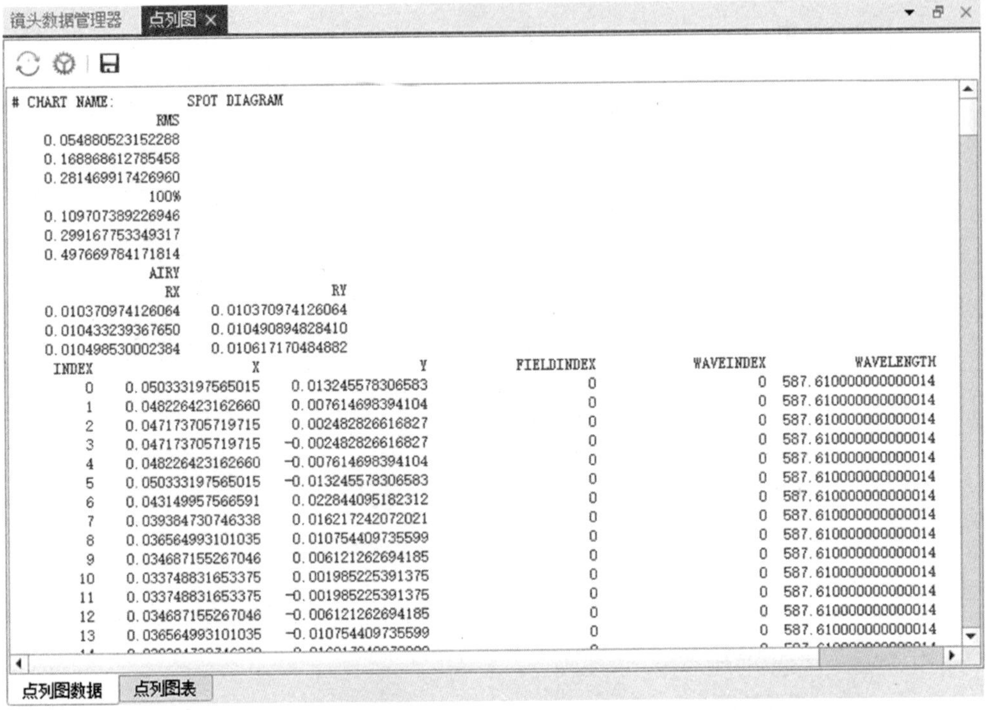

镜头数据管理器 点列图

```
# CHART NAME:          SPOT DIAGRAM
                RMS
   0.054880523152288
   0.168868612785458
   0.281469917426960
                100%
   0.109707389226946
   0.299167753349317
   0.497669784171814
                AIRY
                  RX                   RY
   0.010370974126064    0.010370974126064
   0.010433239367650    0.010490894828410
   0.010498530002384    0.010617170484882
 INDEX                 X                  Y    FIELDINDEX    WAVEINDEX          WAVELENGTH
     0    0.050333197565015    0.013245578306583    0    0    587.610000000000014
     1    0.048226423162660    0.007614698394104    0    0    587.610000000000014
     2    0.047173705719715    0.002482826616827    0    0    587.610000000000014
     3    0.047173705719715   -0.002482826616827    0    0    587.610000000000014
     4    0.048226423162660   -0.007614698394104    0    0    587.610000000000014
     5    0.050333197565015   -0.013245578306583    0    0    587.610000000000014
     6    0.043149957566591    0.022844095182312    0    0    587.610000000000014
     7    0.039384730746338    0.016217242072021    0    0    587.610000000000014
     8    0.036564993101035    0.010754409735599    0    0    587.610000000000014
     9    0.034687155267046    0.006121262694185    0    0    587.610000000000014
    10    0.033748831653375    0.001985225391375    0    0    587.610000000000014
    11    0.033748831653375   -0.001985225391375    0    0    587.610000000000014
    12    0.034687155267046   -0.006121262694185    0    0    587.610000000000014
    13    0.036564993101035   -0.010754409735599    0    0    587.610000000000014
```

点列图数据 点列图表

图 4-55 点列图数据

从点列图成像效果来看，随着视场的变大，光斑也逐渐变大，可以想象到我们的像面位置应该处于第一个视场聚焦点，由于场曲存在，使第二、第三视场的光斑越来越大。为了改善这种情况，分析我们的系统，在一开始初始结构设置时，我们使用了一个边缘光线高度求解类型，这就限制了像面位置只能在近轴焦平面处，所以极大地限制了光斑的优化。

运行工作流，打开成像软件文件后，将光标放置在第二面的厚度处，右键点击，选择变化，将其设置为参数变量，如图 4-56 所示。

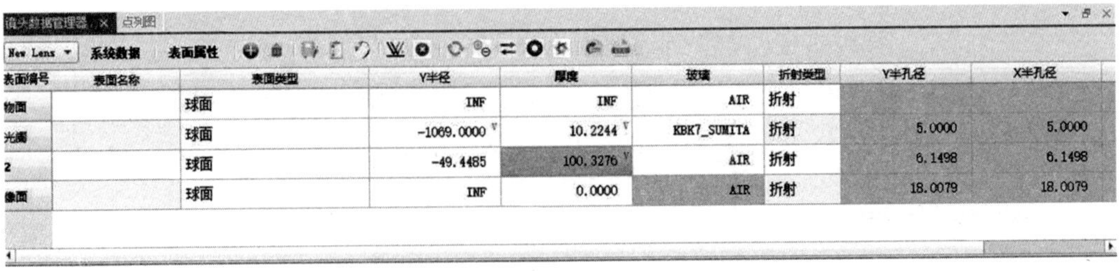

镜头数据管理器 点列图

New Lens 系统数据 表面属性

表面编号	表面名称	表面类型	Y半径	厚度	玻璃	折射类型	Y半孔径	X半孔径
物面		球面	INF	INF	AIR	折射		
光阑		球面	-1069.0000 V	10.2244 V	KBK7_SUMITA	折射	5.0000	5.0000
2		球面	-49.4485	100.3276 V	AIR	折射	6.1498	6.1498
像面		球面	INF	0.0000	AIR	折射	18.0079	18.0079

图 4-56 单透镜改进优化变量设置

关闭成像软件，多学科组件再一次进行优化，优化完成，从图 4-57 可以看出，光斑有了稍微优化。由于单透镜可优化变量有限，仅有一个有效的曲率半径和一个光阑位置变量是难以达到更高的成像效果。想进一步提高像质，可增加镜片或使用非球面。

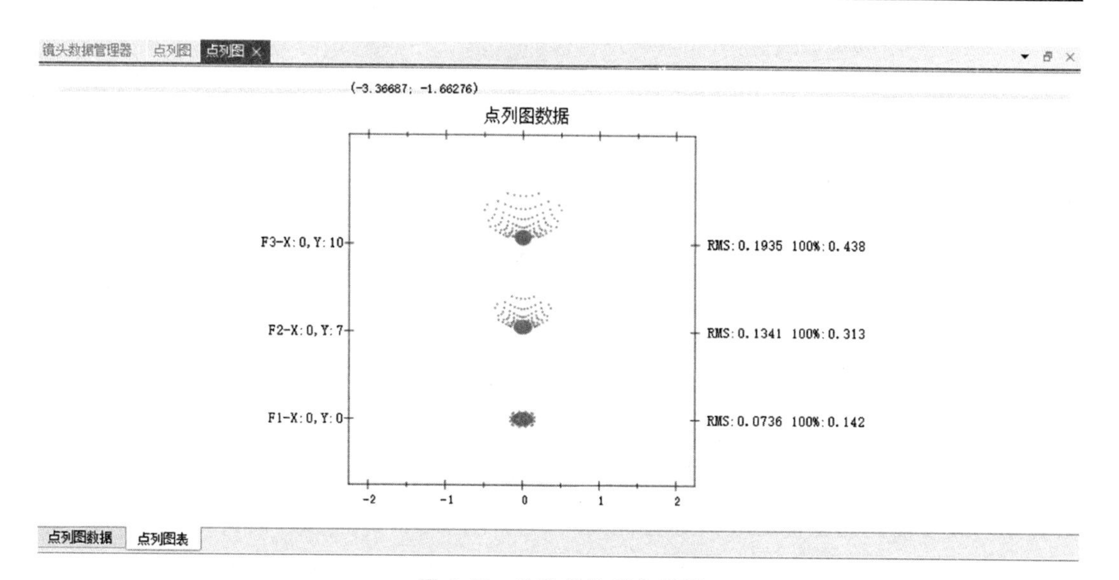

图 4-57　改进优化后点列图

第五章　优化算法

不同的问题和应用场景可能需要不同的算法来达到最佳的优化结果。不同的优化算法对于不同的问题可能有不同的搜索能力和收敛性。选择合适的算法可以提供更好的解决方案，有可能找到更优的或接近最优的解。每个问题都有其独特的特征和限制条件。选择适应问题特性的优化算法可以更好地利用问题的结构信息和特定的约束，提高求解质量和可行性。选择合适的优化算法可以提高求解效率、获得更好的结果，适应问题特性，提高问题灵活性，并提高算法的可解释性，从而更好地解决优化问题。

本章详细介绍局部优化算法和全局优化算法理论知识，为读者选取合适的优化算法提供帮助，并介绍软件优化算法参数设置。

第一节　局部算法

软件中的优化算法主要包含基于梯度的局部优化算法和无导数的局部优化算法。基于梯度的局部优化算法最适合在初始点附近有效搜索至局部最小值，但它们无法在非凸设计空间中找到全局最优值。基于梯度的优化方法效率高，在所有局部优化方法中具有最佳收敛速度，是平滑、单峰和行为良好等问题的首选方法。针对极小像差系统的优化，基于梯度的局部优化主要介绍有界约束优化算法和非线性约束优化算法。

有界约束优化中常用的方法包含共轭梯度法和拟牛顿法。对于共轭梯度法，可以基于信赖域法求解子计算域，但是当使用目标函数梯度的有限差分近似时，求解会表现出缓慢/不稳定的收敛。针对此类问题，需使用拟牛顿法。

针对非线性约束的优化问题，目前较常用的优化算法包含牛顿法、序列二次规划法、增强拉格朗日法和可行方向法。

与基于梯度的局部优化方法相比，无导数方法更具备鲁棒性且本质上更平行，它们可以应用于出现不平滑、多峰或表现不佳等情况的优化问题，此外，一些无导数的方法可用于全局优化，但基于梯度的方法不可以。但是它们在寻找最优值时具备更慢的收敛速度，因此，它们往往比基于梯度的方法在计算上的要求更高。根据变量的数量，它们通常需要对局部方法进行数百到一千或更多的函数评估，并且可能需要对全局方法进行数千到数万次的函数评估。考虑计算成本时，通常的做法是使用无导数方法来搜索有可能出现极值区域，然后使用基于梯度的方法来搜索极值。软件中主要包含以下无导数的局部优化算法：单纯形法、模式搜索法、路径增强约束的非线性优化方法和贪婪搜索启发式法。

一、牛顿法

牛顿法中相关的子问题需要找到通过将二阶泰勒级数展开的导数设置为零而导出的线性方程组的解。与顺序二次规划法不同，牛顿法在优化迭代过程中依然保持约束的可行性。

首先针对单变量优化函数的问题，针对一个二次可微函数的优化问题为：

$$\text{minimize} f(x) \tag{5-1}$$

$$\text{over} x \in R^n \tag{5-2}$$

牛顿法试图通过从初始猜测（起点）x_0 构造一个函数 f 的序列$\{x_k\}$，在迭代周围进行二阶泰勒近似。f 在 x_k 周围的二阶泰勒展开式为：

$$f(x_k+t) \approx f(x_k)+f'(x_k)t+\frac{1}{2}f''(x_k)t^2 \tag{5-3}$$

下一次迭代定义为 x_{k+1} 以最小化 t 中的二次近似，并设置 $x_{k+1}=x_k+t$。如果二阶导数为正，则二次逼近是凸函数 t，可以通过将导数设置为零来找到其最小值，即：

$$0=\frac{d}{dt}\left(f(x_k)+f'(x_k)t+\frac{1}{2}f''(x_k)t^2\right)=f'(x_k)+f''(x_k)t \tag{5-4}$$

最小值在下式中达到：

$$t=-\frac{f'(x_k)}{f''(x_k)} \tag{5-5}$$

结合上式，牛顿法执行迭代：

$$x_{k+1}=x_k+t=x_k-\frac{f'(x_k)}{f''(x_k)} \tag{5-6}$$

二、序列二次规划法

序列二次规划法中每个子问题都涉及最小化受线性化约束的拉格朗日函数的二次逼近，同时只需要梯度信息。但是，虽然顺序二次规划法找到的解决方案会考虑约束，但其中间的迭代步骤可能不会。

序列二次规划法是求解有约束非线性优化问题的最成功的方法之一。它具有深厚的理论基础，为解决大规模技术相关问题提供了强大的算法工具。针对非线性优化问题：

$$\text{minimize} f(x) \tag{5-7}$$

$$\text{over} x \in \mathfrak{R}^n \tag{5-8}$$

$$\text{subject to} h(x)=0 \tag{5-9}$$

$$g(x)\leqslant 0 \tag{5-10}$$

其中 $f:\mathfrak{R}^n\rightarrow\mathfrak{R}$ 为目标泛函，函数 $h:\mathfrak{R}^n\rightarrow\mathfrak{R}^m$ 和函数 $g:\mathfrak{R}^n\rightarrow\mathfrak{R}^p$ 描述了等式约束和不等式约束。当 f 是线性或二次的，约束函数 h 和 g 是仿射函数。

满足等式和不等式约束的点的集合叫可行集，表达为：

$$\mathfrak{R}:\{x\in\mathfrak{R}^n \mid h(x)=0,\ g(x)\leqslant 0\} \tag{5.11}$$

与非线性优化问题相关联的拉格朗日函数表达式为：

$$L(x,\lambda,\mu):=f(x)+\lambda^T h(x)+\mu^T g(x) \tag{5-12}$$

在点 x 处的主动约束集为：

$$I_{ac}(x):=\{i\in\{1,\cdots,p\}\mid g_i(x)=0\} \tag{5-13}$$

目标泛函 f 通过其局部二次逼近：

$$f(x)\approx f(x_k)+\nabla f(x_k)(x-x^k)+\frac{1}{2}(x-x^k)^T Hf(x_k)(x-x^k) \tag{5-14}$$

约束函数 g 和 h 的局部仿射近似：

$$g(x)\approx g(x_k)+\nabla g(x_k)(x-x^k) \tag{5-15}$$

$$h(x)\approx h(x_k)+\nabla h(x_k)(x-x^k) \tag{5-16}$$

设定：

$$d(x):=x-x^k,\ B_k:=Hf(x_k) \tag{5-17}$$

这就导致了以下形式的顺序规划子问题：

$$\text{minimize}\ \nabla f(x_k)^T d(x)+\frac{1}{2}d(x)^T B_k d(x) \tag{5-18}$$

$$\text{over} d(x)\in\mathfrak{R}^n \tag{5-19}$$

$$\text{subject to} h(x_k)+\nabla h(x_k)^T d(x)=0 \tag{5-20}$$

$$g(x_k)+\nabla g(x_k)^T d(x)\leqslant 0 \tag{5-21}$$

通过对顺序规划子问题的求解进行最优值的搜索。

三、增广拉格朗日法

增广拉格朗日方法通过引入增广拉格朗日函数，结合使用拉格朗日乘数和二次惩罚项，适用于等式和不等式约束的优化问题。

通过增广拉格朗日法寻找最优值的步骤如下：

(1) 建立约束问题：

$$\text{minimize} f(x),\ \text{over} c_i(x)=0\ \forall i\in\varepsilon \tag{5-22}$$

式中：E——等式约束的指数。

(2) 该问题可以用一系列无约束最小化问题来解决。作为参考，首先列出惩罚法方法的第 k 步：

$$\min \Phi_k(x) = f(x) + \mu_k \sum_{i \in \varepsilon} c_i(x)^2 \tag{5-23}$$

惩罚方法解决了这个问题，然后在下一次迭代中，它使用一个更大的值 μ_k（并使用旧的解决方案作为初始猜测或“暖启动”）来解决这个问题。

（3）增广拉格朗日方法使用以下无约束目标：

$$\min \Phi_k(x) = f(x) + \frac{\mu_k}{2} \sum_{i \in \varepsilon} c_i(x)^2 + \sum_{i \in \varepsilon} \lambda_i c_i(x) \tag{5-24}$$

（4）在每次迭代之后，除了更新 μ_k 之外，变量 λ 也会根据规则进行更新：

$$\lambda_i \leftarrow \lambda_i + \mu_k c_i(x_k) \tag{5-25}$$

式中：x_k——在第 k 步时无约束问题的解，也就是：

$$x_k = \arg\min \Phi_k(x) \tag{5-26}$$

变量 λ 是拉格朗日乘数的估计值，该估计值的准确性每一步都会提高。该方法的主要优点是与惩罚方法不同，它不需要为解决原始约束问题而采用 $\mu \to \infty$。相反，由于存在拉格朗日乘数项，μ 可以保持更小，从而避免病态。

四、可行方向法

可行方向法可以确保所有迭代都保持可行，但是它不适用于相关等式约束优化的问题。

通过可行方向法寻找最优值的步骤如下：

（1）确定一个起始点 $x_0 \in \mathfrak{R}^n$，使 $x_0 \in X$，并设置 $k:=0$；

（2）确定一个搜索方向 $p_k \in \mathfrak{R}^n$，使 p_k 为一个可行的下降方向；

（3）确定步长 $\alpha_k > 0$ 使 $f(x_k + \alpha_k p_k) < f(x_k)$ 并且 $x_k + \alpha_k p_k \in X$；

（4）使 $x_{k+1} := x_k + \alpha_k p_k$，并求解；

（5）如果满足终止条件，则停止迭代计算，否则，设 $k := k+1$，转到步骤（1）。

五、共轭梯度法

在共轭梯度法中需首先定义两个共轭向量 **u** 和 **v**，并构造一系列相互共轭的搜索向量，用一个 **H** 来最小化二次失拟函数。下面的迭代解称为共轭梯度法，它以最陡下降方向作为初始搜索方向来寻找最优解。

将初始猜测模型定义为 $\mathbf{x}^{(k-1)} \to \mathbf{x}^{(0)}$，其中 $k=1$，并将初始下降向量定义为 $\mathbf{d}^{(k-1)} \to \mathbf{d}^{(0)} = -g^{(0)}$。更新后的解 $\mathbf{x}^{(k)}$ 为：

$$\mathbf{x}^{(k)} = \mathbf{x}^{(k-1)} + \alpha\, \mathbf{d}^{(k-1)} \tag{5-27}$$

这里，α 是通过最小化 $f[\mathbf{x}^{(k-1)} + \alpha\, \mathbf{d}^{(k-1)}]$ 的直线最小化方法得到的。其中 α 为：

$$\alpha = -\frac{[\mathbf{d}^{(k-1)},\ \mathbf{g}^{(k-1)}]}{[\mathbf{d}^{(k-1)},\ \mathbf{H}\mathbf{d}^{(k-1)}]} \tag{5-28}$$

从 $\mathbf{x}^{(k)}$ 开始，下一步$\mathbf{d}^{(k)}$ 需要与$\mathbf{d}^{(k-1)}$ 共轭，并且在 $g(k)=\nabla f(\mathbf{x}^{(k)})$ 和$\mathbf{d}^{(k-1)}$ 张成的平面中，即：

$$d^{(k)}=-g^{(k)}+\beta\mathbf{d}^{(k-1)} \tag{5-29}$$

其中选择 β 以确保 $d^{(k)}$ 与 $\mathbf{d}^{(k-1)}$ 共轭，通过将上式和 $\mathbf{d}^{(k-1)}\mathbf{H}$ 的内积强制共轭，并将结果设为零，给出 β 为：

$$\beta=\frac{[\mathbf{d}^{(k-1)},\ \mathbf{H}\,\mathbf{g}^{(k)}]}{[\mathbf{d}^{(k-1)},\ \mathbf{H}\,\mathbf{d}^{(k-1)}]} \tag{5-30}$$

$\mathbf{Hd}^{(k-1)}=\mathbf{g}^{(k)}-\mathbf{g}^{(k-1)}$ 且有下式：

$$\begin{aligned}\beta&=\frac{(\mathbf{g}^{(k)}-\mathbf{g}^{(k-1)},\ \mathbf{g}^{(k)})}{(\alpha\,\mathbf{d}^{(k-1)},\ \mathbf{Hd}^{(k-1)})}\\&=\frac{(\mathbf{g}^{(k)}-\mathbf{g}^{(k-1)},\ \mathbf{g}^{(k)})}{(\mathbf{d}^{(k-1)},\ \mathbf{g}^{(k)}-\mathbf{g}^{(k-1)})}\\&=\frac{(\mathbf{g}^{(k)}-\mathbf{g}^{(k-1)},\ \mathbf{g}^{(k)})}{(\mathbf{g}^{(k-1)},\ \mathbf{g}^{(k-1)})}\end{aligned} \tag{5-31}$$

生成共轭向量的一般方法是通过共轭格拉姆施密特过程。给定一组线性独立向量 $\{a_0,\ \cdots,\ a_{n-1}\}$，一组与 $\mathbf{H}$ 互共轭的向量 $\{\mathrm{p}_0,\ \cdots,\ \mathrm{p}_{n-1}\}$ 可以通过令 $\mathrm{p}_0=\mathrm{a}_0$ 和 $\mathrm{k}>0$：

$$p_k=a_k+\sum_{j=0}^{k-1}\beta_{kj}p_j \tag{5-32}$$

$(\beta_{kj})\begin{matrix}k-1\\j=0\end{matrix}$ 的值是唯一确定的，以使 p_k 共轭$\{p_0,\ \cdots,\ p_{k-1}\}$，共轭方向法是所有以这种方式生成搜索方向的方法的通用名称。

六、拟牛顿法

牛顿方法的主要缺点是 $f(x)$ 的二阶导数很难计算或昂贵，为了避免这些问题，采用拟牛顿迭代公式：

$$\mathbf{x}^{(k+1)}=\mathbf{x}^{(k)}-\mathbf{H}_k^{-1}\,\mathbf{g}^{(k)} \tag{5-33}$$

其中 $\mathbf{H}_k^{-1}$ 是$\mathbf{H}^{-1}$ 的近似，并从 $f(x)$ 的第一个导数，而不是第二个导数迭代更新。

$$\lim_{k\to N}\mathbf{H}_k^{-1}=\mathbf{H}^{-1} \tag{5-34}$$

准牛顿法相对于牛顿法的优点是每次更新只需要 $O(N^2)$ 代数运算并且只计算一阶导数，并且不需要定期重新开始迭代。拟牛顿法通过下式生成搜索方向：

$$B_k p_k=-\mathbf{g}_k \tag{5-35}$$

在每次迭代 k 中，选择矩阵 $\mathrm{B_k}$ 在某种意义上是 $\mathbf{H}$ 的近似。在本文中，我们将考虑对称近似的 *Hessian*，即 $\mathrm{B_k}=\mathrm{B_k^T}$，可以考虑非对称近似矩阵。

七、单纯形法

单纯形法类似于模式搜索法，也适用于非线性优化问题，但它们的搜索方向是在可变空间中反射、扩展和收缩的三角形定义。*Helios* 中可用的两种基于单纯形的方法是并行直接搜索法和线性近似约束优化。前者只针对有界约束问题，而后者可求解非线性约束问题。这两种基于单纯形法的一个缺点是它们当前无法利用并行计算资源。

单纯形法的优化步骤为：

1. 标准形式

单纯形法的标准形式是所有线性规划在求解最优解之前的基线形式，它有三个要求：

（1）必须是一个极值优化问题；

（2）所有线性约束必须是一个小于等于不等式；

（3）所有变量都是非负的。

这些要求总是可以通过使用基本代数和代换对任何给定的线性规划进行变换来满足。标准形式是必要的，因为它为尽可能有效地解决单纯形法和其他解决优化问题的方法创造了一个理想的起点。

2. 确定松弛变量

松弛变量是在线性规划的线性约束中引入的附加变量，用于将不等式约束转化为等式约束。如果模型是标准形式，松弛变量的系数总是＋1。约束条件中需要引入松弛变量，将松弛变量转化为一个确定解的等式。

3. 创建单纯形表

单纯形表用于对线性规划模型进行操作以及检查最优解。表由线性约束变量对应的系数和目标函数的系数组成。如图 5-1 所示，在建立的图表中，粗体显示的最上面一行表示每一列所代表的内容，下面两行表示线性规划模型中的线性约束变系数，最后一行表示目标函数变系数。

x_1	x_2	x_3	s_1	s_2	z	b
1	3	2	1	0	0	10
-1	5	1	0	1	0	8
-8	-10	-7	0	0	1	0

图 5-1 单纯形表示意图

4. 主变量

最大化线性规划模型的最优解是分配给目标函数中变量的值，以给出最优值。最优解存在于整个模型图的角点上。要使用单纯形表检查最优性，最后一行中的所有值都必须包含大于或等于 0 的值。如果一个值小于零，就意味着变量没有达到其最优值。如上表所示，底部一行中有三个负值，表明该解决方案不是最优的。如果一个表不是最优的，下一步是确定新的表所基于的主变量，如步骤（5）所述。

5. 创建一个枢轴变量

枢轴变量用于行操作，以确定哪个变量将成为单位值，是单位值转换的关键因素。可以通过查看表格的底行和指标来识别枢轴变量。假设解决方案不是最优的，需要在底行中选择最小的负值，位于该值列中的值第一个是枢轴变量。要找到指标，需要将线性约束的值除以它们在包含可能的枢轴变量的列中的对应值，具有最小非负指标的行与底行中最小负值的交点将成为枢轴变量。

6. 检查最优

最大化线性规划模型的最优解是分配给目标函数中的变量的值，以给出最优值。在每个新枢轴变量之后都需要检查最优性，以查看是否需要识别新的枢轴变量。如果底行中的所有值都大于或等于 0，则认为解决方案是最优的。如果存在负值，则解决方案仍然不是最优的，需要确定一个新的枢轴点，返回步骤（5）。

7. 确定最优值

一旦上表被证明是最优的，就可以确定最优值，这可以通过区分基本变量和非基本变量来找到。基本变量可以被分类为在其列中只有一个 1 值，其余都是 0。如果一个变量不符合这个条件，它被认为是非基本的。如果一个变量是非基本的，那就意味着这个变量的最优解是零。如果一个变量是基本的，那么包含 1 值的行将对应于约束值，约束值将代表给定变量的最优解。

八、模式搜索法

模式搜索法可以应用于具有非线性约束的优化问题，该方法可根据定义的搜索方向模板遍历域。该方法最适合在起始点附近高效地搜索到局部最小值；但是，如果模板允许它跨过局部最小值，它也可能进行有限的全局搜索。

模式搜索法遵循大多数优化方法的一般形式：给定解 x_0 的初始猜测和步长参数 $\Delta_0 > 0$ 的初始选择，对 $k = 0, 1, \cdots,$：

（1）检查收敛性；

（2）计算 $f(x_k)$；

（3）通过探索性举措（Δ_k，P_k）决定一个步长 s_k；

（4）如果 $f(x_k) > f(x_k + s_k)$，则 $x_{k+1} = x_k + s_k$，否则 $x_{k+1} = x_k$；

（5）更新（Δ_k，P_k）。

九、路径增强约束的非线性优化方法

路径增强约束的非线性优化法是一种可证明收敛的无梯度不等式约束的优化方法，

它解决了一系列基于信赖域框架的子问题以生成改进步骤。由于使用内部惩罚方案和执行严格的可行性，该方法不支持线性或非线性等式约束。

路径增强约束的非线性优化方法主要基于信赖域框架进行最优值求解，信赖域方法从初始点 x_0 开始，计算一系列中间点$\{x_k\}$，$k \in \mathbb{N}_0$ 收敛到局部临界点 x^*。对于 x_{k+1} 的计算，信赖域方法在当前点 x_k 的邻域内构建目标函数 f 的代理项和约束，分别由 $\{c_i\}_{i=1}^{r}$ 和 m_k^f $\{m_k^{c_i}\}_{i=1}^{r}$ 表示，x_{k+1} 仅基于代理项被确定为一个合适的点，该点减少了目标函数，同时保持在 x_k 的邻域内并满足约束。该邻域被称为信赖域 $\{xB(x_k, \rho_k): = \{x \in \mathfrak{R}^n: \|x - x_k\| \leqslant \rho_k\}$。代理通常会选择多项式响应曲面，对于目标函数和约束条件的代理模型 m_k^f 和$\{m_k^{c_i}\}_{i=1}^{r}$ 的特定选择，可满足二次连续可微函数：

$$
\begin{aligned}
|f(x_k+s)-m_k^f(x_k+s)| &\leqslant \kappa_f \rho_k^{2-p} \\
|c_i(x_k+s)-m_k^{c_i}(x_k+s)| &\leqslant \kappa_c \rho_k^{2-p} \\
\|\nabla f(x_k+s)-\nabla m_k^f(x_k+s)\| &\leqslant \kappa_{df} \rho_k^{1-p}
\end{aligned}
\tag{5-36}
$$

十、贪婪搜索启发式法

贪婪搜索启发式法适用于非线性优化问题，该方法使用基于采样的方法来识别搜索方向。但是它不适用于解决具有非线性约束的问题，同时该方法也无法利用并行计算资源。贪婪搜索启发式法将给定的问题划分为若干阶段。其主要思想是在每个阶段使用启发式得到一个最优结果。之后将每一阶段的解作为下一阶段的输入，找到全局最优解。

每个阶段的贪婪搜索启发式算法都会选择一个局部最优解，从而得到全局最优拟合解。虽然它不能保证一直产生最优解，但它能在有效时间内给出给定问题的全局近似解。

第二节　全局算法

软件中全局优化方法包含确定性算法和随机性算法，其中确定性算法与无导数的局部优化基本方法相同，除了以上方法，还具备以下两种常用的随机性全局优化方法：全局高效优化和进化算法。

一、矩形分割法

矩形分割法是一种无导数采样优化算法，更具体地说，矩形分割法是一种分区算法，通过对给定域中的点进行采样，然后根据采样点上的函数值在每次迭代中细化搜索域。矩形分割法在形式上是一种全局优化算法，即给定足够的函数求值和高度敏感的停止准则，矩形分割法总能在给定的定义域内找到函数的全局最优。当然，这种详尽的搜索在计算上是昂贵的，因此软件中使用矩形分割法在可行区域内找到包含全局最优的子区域，同时减少在包含局部最优的区域中搜索的机会。

矩形分割法的第一步是将用户提供的问题域转换为 d 维超立方体单位。因此，针对该算法的可行域为：

$$\Omega=\{x \in R^d：0 \leqslant x_i \leqslant 1\}. \tag{5-37}$$

首先在超立方体 c_1 的中心求解目标函数的值。然后，矩形分割法通过在所有坐标方向上计算距离中心三分之一处的目标函数 δ 的值，将超立方体划分为更小的超矩形：

$$c_1 \pm \delta e_i，i=1，\cdots d \tag{5-38}$$

第一次分割可以使具有最优函数值的区域具有最大的区间。一旦第一次分割完成，下一步是确定潜在的最佳超矩形。选择潜在的最优超矩形的定义为：

假设 $\epsilon>0$ 为正常数，$f_{\min}$为当前最佳函数值。如果存在$\hat{K}>0$ 以及下列情况，则认为超矩形 j 是潜在的最优区域：

$$f(c_j)-\hat{K}d_j \leqslant f(c_i)-\hat{d}_i，\forall i, \tag{5-39}$$

$$f(c_j)-\hat{K}d_j \leqslant f_{\min}-\epsilon|f_{\min}| \tag{5-40}$$

式中：c_j——超矩形 j 的中心；

d_j——中心到对应顶点的距离。

一般来说，$\epsilon=10^{-4}$的值可以用于确保 $f(c_j)$ 的值超过$f_{\min}$ 很多。

从上述定义中，可以观察到在满足以下情形时，超矩形 i 可能是最优的：

(1) 对于所有相同大小的超矩形 $d_i=d_j$，满足 $f(c_i) \leqslant f(c_j)$。

(2) 对于所有其他超矩形 k，存在 $d_i \geqslant d_k$，对于所有相同大小的超矩形 $d_i=d_j$，存在 $f(c_i) \leqslant f(c_j)$。

(3) 对于所有其他超矩形 k，存在 $d_i \leqslant d_k$，同时 $f(c_i)=f_{\min}$。

一旦一个超矩形被选为潜在的最优矩形，矩形分割法开始将超矩形分割成更小的超矩形。首先，对于所有最长维度 i，在点 $c \pm \delta e_i$ 处求目标函数的值。如果超矩形是超立方体，则在所有坐标方向 e_i 上求目标函数的值，这与初始采样步骤相同。然后由采样阶段返回的目标函数值决定划分超矩形的顺序。

下面的三个图是矩形分割法如何采样和划分其搜索空间的二维可视化示意图，如图 5-2 所示。加粗区域是要分割的潜在最佳矩形。第一次迭代（a）表明最右边的矩形可能是最优的，因此沿着其垂直维度进行采样和划分。第二次迭代（b）表明最左边的矩形和最右边的中心矩形都是潜在的最优矩形。这里应用了选择潜在最优矩形的第二个条件，最左边矩形的最长边大于所有其他矩形的最长边，因此在默认情况下，最左边矩形中心的函数值小于所有其他相同大小的矩形的函数值。同样，对矩形进行采样并根据它们的尺寸进行划分。在第三次迭代（c）中，再次重复选择可能最优的矩形以及采样和分割的过程，并进行后续的迭代，直到满足停止条件。

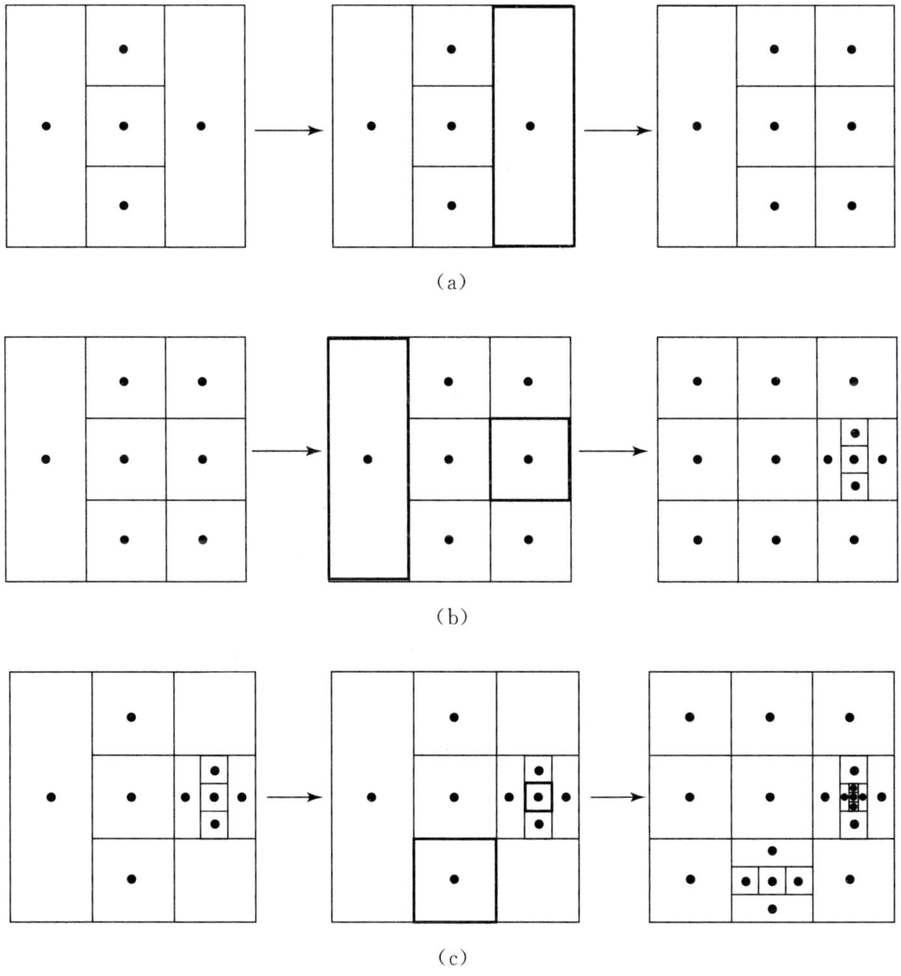

(a)

(b)

(c)

图 5-2　矩形切割法示意图

二、高效全局优化

高效全局优化是一种使用响应面代理的全局优化技术，在每次高效全局优化迭代中，基于真实模拟的样本点构建目标函数的高斯过程逼近。高斯过程允许指定新输入位置的预测以及与该预测相关的不确定性。高效全局优化的关键思想是最大化期望改进函数，定义为基于高斯过程模型预测的期望值和方差，搜索空间中的任何点将提供比当前最佳解决方案更好的解决方案的期望，期望改进函数的应用会有效求解最优值。期望改进函数表示新潜在位置的目标函数值预计比当前最佳预测值的差值，因为高斯过程模型在每个预测点都提供了高斯分布，所以可以计算期望值。具有良好期望值和较小方差的点将很有可能生成更优解，但具有相对较差的期望值和较大方差的点也是如此。期望改进函数结合了选择使目标最小化的点和选择存在较大预测不确定性的点的方法（例如，在空间的该区域中样本很少或没有样本，因此一个样本值比其他值低的概率可能很高）。由于在设计空间中几乎没有观察的区域的不确定性较高，这在开发设计空间中预测好的解决方案的区域和探索需要更多信息的区域之间提供了平衡。

高效全局优化方法的优化步骤为：

（1）建立目标函数的初始高斯过程模型；

（2）找到使期望改进函数最大化的点。如果此时的期望改进函数值足够小，则停止；

（3）在期望改进函数最大化的点评估目标函数，利用该点更新高斯过程模型，并执行步骤（2）。

（一）高斯过程模型

高斯过程模型不仅可以提供未采样点的预测值，而且还提供预测方差的估计值。该方差源于协方差函数的构建，同时代表了高斯过程模型的不确定性。协方差函数主要基于当输入点彼此接近时，它们对应的输出之间的相关性就会很高的原理。因此，当输入点靠近用于训练模型的点时，与模型预测相关的不确定性会很小，并会随着与训练点间距离的增加而增加。

假设真响应函数为模型 $G(u)$，可以用下式来表示：

$$G(u)=h(u)^T\beta+Z(u) \tag{5-41}$$

式中：$h(\mu)$——模型的趋势；

β——趋势系数的向量；

$Z(\mu)$ 是一个平稳的高斯过程，均值为描述了模型与其潜在趋势的偏离。

模型的趋势可以被假定为任意函数，但是通常可以把它当作一个常数。在这里趋势被假定为常数，β 为训练点响应的平均值。高斯过程 $Z()$ 在点 a 和点 b 的输出协方差定义为：

$$\mathrm{Cov}[Z(a),Z(b)]=\sigma_Z^2R(a,b) \tag{5-42}$$

式中：σ_Z^2——过程方差；

$R(a,b)$ 为相关函数；

常用的为指数平方函数：

$$R(\mathbf{a},\mathbf{b})=\exp\left[-\sum_{i=1}^{d}\theta_i(a_i-b_i)^2\right] \tag{5-43}$$

式中：d——问题的维数（随机变量的数量）；

θ_i——一个尺度参数，表示 i 维内点之间的相关性。

一个大的 θ_i 代表一个短的相关性长度。

高斯过程模型预测在 u 点的期望值 $\mu_G()$ 和方差 σ_G^2 分别为：

$$\mu_G(u) = h(u)^T\beta + r(u)^T R^{-1}(g - F\beta)$$

$$\sigma_G^2(u) = \sigma_Z^2 - \begin{bmatrix} h(\mathbf{u})^T & \mathbf{r}(\mathbf{u})^T \end{bmatrix} \begin{bmatrix} \mathbf{0} & \mathbf{F}^T \\ \mathbf{F} & \mathbf{R} \end{bmatrix}^{-1} \begin{bmatrix} \mathbf{h}(\mathbf{u}) \\ \mathbf{r}(\mathbf{u}) \end{bmatrix} \tag{5-44}$$

式中：$r(\mathbf{u})$——包含$\mathbf{u}$与每n个训练点之间协方差的向量，r为包含每对训练点之间相关性的$n \times n$矩阵，g为每一个训练点响应输出的向量，F为有$\mathbf{h}(\mathbf{u}_i)^T$行（训练点$i$包含$q$项的趋势函数；对于常数趋势$q=1$的$n \times q$矩阵。这种形式的方差导致了趋势系数$\beta$的不确定性，但假设控制协方差函数（$\sigma_Z^2$和$\theta$）的参数有已知值。

通过极大似然估计来确定参数σ_Z^2和θ的值，这涉及在给定协方差矩R的前提下获取观察响应值g的概率的对数值，可以表达为：

$$\log[p(\mathbf{g} \mid \mathbf{R})] = -\frac{1}{n}\log|R| - \log(\hat{\sigma}_Z^2) \tag{5-45}$$

式中：$|\mathbf{R}|$表示$\mathbf{R}$的行列式；

$\hat{\sigma}_Z^2$——给定θ估计的方差的最优值。

同时定义为：

$$\hat{\sigma}_Z^2 = \frac{1}{n}(\mathbf{g} - \mathbf{F}\beta)^T \mathbf{R}^{-1}(g - \mathbf{F}\beta) \tag{5-46}$$

最大化上式给出了θ的最大似然估计值，从而定义了$\hat{\sigma}_Z^2$。

（二）采集函数

采集函数一般用来确定下一个采样点或细化点的位置，在某种意义上，最大化采集函数会产生下一个采样点，比如：

$$\mathbf{u}^* = \underset{u}{\arg\max}\, a(\mathbf{u}) \tag{5-47}$$

1. 预期改进函数

预期改进函数用于选择添加新训练点的位置，被定义为基于高斯过程模型预测的期望值和方差，搜索空间中的任何点将提供比当前最佳解决方案更好的解决方案的期望值和方差。期望改进函数的一个重要特征是它在已开发并找到好的解决方案的设计空间区域和探索具有高不确定性的设计空间区域之间提供了平衡。首先，在设计空间中的任何点中，高斯过程预测$\hat{G}(\mu)$是一个高斯分布：

$$\hat{G}(\boldsymbol{u}) \sim N(\mu_G(\boldsymbol{u}), \sigma_G(\boldsymbol{u})) \tag{5-48}$$

其中均值$\mu_G(\boldsymbol{u})$和方差$\sigma_G^2()$在上式中被定义，EIF被定义为：

$$EI[\hat{G}(\boldsymbol{u})] \equiv E[\max(G(\boldsymbol{u}^*) - \hat{G}(\boldsymbol{u}), 0)] \tag{5-49}$$

其中$G(\mathbf{u}^*)$是从训练点的真函数值中选择的当前最佳解（简写为G^*）。这个期望值可以通过让G^*保持不变，对分布$\hat{G}()$进行积分来计算：

$$EI(\hat{G}(\mathbf{u})) = \int_{-\infty}^{G^*} (G^* - G)\, \hat{G}(\mathbf{u})dG \tag{5-50}$$

其中 G 是$\hat{G}$ 的实现，这个积分可以通过解析表示为：

$$EI(\hat{G}(\mathbf{u}))=(G^{*}-\mu_{G})\Phi\left(\frac{G^{*}-\mu_{G}}{\sigma_{G}}\right)+\sigma_{G}\varphi\left(\frac{G^{*}-\mu_{G}}{\sigma_{G}}\right) \tag{5-51}$$

其中，μ_G 和σ_G 是 $\mathbf{u}$ 的函数，用更紧凑的方式重写并去掉下标 G 为：

$$a_{EI}(\mathbf{u},\ \{\mathbf{u}_i,\ y_i\}_{i=1}^{N},\ \theta)=\sigma(\mathbf{u})\cdot[\gamma(\mathbf{u})\Phi[\gamma(\mathbf{u})]+\varphi[\gamma(\mathbf{u})]] \tag{5-52}$$

其中 $\gamma(\mathbf{u})=\dfrac{G^{*}-\mu_{G}}{\sigma_{G}}$，这个方程定义了未知点 $\mathbf{u}$ 的期望改进采集函数。

该方法为选择期望改进函数最大化的点作为额外的训练点，添加新的训练点后，构建一个新的高斯过程模型，然后用于构建另一个期望改进函数，然后使用该期望改进函数选择另一个新的训练点，依此类推，直到期望改进函数在其最大化点的值低于设置的指定值。

2. 概率改进采集函数

概率改进采集函数使用与高斯过程预测是高斯分布相同的论点，概率改进采集函数为：

$$a_{PI}(\mathbf{u})=\Phi[\gamma(\mathbf{u})] \tag{5-53}$$

一般来说，期望改进函数的性能要优于概率改进采集函数。

3. 低置信区间采集函数

另一种采集形式是低置信区间，可以得到非常好的结果。低置信区间采集函数的形式为：

$$a_{LCB}(\mathbf{u})=-\mu(\mathbf{u})+\kappa\sigma(\mathbf{u}) \tag{5-54}$$

式中：κ ——描述采集开发—探索平衡的超参数。

在设计优化的许多情况下，$\kappa=2$ 是首选，但也可以将 κ 值放宽，作为迭代的函数：

$$\kappa=\sqrt{\nu\gamma_{n}},\ \nu=1,\ \gamma_{n}=2\log\left(\frac{N^{\frac{d}{2}+2}\pi^{2}}{3\delta}\right) \tag{5-55}$$

其中 d 是该问题的维数，$\delta\in(0,1)$。

三、进化算法

进化算法主要基于达尔文的适者生存理论，进化算法的第一步为从参数空间中随机选择设计点群体，其中设计参数的值形成一个遗传字符串，类似于生物系统中的 DNA，它可以唯一地代表群体中的每个设计点；然后进化算法按照世代繁衍的顺序，群体中的最佳设计点（具有低目标函数值的设计点）被认为是最适合并被允许生存和繁殖的点。进化算法通过使用自然选择、育种和突变等过程的数学类比来模拟进化过程。最终，进化算法会确定一个设计点（或一系列设计点），以最小化优化问题的目标函数。

进化算法可以分为二元进化算法和多元进化算法两大类。

（一）二元进化算法

二元进化算法代表了模仿有机进化的最小概念。在进化论中，三个原则被认为是最重要的：选择、重组和突变。二元进化算法仅使用两个原则变异作为唯一的遗传算子，用于创建新个体和选择用于搜索优化空间并找到代表问题解决方案的最佳个体。它不使用重组，因为与进化策略中的遗传算法相反，它认为变异是主要的遗传算子。二元进化算法主要包含以下步骤：

步骤1：初始化优化从 n 维欧几里得空间中的两个点开始。每个点都由一个位置向量来表征，该位置向量由一组 n 个分量组成，这些分量是浮点数。

步骤2：变异从点 $E^{(g)}$ 开始，位置向量 $x_E^{(g)}$ 在迭代 g 中，第二个点 $N^{(g)}$，位置向量 $x_N^{(g)}$ 使用方程 $x_N^{(g)}=x_E^{(g)}+z^{(g)}$ 生成并带有分量 $x_{N,i}^{(g)}=x_{E,i}^{(g)}+z_i^{(g)}$，其中 $z_i^{(g)}$ 是随机数，且相互独立。

步骤3：选择上一步中描述的两个点具有不同的评价函数值 $F(x)$。具有更好（对于最小化更小的）评价函数值的点可以作为下一代 $g+1$ 中新突变的起点。只要终止标准不成立，就转到步骤2。

该算法的主要问题是如何选择随机向量 $z^{(g)}$，这种选择具有突变的作用。可以将突变视为众多单个事件的总和，其中小的变化经常发生，而大的变化很少发生。并使用具有以下基本参数的高斯正态分布：

（1）分量 z_i 的平均值 ξ_i 的值为零。

（2）标准偏差 σ_i 很小。

正态分布随机事件的概率密度函数为：

$$\omega(z)=\frac{1}{\sqrt{2\cdot\pi\cdot\sigma_i}}\cdot\exp\left(-\frac{(z_i-\xi_i)^2}{2\cdot\sigma_i^2}\right) \tag{5-56}$$

若进化至 $\xi_i=0$，那么可得到著名的正态分布：$(0,\ \sigma_i^2)$，然而，仍然有 n 个自由参数 $\{\sigma_i,\ i=1(1)n\}$ 用于指定各个随机成分的标准差。与其他确定性优化方法类似，标准差 σ_i 可以被称为优化步长，因为它们代表随机优化步长的平均值。

对于特定的随机向量，$z_i=\{z_i,\ i=1(1)n\}$ 具有独立的 $(0,\ \sigma_i^2)$ 分布分量 z_i，概率密度函数为：

$$\omega(z_1,\ z_2,\ \cdots,\ z_n)=\prod_{i=1}^{n}\omega(z_i)=\left|\frac{1}{(2\cdot\pi)^{\frac{n}{2}}\cdot\prod_{i=1}^{n}\sigma_i}\cdot\exp\left(-\frac{1}{2}\cdot\sum_{i=1}^{n}\left(\frac{z_i}{\sigma_i}\right)^2\right)\right. \tag{5-57}$$

或者所有 $i=1(1)n$，若 $\sigma_i=\sigma$，会更紧凑：

$$\omega(z)=\left(\frac{1}{\sqrt{2\cdot\pi}\cdot\sigma}\right)^n\cdot\exp\left(\frac{-z\cdot z^T}{2\cdot\sigma^2}\right) \tag{5-58}$$

正态分布随机数在计算机上的生成过程，涉及均匀分布随机数的生成及其向正态分布随机数的转换过程。有很多很好的计算机算法来生成均匀分布的随机数，这些算法很容易实现，而且有很大的重复周期。例如变换规则，从［0，1］范围内的两个独立均匀分布的随机数中，生成了两个平均值为 0，标准差为 1 的独立正态分布随机数：

$$z'_1=\sqrt{-2\cdot \ln Y_1}\cdot \sin(2\cdot \pi\cdot Y_2)$$
$$z'_2=\sqrt{-2\cdot \ln Y_1}\cdot \cos(2\cdot \pi\cdot Y_2) \tag{5-59}$$

式中：Y_i ——［0，1］范围内均匀分布的随机数；

z'_i ——［0，1］范围内正态分布的随机数。

为了得到一个标准差与单位不同的分布 z'_i 应该乘以标准差 σ_i。

$$z_i=\sigma_i\cdot z'_i \tag{5-60}$$

（二）多元进化算法

二元进化策略成功地应用于许多优化问题。但是有些类型的问题是无法成功解决的，因为 1/5 成功规则会永久减少优化步长，而不会提高收敛到最优解的速度。如果在优化过程中约束变得活跃，这种减少优化步长而不提高收敛速度的现象会经常发生。可能的补救措施是允许标准偏差 σ_i 可以单独调整。这是在多成员进化策略中完成的。只有两个成员的种群：父母和后代代表了进化模拟的基础。为了达到对进化过程的更高水平的模仿，必须增加个体的数量。多元进化策略主要步骤如下所述：

步骤 1：初始化。

给定的种群由 μ 个个体（父母）组成，这些个体是根据高斯正态分布随机生成的。

步骤 2：突变。

每个单独的父母平均产生 $\frac{\lambda}{\mu}$ 后代，因此总共有 λ 个新的后代可用。产生后代有两种可能的方式：突变和重组。所有的后代都与父母略有不同。

步骤 3：选择。

只有 λ 个后代中最好的 μ 个成为下一代的父母。用优化问题的数学术语表示的相同算法是：

步骤 1：初始化。

对于所有 $k=1\,(1)\,\mu$，定义 $x_k^{(0)}=x_{E_k}^{(0)}=(x_{k,1}^{(0)},\cdots,x_{k,n}^{(0)})^T$，$x_k^{(0)}=x_{E_k}^{(0)}$ 是 k^{th} 父母 E_k 的向量，因此对所有 $k=1(1)\mu$ 和 $j=1(1)m$ 满足所有边界条件 $G_j(x_l^{(g+1)})\geqslant 0$，设置生成计数器为 0，$g=0$。

步骤 2：突变。

生成 $x_l^{(g+1)}=x_k^{(g+1)}+z^{(g\cdot\lambda+l)}$，满足所有边界条件 $G_j(x_l^{(g+1)})\geqslant 0$，$j=1(1)\,m$，$l=1(1)\lambda$，其中 $k\in[1,\mu]$。$x^{(g+1)}=x_{N_l}^{(g+1)}=(x_{l,1}^{(o)},\cdots,x_{l,n}^{(o)})^T$ 是子代 N_l 的 l^{th} 向量，$z^{(g\cdot\lambda+l)}$ 是有 n 个组成的正态分布向量。

步骤 3：选择。

对所有 $l=1(1)\lambda$ 分类 $x_l^{(g+1)}$，由此得到对所有 $l_1=1(1)\lambda$ 和 $l_2=1(1)\lambda$ 的评价函数 $\psi(x_{l_1}^{(g+1)})\leqslant\psi(x_{l_2}^{(g+1)})$、对所有 k，$l_1=1(1)\lambda$ 赋予 $x_k^{(g+2)}=x_{l_1}^{(g+1)}$。增加生成计数器 $g\rightarrow g+1$。除非满足某些终止标准，否则转到步骤 2。

在上述算法中使用了以下变量：μ 是父母的数量，λ 是后代的数量，m 是边界条件的数量。

四、遗传算法

非受控排序遗传算法 NSGA（Non-dominated Sorting Genetic Algorithms，NSGA）是一种基于帕累托（Pareto）最优概念的遗传算法，该算法是在基本遗传算法的基础上，对选择再生方法进行改进：将每个个体按照它们的支配与非支配关系进行分层，再做选择操作，从而使得该算法在多目标优化方面得到非常满意的结果。

非受控排序利用 Pareto 最优解的概念将种群中的个体进行分级，非受控状态越高的个体层级越靠前，从而能够挑选出个体中较为优异的，使其有较大机会进入下一迭代。拥挤度只适用于同一支配层级的个体之间的比较，通过对每个个体的每个目标函数进行计算拥挤度，进而得出每个个体的拥挤度，通过拥挤度比较个体的优异程度。精英策略是把当前种群和通过选择、交叉和变异产生的子种群合并，共同竞争产生下一种群，保证具有较好特性的个体能够保留在种群中，提高了种群的多样性和计算效率。

非受控排序遗传算法 NSGA 的具体步骤如下：

（1）初始化种群：在特征空间内随机生成一组解作为初始种群，并计算其相应的目标函数值。

（2）非支配排序：使用非支配排序算法将目标函数的结果进行排序，并且建立非支配级别，以确定每个个体的支配状态。

（3）分配种群：每个个体分配到一个非支配级别，该级别内的个体具有相似的目标函数结果。

（4）形成父代种群：通过选择和交叉算法形成一个新的父代种群，以便生成下一代的个体。

（5）变异：通过变异算法改变父代种群中的个体。

（6）更新种群：将父代种群与当前种群合并，并继续执行非支配排序。

（7）判断停止条件：如果未达到则回到步骤（2），否则退出算法。

（8）结果评价：根据算法终止后得到的种群，评价其最终结果，并对其进行分析。

NSGA-II 是基于 NSGA 进行改进的一种用于解决多目标优化问题的遗传算法。该算法的主要目的是通过合并不同目标间的关系，使得最终的解能够在多个目标的权衡下得到最优解。NSGA-II 的核心在于多目标评估和拟阵的构造，这两个部分对于算法的最终结果至关重要。如果评估结果和拟阵的构造不准确，算法的结果将无法达到预期效果。

NSGA-II 的具体实现步骤如下：

（1）初始化种群：随机生成一组解作为初始种群，并计算其相应的目标函数值。

（2）多目标评估：对每个解进行多目标评估，评估结果将作为后续种群演化的依据。

（3）构造拟阵：根据评估结果对每个解进行排序，并构造出拟阵。

（4）拟阵剖分：根据拟阵的排序结果，对种群进行剖分，使得种群中的每一部分都具有不同的目标优先级。

（5）计算拟阵的质心：计算拟阵的质心，以便对种群进行继续演化。

（6）种群演化：对种群进行种群演化，通过遗传算法中的交叉、变异、选择等操作来得到新一代的种群。

（7）判断停止条件：如果未达到则回到步骤（2），否则退出算法。

（8）结果评价：根据算法终止后得到的种群，评价其最终结果，并对其进行分析。

在软件中，用户可选择该算法，并进行算法计算的参数设置，主要包含针对最大函数评估次数、种群规模、交叉类型、突变类型、收敛公差等，用户可通过设置这些参数来更好地定义优化计算流程，用户若不设置相应参数，系统可基于默认设置进行优化搜索。

（一）多目标遗传算法

多目标遗传算法的基本步骤如下：

（1）初始化种群。

（2）评估种群（计算每个种群成员的目标函数和约束的值）。

（3）循环以下步骤直到收敛，或达到终止条件。

a. 进行交叉；

b. 进行突变；

c. 评估新的种群；

d. 评估种群中每个成员的适应度；

e. 选择的下一代成员替换种群；

f. 对种群施加生态位压力；

g. 收敛检验。

（4）进行优化结果后处理。

如果将多目标遗传算法用于灵巧优化算法（需要将每个单独优化方法的一个最优解作为其起点传递给后续优化方法），则帕累托集（Pareto set）中最接近“utopia（乌托邦）”点的解为最优解。

Pareto 集中的最优解与乌托邦点的距离最短。乌托邦点被定义为每个目标函数的极值（最佳值）点。例如，如果 Pareto 领域以（1，100）和（90，2）为界，则（1，2）是乌托邦点。Pareto 集中会有一个点到该点具有最小 $L2$ 范数的距离，例如（10，10）可能就是这样一个点。如果将多目标遗传算法用于代理模型或灵巧混合优化算法中，则可以使用正交距离后处理器来指定每个解决方案值之间的距离，以筛选出解决方案，并传递给 Pareto 前沿的子集，进行下一次迭代。

五、代理模型算法

代理模型近似于原始的高保真真值模型，通常包含较低的计算成本，并基于数据拟合、多保真模型和降阶模型。在最小化（优化或校准）的原理下，代理模型可以通过降低函数评估成本或平滑响应函数来加速收敛。该方案主要针对以下两类基于代理的最小化方法进行研究：

（1）基于代理模型的局部最小化方法：在整个设计空间中构建（并且可选择迭代更新）单个代理模型；

（2）高效的全局最小化方法：基于非梯度的约束和无约束优化以及基于高斯过程模型的非线性最小二乘，由预期的改进函数引导。

（一）高效的全局最小化

在基于代理模型的全局最小化中，优化方法在整个域上运行在一个全局代理上，该全局代理是在一组（静态或自适应增强的）真值模型样本点上构建的。尽管该方法可以合理地期望优化器在近似（代理）问题上收敛，但原始优化问题没有信赖域，也没有收敛保证。

在全局代理优化中，用户可以使用现有的函数评估或固定的样本大小（可能基于计算成本和资源分配）来构建一个代理并对其进行优化。对于代理模型上的这种单一全局优化，代理构建点的集合是预先确定的，之后将此与信赖域局部方法进行对比，在该方法中，真实函数评估的数量取决于信赖域的位置和大小、其中的代理项的优化度以及整体问题特征。通过使用优化器指定全局代理模型，进行全局代理优化。

同时，该方法支持在优化期间进行全局代理更新，可以迭代地向用于创建代理的样本集添加点，重建代理，然后对新的代理执行全局优化。因此，可以在迭代方案中使用基于代理的全局优化。在一次迭代中，找到代理模型的最小化器，并将其中的一个选定子集传递给下一次迭代。在下一次迭代中，这些代理点使用真值模型进行评估，然后添加到构建下一个代理的点集。这在每次后续迭代中为最小化器提供了一个更准确的替代物，可能会快速达到最优。但由于全局代理是在每次迭代中使用相同的边界构造的，因此这种方法不能保证收敛。

针对一般约束非线性规划问题：

$$\begin{aligned} \text{minimize} \quad & f(x) \\ \text{subject to} \quad & \mathbf{g}_l \leqslant \mathbf{g}(\mathbf{x}) \leqslant \mathbf{g}_u \\ & \mathbf{h}(\mathbf{x}) = \mathbf{h}_t \\ & x_l \leqslant x \leqslant x_u \end{aligned} \tag{5-61}$$

式中：$x \in \Re^n$—— 设计变量的矢量；

f、g、h—— 目标函数、非线性不等式约束、非线性等式约束。

单个非线性不等式和等式约束分别使用 i 和 j（例如，$\mathbf{g}_i$ 和 $\mathbf{h}_j$）枚举。相应地，基于代理模型的优化算法可以用多种方法表述，并可应用于优化或最小二乘校准问题。在所有情况下，基于代理模型的优化求解一个信赖域约束为 k 的近似优化子问题序列，然而，在近似子问题中可以探索许多不同形式的替代目标和约束。特别当子问题目标是原始目标或价值函数的代理（最常见的是拉格朗日或增广拉格朗日）时，子问题约束可以是原始约束的代理，代理约束的线性逼近，或可以完全省略。每一种组合如下表 5-1 所示，其中橙色表示不合适的组合，黄色表示可接受的组合，绿色表示常见的组合。

表 5-1　基于代理模型优化的近似子问题公式

	原始目标	拉格朗日	增广拉格朗日
无约束			信赖域增强拉格朗日
线性约束		类似序列二次规划法	
原始约束	直接代理		内点信赖域序列近似优化

非线性约束基于代理模型优化的初始方法优化了一个包含非线性约束的近似价值函数：

$$\begin{aligned} \text{minimize} \quad & \hat{\Phi}^k(\boldsymbol{x}) \\ \text{subjectto} \quad & \|\boldsymbol{x} - \boldsymbol{x}_c^k\|_\infty \leqslant \Delta^k \end{aligned} \tag{5-62}$$

其中，代理评价函数记为 $\hat{\Phi}(x)$，x_c 是信赖域的中心点，信赖域根据需要在全局变量边界处截断。要近似的评价函数通常被选为增强拉格朗日评价函数的标准实现，其中代理增强拉格朗日由目标和约束的各个代理模型构成。在上表中，这对应于第 1 行第 3 列，并且被称为信赖域增强拉格朗日方法。虽然这种方法可以证明是收敛的，但观察到约束最小值的收敛速度会因拉格朗日乘数和惩罚参数的所需更新而减慢。在收敛这些参数之前，基于代理模型的优化迭代并没有严格遵守约束边界并且通常是不可行的，内点信赖域序列近似优化试图直接解决这个缺点并添加了明确的代理约束（表 5-1 中的第 3 行第 3 列）：

$$\begin{aligned} \text{minimize} \quad & \hat{\Phi}^k(\boldsymbol{x}) \\ \text{subject to} \quad & \mathbf{g}_l \leqslant \hat{\mathbf{g}}^k(\boldsymbol{x}) \leqslant \mathbf{g}_u \\ & \hat{\mathbf{h}}^k(\boldsymbol{x}) = \mathbf{h}_t \\ & \|\boldsymbol{x} - \boldsymbol{x}_c^k\|_\infty \leqslant \Delta^k \end{aligned} \tag{5-63}$$

虽然这种方法确实解决了不可行的迭代，但它仍然具有这样的特征，即代理评价函数可能在拉格朗日乘数和惩罚参数收敛之前反映目标和约束的不准确相对权重。也就是说，人们可能从更可行的中间迭代中受益，但该过程可能仍然很慢才能收敛到最优。这种方法的概念类似于使用线性化约束的类似序列二次规划的基于代理模型的优化方法。

$$\begin{aligned} \text{minimize} \quad & \hat{\Phi}^k(\boldsymbol{x}) \\ \text{subject to} \quad & \mathbf{g}_l \leqslant \hat{\mathbf{g}}^k(\boldsymbol{x}_c^k) + \nabla\hat{\mathbf{g}}^k(\boldsymbol{x}_c^k)^T(\boldsymbol{x} - \boldsymbol{x}_c^k) \leqslant \mathbf{g}_u \\ & \hat{\mathbf{h}}^k(\boldsymbol{x}_c^k) + \nabla\hat{\mathbf{h}}^k(\boldsymbol{x}_c^k)^T(\boldsymbol{x} - \boldsymbol{x}_c^k) = \mathbf{h}_t \\ & \|x - x_c^k\|_\infty \leqslant \Delta^k \end{aligned} \tag{5-64}$$

因为主要关注的是最小化目标和约束的复合价值函数，但在拉格朗日乘数估计收敛之前可能不会严重违反原始问题约束的限制下，拉格朗日函数的评价函数选择（表 5-1 中的第 2 行第 2 列）与序列二次规划最密切相关，其中包括使用一阶拉格朗日乘数更新应该比用于增广拉格朗日的零阶更新更快地收敛于受约束的最小值附近。

这些基于代理模型的优化约束方法都涉及将近似子问题目标和约束重铸为原始目标和约束代理的函数。更直接的方法是使用以下公式：

$$\begin{aligned} \text{minimize} \quad & \hat{f}^k(\boldsymbol{x}) \\ \text{subject to} \quad & \mathbf{g}_l \leqslant \hat{\mathbf{g}}^k(\boldsymbol{x}) \leqslant \mathbf{g}_u \\ & \hat{\mathbf{h}}^k(\boldsymbol{x}) = \mathbf{h}_t \\ & \|\boldsymbol{x} - \boldsymbol{x}_c^k\|_\infty \leqslant \Delta^k \end{aligned} \tag{5-65}$$

这种方法被称为直接代理方法，因为它优化了原始目标和约束（表 5-1 中第 3 行第 1 列）的代理，而没有进行任何重铸。它的吸引力在于其简单性和改进性能的潜力。

在基于代理模型的优化方法中的每 k 次迭代之后，通过计算 $f(x_*^k)$、$g(x_*^k)$ 和 $h(x_*^k)$ 来验证预测的步骤。一种形成信赖域比率 ρ^k 的方法可以衡量实际改进与通过代理模型优化预测改进的比率。当优化近似评价函数时，可以自然计算得到以下比率：

$$\rho^k = \frac{\Phi(x_c^k) - \Phi(x_*^k)}{\hat{\Phi}(x_c^k) - \hat{\Phi}(x_*^k)} \tag{5-66}$$

1. 迭代接受逻辑

当代理优化完成并且近似解已经被验证时，必须做出接受或拒绝该步骤的决定。传统方法是根据信赖域比率的值做出此决定，另一种方法是使用过滤器方法，它不需要惩罚参数或拉格朗日乘数估计。过滤器方法的基本思想是将帕累托最优的概念应用于目标函数和违反约束的情况，并且仅在不受任何先前迭代支配的情况下才接受迭代。从数学上讲，如果至少满足以下条件之一，则新的迭代不会被支配：

$$\text{either} f < f^{(i)} \text{ or } c < c^{(i)} \tag{5-67}$$

式 5-67 对过滤器中的所有的 i 都成立，其中 c 是约束违例的选定范数，这个基本描述还可以增加一些轻微的要求，以防止点累积并确保收敛，这就是所谓的倾斜过滤器，过滤器方法放宽了在约束违反减少中对单调性的常见执行，并且通过在可接受的步骤生成中允许更大的灵活性，通常允许算法更有效。过滤器方法的使用与方程式中的任何基于代理模型的优化公式兼容。

2. 价值函数

该算法中使用的价值函数 $\Phi(x)$ 可以选择为惩罚函数、自适应惩罚函数、拉格朗日函数或增广拉格朗日函数。在每种情况下，具有两侧边界和目标的更灵活的不等式和等式约束公式已转换为 $g(x) \leqslant 0$ 和 $h(x)=0$ 的标准形式。不等式约束的活动集表示为 g^+。

针对极小像差光学系统，本算法的惩罚函数使用二次惩罚，其中惩罚计划与基于代理模型的优化迭代次数相关联：

$$\Phi(\boldsymbol{x}, r_p) = f(\boldsymbol{x}) + r_p \boldsymbol{g}^+(\boldsymbol{x})^T \boldsymbol{g}^+(\boldsymbol{x}) + r_p \boldsymbol{h}(\boldsymbol{x})^T \boldsymbol{h}(\boldsymbol{x}) \tag{5-68}$$

$$r_p = e^{\frac{k+\text{offset}}{10}} \tag{5-69}$$

自适应惩罚函数的形式与上式相同，但使用迭代偏移值的单调增长来适应 r_p，以接受任何减少约束违反的迭代。

拉格朗日价值函数是：

$$\Phi(\boldsymbol{x}, \lambda_g, \lambda_h) = f(\boldsymbol{x}) + \lambda_g^T \boldsymbol{g}^+(\boldsymbol{x}) + \lambda_h^T \boldsymbol{h}(x) \tag{5-70}$$

拉格朗日乘数估计在下一节中讨论。主动约束的拉格朗日乘数的最小二乘估计在远离最优值时可能为 0，这等同于在价值函数中忽略主动约束的贡献。这对于跟踪基于代理模型的优化进度是不可取的，因此拉格朗日评价函数的使用通常仅限于近似子问题和硬收敛评估。

本算法中的增广拉格朗日量遵循下式中所描述的符号约定：

$$\Phi(\boldsymbol{x}, \lambda_\psi, \lambda_h, r_p) = f(\boldsymbol{x}) + \lambda_\psi^T \varphi(\boldsymbol{x}) + r_p \varphi(\boldsymbol{x})^T \varphi(x) + \lambda_h^T \boldsymbol{h}(\boldsymbol{x}) + r_p \boldsymbol{h}(\boldsymbol{x})^T \boldsymbol{h}(\boldsymbol{x})$$

$$\varphi_i = \max\left\{ g_i, \ -\frac{\lambda_{\psi i}}{2 r_p} \right\} \tag{5-71}$$

其中 $\varphi(x)$ 由不等式约束消去松弛变量得到，在这种情况下，可以使用简单的零阶拉格朗日乘数来更新：

$$\lambda_{\varphi}^{k+1}=\lambda_{\varphi}^{k}+2r_p\varphi(\boldsymbol{x})$$
$$\lambda_{h}^{k+1}=\lambda_{h}^{k}+2r_p\boldsymbol{h}(\boldsymbol{x}) \tag{5-72}$$

3. 收敛性评估

要终止基于代理模型的优化进程，需要监控硬收敛和软收敛指标。对于基于代理模型的优化来说，最好满足硬收敛指标，但这并不总是实用的（例如，当梯度不可用或不可靠时）。因此，还采用了简单的软收敛准则来监测收益递减。为了评估硬收敛性，需要计算一个价值函数的投影梯度范数，只要满足可行性容差就可以，满足该目的价值函数是拉格朗日价值函数，同时需要对拉格朗日乘子进行最小二乘估计，以最大限度地减少投影梯度：

$$\nabla_x\Phi(\boldsymbol{x},\lambda_g,\lambda_h)=\nabla_x f(\boldsymbol{x})+\lambda_g^T\nabla_x\boldsymbol{g}^+(\boldsymbol{x})+\lambda_h^T\nabla_x\boldsymbol{h}(\boldsymbol{x}) \tag{5-73}$$

其中梯度部分指向有效全局变量边界已被删除。这可以形成乘子的线性最小二乘问题：

$$\mathbf{A}\lambda=-\nabla_x f \tag{5-74}$$

式中：$\mathbf{A}$——主动约束梯度矩阵；

λ_g——非负约束；λ_h 不受符号限制。

4. 约束松弛

约束松弛的目标是通过平衡可行性和最优性来提高效率，当信赖域限制阻止对受限近似子问题的可行解定位时，从不可行点开始的基于代理模型的优化算法通常会生成迭代，这些迭代旨在满足可行性条件而不考虑目标缩减。实现这种平衡的一种方法是在迭代相对于代理约束不可行时使用宽松约束，通过使用全局同伦映射松弛约束和代理约束，松弛约束定义为：

$$\tilde{\boldsymbol{g}}^k(\boldsymbol{x},\tau)=\hat{\boldsymbol{g}}^k(\boldsymbol{x})+(1-\tau)\mathbf{b}_g$$
$$\tilde{\boldsymbol{h}}^k(\boldsymbol{x},\tau)=\hat{\boldsymbol{h}}^k(\boldsymbol{x})+(1-\tau)\mathbf{b}_h \tag{5-75}$$

原始代理约束 $\hat{\mathbf{g}}^k(\mathbf{x})$ 和 $\hat{\mathbf{h}}^k(\mathbf{x})$ 被它们线性化的形式所取代：($\hat{\mathbf{g}}^k(\mathbf{x}_c^k)+\nabla\hat{\mathbf{g}}^k(\mathbf{x}_c^k)^T(\mathbf{x}-\mathbf{x}_c^k)$) 和 $\hat{\mathbf{h}}^k(\mathbf{x}_c^k)+\nabla\hat{\mathbf{h}}^k(\mathbf{x}_c^k)^T(\mathbf{x}-\mathbf{x}_c^k)$，然后利用松弛约束建立近似子问题：

$$\begin{aligned}\text{minimize}\quad & \hat{f}^k(\mathbf{x})\ \text{or}\ \hat{\Phi}^k(\mathbf{x})\\ \text{subject to}\quad & \mathbf{g}_l\leqslant\tilde{\mathbf{g}}^k(\mathbf{x},\tau^k)\leqslant\mathbf{g}_u\\ & \tilde{\mathbf{h}}^k(\mathbf{x},\tau^k)=\mathbf{h}_t\\ & \|\mathbf{x}-\mathbf{x}_c^k\|_\infty\leqslant\Delta^k\end{aligned} \tag{5-76}$$

由于松弛项是第 k 次迭代的常数，因此将 $\hat{\mathbf{g}}^k(\mathbf{x})$ 和 $\hat{h}^k(x)$（或它们的线性化形式）约束到松弛边界和目标（$\tilde{\mathbf{g}}_l^k$，$\tilde{\mathbf{g}}_u^k$，$\tilde{\mathbf{h}}_t^k$）。参数 τ 是控制松弛程度的同伦参数：当 $\tau=0$ 时，约束完全松弛；当 $\tau=1$ 时，替代约束恢复。向量 b_g，b_h 的选择使得起点 x^0 对于完全放松

的约束是可行的：

$$\mathbf{g}_l \leqslant \tilde{\mathbf{g}}^0(\mathbf{x}^0,\ 0) \leqslant \mathbf{g}_u$$
$$\tilde{\mathbf{h}}^0(\mathbf{x}^0,\ 0) = \mathbf{h}_t \tag{5-77}$$

在基于代理模型的优化算法开始时，如果 x^0 对于未放松的代理约束不可行，则$\tau^0 = 0$；否则$\tau^0 = 1$(不使用约束松弛)。在第 k 次基于代理模型的优化迭代的开始，其中$\tau^{k-1} < 1$，τ^k 通过求解子问题来确定：

$$\begin{aligned} \text{maximize} \quad & \tau^k \\ \text{subject to} \quad & \mathbf{g}_l \leqslant \tilde{\mathbf{g}}^k(\mathbf{x},\ \tau^k) \leqslant \\ & \tilde{\mathbf{h}}^k(\mathbf{x},\ \tau^k) = \mathbf{h}_t \\ & \|\mathbf{x} - \mathbf{x}_c^k\|_\infty \leqslant \Delta^k \\ & \tau^k \geqslant 0 \end{aligned} \tag{5-78}$$

开始于 $(x_*^{k-1},\ \tau^{k-1})$，然后调整如下：

$$\tau^k = \min\{1,\ \tau^{k-1} + \alpha(\tau_{\max}^k - \tau^{k-1})\} \tag{5-79}$$

选择调整参数 $0<\alpha<1$，使信赖域内相对于松弛约束的可行域具有正体积。

在通过这个过程确定 τ^k 之后，上式中x_*^k 的问题被解决。如果接受该步骤，则使用当前迭代$\mathbf{x}_*^k$ 和验证的约束 $\hat{\mathbf{g}}^k(\mathbf{x})$ 和 $\hat{\mathbf{h}}^k(\mathbf{x})$ 更新τ^k 的值。

$$\tau^k = \min\{1,\ \min_i \tau_i,\ \min_j \tau_j\}$$
$$\text{where}\tau_i = 1 + \frac{\min\{g_i(x_*^k) - g_{li},\ g_{ui} - g_i(x_*^k)\}}{b_{gi}} \tag{5-80}$$
$$\tau_j = 1 - \frac{|h_j(x_*^k) - h_{tj}|}{b_{hj}}$$

（二）基于代理模型的局部最小化

在基于代理模型的局部最小化方法中，最小化算法对代理模型进行操作，而不是直接对计算量大的仿真模型进行操作。代理模型可以基于数据拟合、多保真模型或降阶模型，同时由于代理通常具有有限的准确度范围，基于代理的局部算法需定期检查代理模型与原始模拟模型的准确性，并使用信赖域方法自适应地管理近似优化周期的范围。

1. 数据拟合

当使用本地、多点和全局数据拟合代理进行基于代理的优化时，需要为每个新的信赖域重新生成或更新数据拟合。在全局数据拟合的情况下，这可能意味着对每个信赖域的原始高保真模型执行新的实验设计，这可以有效地限制使用最多具有数十个变量的问题的方法。然而，全局采样的一个重要好处是全局数据拟合可以将原始模型中表现不佳、不平滑、不连续的响应变化驯服为平滑、可微分、易于导航的代理，这允许具有全局数据拟合的基于代理的优化从嘈杂的仿真数据中提取相关的全局设计趋势。

2. 基于代理与多保真模型的优化

在使用模型层次结构进行基于代理的优化时，低保真模型通常是固定的，只需要一次高保真评估来计算每个新信赖域的新校正。这使得多保真基于代理的优化技术对更多的设计变量更具可扩展性，因为每次迭代的高保真评估次数（假设导数没有有限差分）与设计问题的规模无关。然而，平滑高保真模型中表现不佳的响应变化的能力会丧失，并且该技术变得依赖于表现良好的低保真模型。此外，低保真模型和高保真模型的参数化可能不同，需要使用这些参数化之间的映射。为此目的，正在探索空间映射、校正空间映射、特征正交分解映射和混合特征正交分解空间映射。在对低保真模型应用校正时，无须考虑平衡全局精度与局部一致性要求。但是，由于每个信赖域的中心只有一个高保真模型评估，因此必须对低保真模型使用可能的最佳校正，以便快速收敛到高保真模型的最优值。

3. 基于代理与降阶模型的优化

当使用降阶模型进行代理模型的优化时，降阶模型来自高保真数学模型，同时降阶模型能够捕捉模型内参数变化的影响。参数化降阶模型的两种方法是扩展降阶模型和跨越降阶模型技术。与之相关的技术包括张量奇异值分解方法。在单点和多点降阶模型情况下，基于代理的优化迭代还需要更新矩阵和基向量。

（三）基于深度学习和人工神经网络的优化算法

该方法在基于代理模型优化方法的基础上，通过对随机分层感知器神经网络的应用，进行数据的训练拟合，可以得到一个比典型的反向传播神经网络较低成本的训练（拟合）成本。

该人工神经网络的表面拟合方法基于直接训练方法的随机分层感知器的人工神经网络。随机分层感知器的人工神经网络方法具有比传统的人工神经网络更低的训练成本。由于在优化过程中会多次构建新的人工神经网络（每个响应函数一个人工神经网络，每次优化迭代都有一个新人工神经网络），该方法可以大大减少优化计算的成本。随机分层感知器的人工神经网络模型的公式为：

$$\hat{f}(\mathbf{x}) \approx \tanh(\tanh((\mathbf{x}\boldsymbol{A}_0 + \theta_0)\boldsymbol{A}_1 + \theta_1)) \tag{5-81}$$

式中：$\mathbf{x}$——n 维参数空间中的当前点；

$\boldsymbol{A}_0$，θ_0，$\boldsymbol{A}_1$ 和 θ_1——人工神经网络模型中与神经元权重和偏移值相对应的矩阵和向量。

这些矩阵和向量是在人工神经网络模型训练过程中进行计算的，类似于二次曲面拟合中的多项式系数。奇异值分解方法用于求解权重和偏移量的数值方法。

随机分层感知器的人工神经网络是一种非参数曲面拟合方法，因此，它可用于对具有斜率不连续性以及多个最大值和最小值的数据趋势进行建模。但是，不能保证人工神经网络表面与构建它的数据点的响应值完全匹配，因此人工神经网络可与基于代理的优化算法一起使用。

六、灵巧优化算法

针对极小像差光学系统的特点，可通过顺序混合优化的全局/局部灵巧优化算法将全局和局部优化算法结合起来，更加快速和高效地搜索最优点。通过顺序混合优化算法，可以针对不同优化算法的特点，在优化过程的不同阶段利用不同优化算法的优势来寻找最优设计点。该算法中，用户可指定一系列优化算法，其中一个算法的结果为序列中的下一个算法提供起点，例如可利用全局优化算法（例如高效全局优化算法、遗传算法等）来识别参数空间中最有希望找到最优解的区域，之后将其结果作为起点输入至基于梯度的局部优化算法中，通过高效的局部搜索来找到最优解。

在顺序混合的全局/局部灵巧优化算法中，对全局最优的需求与对有效导航到局部最优的需求相平衡，同时针对应用的不同优化算法，可以采用不同保真度的模型，例如在全局搜索阶段通过使用低保真模型，提升搜索速度，然后在局部搜索阶段使用更精细的模型，来提升最优解精度。

（一）多保真度模型优化

该方法基于蒙特卡罗模拟的控制变量技术，在给定不确定模型参数的分布作为输入的情况下，估计高保真模型输出的统计量（例如均值和方差等）。

（二）蒙特卡罗控制变量算法

蒙特卡罗是一种流行的随机模拟算法，它具备简单性、灵活性以及与输入不确定性数量无关的可证明收敛行为。代表研究总量 Q：$\Xi \rightarrow \mathfrak{R}$ 的随机变量可以作为随机向量 $\xi \in \Xi \subset \mathfrak{R}^d$ 的函数引入蒙特卡罗。任何蒙特卡罗模拟的目标都是计算 Q 的统计数据，例如期望值$\mathbb{E}[Q]$。$\mathbb{E}[Q]$ 的蒙特卡罗估计量$\hat{Q}_N^{MC}$ 定义如下：

$$\hat{Q}_N^{MC} = \frac{1}{N}\sum_{i=1}^{N} Q^{(i)} \tag{5-82}$$

其中 $Q^{(i)} = Q(\xi^{(i)})$ 和 N 代表模型的实现次数。

若 N 的值较大，则很容易证明蒙特卡罗估计器是无偏的，即它的偏差为零，它对真实统计量的收敛是 $O(N^{-1/2})$。此外，由于每个实现序列是不同的，所有估计器的另一个关键属性是它自己的方差：

$$\mathrm{Var}(\hat{Q}_N^{MC}) = \frac{1}{N^2}\sum_{i=1}^{N} \mathrm{Var}(Q) = \frac{\mathrm{Var}(Q)}{N} \tag{5-83}$$

此外，在 $N \rightarrow \infty$ 的极限下，误差有很大可能会出现：$(\mathbb{E}[Q] \mid -\hat{Q}_N^{MC}) \sim \sqrt{\frac{\mathrm{Var}(Q)}{N}} N(0, 1)$，其中 $N(0, 1)$ 表示随机变量的标准正态分布。因此，可以为蒙特卡罗估计器定义一个置信区间，其振幅与估计器的标准差成正比。事实上，估计器的方差对数值结果的质量起着至关重要的作用：减小方差（在计算成本固定的情况下）是提高蒙特卡罗预测质量的一个非常有效的方法。

对式（5-83）的仔细检查表明，仅增加模拟次数 N 可能降低总体方差，因为 Var（Q）是所分析模型的固有属性。然而，目前已经有更复杂的技术来加速蒙特卡罗模拟的收敛。例如，这些技术的不完整列表可能包括分层抽样、重要性抽样、拉丁超立方、确定性 Sobol 序列和控制变量。蒙特卡罗的控制变量方法基于将随机变量中的 Q 替换为具有相同期望值但方差较小的方法，目标是减少计算步骤，因此估计方差的值不需要大量的模拟。在实际设置中，控制变量使用辅助函数 $G=G(\xi)$，其预期值$\mathbb{E}[G]$是已知的。实际上，替代估计量可以定义为：

$$\hat{Q}_N^{MCCV}=\hat{Q}_N^{MC}-\beta(\hat{G}_N^{MC}-\mathbb{E}[G]) \tag{5-84}$$

蒙特卡罗控制变量估计器 $\hat{Q}_N^{MCCV}$ 方差现在不仅依赖于无偏(不考虑参数 $\beta\in\mathfrak{R}$ 的值)，而且依赖于 Var(Q)、Var(G) 和 Q 与 G 之间的协方差：

$$\mathrm{Var}(\hat{Q}_N^{MCCV})=\frac{1}{N}(\mathrm{Var}(\hat{Q}_N^{MC})+\beta^2\,\mathrm{Var}(\hat{G}_N^{MC})-2\beta\mathrm{Cov}(Q,G)) \tag{5-85}$$

其中参数 β 可用于最小化总体方差：

$$\beta=\frac{\mathrm{Cov}(Q,G)}{\mathrm{Var}(G)} \tag{5-86}$$

估计方差为：

$$\mathrm{Var}(\hat{Q}_N^{MCCV})=\mathrm{Var}(\hat{Q}_N^{MC})(1-\rho^2) \tag{5-87}$$

因此，估计器 $\hat{Q}_N^{MCCV}$ 的总体方差通过因子 $1-\rho^2$ 与标准蒙特卡罗估计器$\hat{Q}_N^{MC}$ 的方差成比例，其中 $\rho=\dfrac{\mathrm{Cov}(Q,G)}{\sqrt{\mathrm{Var}(Q)Var(G)}}$ 是 Q 和 G 之间的 Pearson 相关系数。$0<\rho^2<1$，方差 Var($\hat{Q}_N^{MCCV}$) 始终小于对应的 Var($\hat{Q}_N^{MC}$)。蒙特卡罗控制变量是一种非常通用的加速蒙特卡罗仿真的方法，主要步骤是定义一个方便、计算成本低且与目标函数关联较好的控制变量函数。建立良好相关的控制变量的一种可行方法是依靠低保真模型（兴趣模型的粗略近似），使用估计的控制方法估计控制变量。

（三）多保真度优化模型

根据多保真度模型在光学系统中的应用，该模型主要包含一个高保真模型 $M_{\mathrm{high}}(\mathbf{x},\mathbf{u})$ 和一个低保真模型$M_{\mathrm{low}}(\mathbf{x},\mathbf{u})$，包含两个输入向量：设计变量 $\mathbf{x}$ 和模型参数 $\mathbf{u}$。通过对模型参数中存在某种概率分布表示的不确定性的情况进行考虑，可得到 $\mathbf{u}$ 是随机向量 $\mathbf{U}(\omega)$，$\omega\in\Omega$ 的实现，其中 Ω 为样本空间，高保真模型的输出为一个随机变量，定义为：$A(x,\omega)=M_{\mathrm{high}}(x,\mathbf{U}(\omega))$。在此设置中，高保真模型输出的统计信息，记为 $s_A(x)$，包含如均值、方差等参数，可以用来描述系统性能。对高保真模型所描述系统中的不确定性设计问题中，通常考虑以下一般优化问题：

$$
\begin{aligned}
\mathbf{x}^* = \underset{x}{\operatorname{argmin}} \quad & f[\mathbf{x},\ s_A(\mathbf{x})] \\
\text{s. t.} \quad & g[\mathbf{x},\ s_A(\mathbf{x})]0 \\
& h[\mathbf{x},\ s_A(\mathbf{x})] = 0
\end{aligned}
\tag{5-88}
$$

式中，目标函数和约束函数 f，g 和 h 可能取决于统计量 $s_A(\mathbf{x})$。例如，在光学系统设计中，目标函数可能是高保真模型输出的均值和标准差的线性组合。由于 $s_A(\mathbf{x})$ 的值通常无法计算，因此使用其估计量 $\hat{s}_A(x)$ 对其进行近似，所以目标函数和约束函数本身也是估计值：$\hat{f}(\mathbf{x}) = f[\mathbf{x},\ \hat{s}_A(\mathbf{x})]$，$\hat{g}(\mathbf{x}) = g[\mathbf{x},\ \hat{s}_A(\mathbf{x})]$，$\hat{h}[\mathbf{x}) = h(\mathbf{x},\ \hat{s}_A(\mathbf{x})]$。

为求解上式，在设计空间的每一步都朝着最优方向迈 x_k，$k=0$，1，2，… 来计算估计函数 $\hat{s}_A(x)$。该方法基于蒙特卡罗模拟是因为它是非侵入式的、可并行的、广泛适用的（不依赖于潜在问题的平滑性），并且与不确定模型参数的维数无关。因此，在该算法中需建立一个嵌套的设置，其中设计变量在外循环中通过优化算法进行调整，不确定的模型参数在内循环中通过蒙特卡洛模拟进行采样。

对于设计变量 $\mathbf{x}_k$ 的特定向量，通过估计 $s_A = \mathbb{E}[A(\omega)]$，通过评估来自 $\mathbf{U}(\omega)$ 分布的不确定模型参数 $\mathbf{u}_i$，$i=1$，2，…，n 的 n 个独立同分布样本的高保真模型，从分布 $A(\omega)$ 中生成 n 个独立同分布的样本 $a_i = M_{\text{high}}(\mathbf{x}_k,\ \mathbf{u}_i)$，$i=1$，2，…，$n$。$s_A$ 的正则蒙特卡罗估计 $\bar{a}_n$ 为：

$$
\bar{a}_n = \frac{1}{n}\sum_{i=1}^{n} a_i \tag{5-89}
$$

其均方误差由方差估计函数给出：

$$
\text{MSE}[\bar{a}_n] = \mid \ \text{Var}[\bar{a}_n] = \frac{1}{n^2}\text{Var}\left[\sum_{i=1}^{n} a_i\right] = \frac{\sigma_A^2}{n} \tag{5-90}
$$

其中，$\sigma_A^2 = \text{Var}[A(\omega)]$ 是 $A(\omega)$ 的方差。一旦得到了一个可以接受的低方差的估计器，就可以评估 $\hat{f}$、$\hat{g}$ 和 $\hat{h}$，并将评估的目标函数和约束函数返回到优化步骤中，以确定下一个设计变量向量 x_{k+1}。

这种方法的计算成本可能很高，因为在不确定模型参数的每个样本和优化步骤指定的设计变量的每个向量上都会评估该高保真模型。该算法通过利用近似信息来降低估计函数的计算成本。控制变量方法主要通过利用随机变量 $A(\omega)$ 和一个辅助随机变量之间的相关性来减小估计函数方差。在该算法中，通过对控制变量方法进行修改，利用低成本、低保真模型的输出，并利用高保真模型在设计空间中的自相关性，分别得到了多重保真估计函数和信息重用估计函数。

（四）多保真度估计函数

在本算法中，通过计算统计量 s_A 的估计器 $\hat{s}_A$，其中随机变量 $A(\omega)$ 是在设计变量

x_k 的某些固定值下的高保真模型输出 $M_{\text{high}}[\mathbf{x}_k, \mathbf{U}(\omega)]$。基于控制变量方法引入多保真估计量，利用低保真模型输出$M_{\text{low}}[\mathbf{x}_k, \mathbf{U}(\omega)]$ 作为辅助随机变量 $B(\omega)$。

高保真模型的均值估计为：$s_A = \mathbb{E}[A(\omega)]$，光学系统中的随机变量为 $A(\omega) = M_{\text{high}}[\mathbf{x}_k, \mathbf{U}(\omega)]$，辅助随机变量为 $B(\omega) = M_{\text{low}}[\mathbf{x}_k, \mathbf{U}(\omega)]$。给定由不确定模型参数 $\mathbf{U}(\omega)$ 的分布得来的独立同分布样本 $\mathbf{u}_i$，$i=1, 2, 3, \cdots$，可以评估高保真模型和低保真模型来生成随机变量的样本 $a_i = M_{\text{high}}[\mathbf{x}_k, \mathbf{U}(\omega)]$，$b_i = M_{\text{low}}[\mathbf{x}_k, \mathbf{U}(\omega)]$，$i=1, 2, 3, \cdots$。经典控制变量估计器定义为：

$$\hat{s}_A = \bar{a}_n + \alpha(s_B - \bar{b}_n) = \frac{1}{n}\sum_{i=1}^{n} a_i + \alpha\left(s_B - \frac{1}{n}\sum_{i=1}^{n} b_i\right) \tag{5-91}$$

其中 $\alpha \in \mathfrak{R}$ 为控制参数，统计量 $s_B = \mathbb{E}[B(\omega)]$。

由于一般情况下，无法确切地得到低保真模型输出的统计量，可以通过 $\bar{b}_m = \frac{1}{m}\sum_{i=1}^{m} b_i$，$m > n$ 来近似 s_B。也就是说，通过利用低保真度模型相对较低的计算成本，计算出比只有 n 个样本的估计更准确的 s_B 估计值。s_A 的多保真度估计器定义为：

$$\hat{s}_{A,p} = \bar{a}_n + \alpha(\bar{b}_m - \bar{b}_n),\ m > n \tag{5-92}$$

控制参数 $\alpha \in \mathfrak{R}$ 和计算工作量 p 在之后内容进行定义。该公式的基本原理是通过 $\bar{b}_m - \bar{b}_n$ 的差对正则蒙特卡罗估计器 $\bar{a}_n$ 进行调整，这也相当于估计器 $\bar{b}_n$ 相对于更精确的估计器 $\bar{b}_m$ 的误差。由于 $\mathbb{E}[\bar{b}_m - \bar{b}_n] = 0$，第二项在期望上没有影响，可以利用它在方差上的影响，多保真度估计器的方差可以推导为：

$$\begin{aligned}
\text{Var}[\hat{s}_{A,p}] &= \text{Var}[\bar{a}_n] + \alpha^2\text{Var}[\bar{b}_m] + \alpha^2\text{Var}[\bar{b}_n] + 2\alpha\text{Cov}[\bar{a}_n, \bar{b}_m] \\
&\quad - 2\alpha\text{Cov}[\bar{a}_n, \bar{b}_n] - 2\alpha^2\text{Cov}[\bar{b}_m, \bar{b}_n] \\
&= \frac{\sigma_A^2}{n} + \alpha^2\frac{\sigma_B^2}{m} + \alpha^2\frac{\sigma_B^2}{n} + 2\alpha\frac{1}{nm}\sum_{i=1}^{n}\sum_{j=1}^{m}\text{Cov}[a_i, b_j] \\
&\quad - 2\alpha\frac{\rho_{AB}\sigma_A\sigma_B}{n} - 2\alpha^2\frac{1}{nm}\sum_{i=1}^{m}\sum_{j=1}^{n}\text{Cov}[b_i, b_j] \\
&= \frac{\sigma_A^2}{n} + \alpha^2\frac{\sigma_B^2}{m} + \alpha^2\frac{\sigma_B^2}{n} + 2\alpha\frac{1}{nm}\sum_{i=1}^{n}\text{Cov}[a_i, b_i] \\
&\quad - 2\alpha\frac{\rho_{AB}\sigma_A\sigma_B}{n} - 2\alpha^2\frac{1}{nm}\sum_{j=1}^{n}\text{Cov}[b_j, b_j] \\
&= \frac{1}{n}(\sigma_A^2 + \alpha^2\sigma_B^2 - 2\alpha\rho_{AB}\sigma_A\sigma_B) - \frac{1}{m}(\alpha^2\sigma_B^2 - 2\alpha\rho_{AB}\sigma_A\sigma_B)
\end{aligned} \tag{5-93}$$

其中 $\sigma_B^2 = \text{Var}[B(\omega)]$，$\rho_{AB} = \text{Corr}[A(\omega), B(\omega)]$ 分别为 $B(\omega)$ 的方差和 $A(\omega)$ 和 $B(\omega)$ 间的相关系数。

从式（5-92）计算常规蒙特卡罗估计器需要对高保真模型进行 n 次评估。然而，从式(5-93)计算多保真估计器$\hat{s}_{A,p}$需要对高保真模型进行n次评估，对低保真模型进行m次评估。因此，为了与常规蒙特卡罗估计器进行基准测试，将计算工作量p定义为等效数量的高保真模型评估：

$$p = n + \frac{m}{w} = n\left(1 + \frac{r}{w}\right) \tag{5-94}$$

其中w是每次高保真模型评估的平均计算时间与每次低保真模型评估的平均计算时间的比率，并且$r = m/n > 1$是低保真模型评估的数量与高保真模型评估的数量。因此，对于固定的计算预算p，r是在高保真模型评估和低保真模型评估之间分配计算资源的参数。用p，r和w重写多重保真度估计方差：

$$\mathrm{Var}[\hat{s}_{A,p}] = \frac{1}{p}\left(1 + \frac{r}{w}\right)\left[\sigma_A^2 + \left(1 - \frac{1}{r}\right)(\alpha^2 \sigma_B^2 - 2\alpha \rho_{AB} \sigma_A \sigma_B)\right] \tag{5-95}$$

给定计算预算p，通过σ和r来缩小$\mathrm{Var}[\hat{s}_{A,p}]$，由于$1/p$是$\mathrm{Var}[\hat{s}_{A,p}]$中的乘积因子，$\sigma$和$r$的最优值$\sigma^*$和$r^*$不依赖于$p$，结果为：

$$\alpha^* = \rho_{AB} \frac{\sigma_A}{\sigma_B}，\ r^* = \sqrt{\frac{w\rho_{AB}^2}{1 - \rho_{AB}^2}} \tag{5-96}$$

其中极值$\mathrm{Var}[\hat{s}_{A,p}]$记为$\mathrm{Var}[\hat{s}_{A,p}^*]$：

$$\mathrm{MSE}[\hat{s}_{A,p}^*] = \mathrm{Var}[\hat{s}_{A,p}^*] = \left(1 + \frac{r^*}{w}\right)\left[1 - \left(1 - \frac{1}{r^*}\right)\rho_{AB}^2\right]\frac{\sigma_A^2}{p} \tag{5-97}$$

如果w和ρ_{AB}的值为$r^* \leqslant 1$，则相关性不够高，低保真度模型的成本不够低，导致多保真度估计器的性价比不够高，即如果：$\rho_{AB}^2 > \dfrac{1}{1+w}$无法得到满足，还是需要用到常规蒙特卡罗估计器。

第三节　优化算法设置

软件优化功能包含多个优化算法，这些优化算法按照搜索方法和区域可以分为局部优化算法、全局优化算法、混合灵巧算法、基于代理模型的优化算法，如表 5-2 所示。

表 5-2　优化算法

优化类型	优化算法名称	优化算法简称	连续变量	范围限制	线性约束	非线性约束
局部梯度优化算法	牛顿法	ntnopt	√	√	√	√
	拟牛顿法	qnewt	√	√	√	√
	共轭梯度法	conjg	√	√		
	可行方向法	fesdr	√	√	√	√

续表

优化类型	优化算法名称	优化算法简称	连续变量	范围限制	线性约束	非线性约束
局部无导优化算法	单纯形法	simplex	√	√		
	模式搜索法（线性＋非线性约束）	ptnsea	√	√	√	√
	模式搜索法（非线性约束）	patsch	√	√	√	
	路径增强约束的非线性优化算法	cobyla	√	√	√	√
	贪婪搜索启发式算法	sglocs	√	√	√	√
全局优化梯度算法	灵巧优化算法	hybrid	√	√	√	√
全局无导优化算法	基于代理模型的优化算法	glosur	√	√	√	√
	矩形分割法	divrec	√	√		√
	进化算法	evoalg	√	√		√
	单目标遗传算法	soga	√	√	√	√
	多目标遗传算法	moga	√	√	√	√

一、牛顿法——ntnopt

基于牛顿法的优化参数设置如表 5-3 所示，该算法优化时设置的优化参数通常包含梯度误差、最大迭代次数和收敛误差。

表 5-3 牛顿法优化参数设置

序号	参数	参数描述	参数值设置	备注
1	search _ method	为基于牛顿优化算法选择一个搜索方法	gradient _ based _ line _ search	将搜索方法设置为使用梯度
			trust _ region	使用信任区域作为搜索方法（无约束）
			tr _ pds	在信赖域方法中使用直接搜索法（无约束）

续表

序号	参数	参数描述	参数值设置	备注
2	merit _ function	平衡降低目标函数和满足约束条件的目标	el _ bakry	非线性规划问题的价值函数[1]
			argaez _ tapia	改进的增广拉格朗日函数[2]
			van _ shanno	对于非线性规划的惩罚函数[3]
3	steplength _ to _ boundary	控制算法在可行域边界内可以移动的距离	依赖于价值函数	0.8 (el _ bakry) 0.99995 (argaez _ tapia) 0.95 (van _ shanno)
4	centering _ parameter	控制算法遵循“中心路径”的程度	依赖于价值函数	0.2 (el _ bakry), 0.2 (argaez _ tapia), 0.1 (van _ shanno)
5	max _ step	设计点的最大改变步数	1000 (默认)	
6	gradient _ tolerance	基于梯度 L2 范数的停止判据	1.e-4 (默认)	
7	max _ iterations	优化算法和自适应评估允许的最大迭代次数	100 (默认)	
8	convergence _ tolerance	基于目标函数或统计收敛的停止准则	1.e-4 (默认)	
9	speculative	计算推测梯度	no speculation (默认)	
10	max _ function _ evaluations	最大的函数计算次数	1000 (默认)	
11	scaling	打开变量、响应和约束的缩放	no scaling (默认)	

该方法的脚本设置案例如图 5-3 所示。

```
environment
  tabular_data
    tabular_data_file 'euvlen_ntnopt.dat'
  results_output
    text
    results_output_file = 'euvlen_ntnopt'

method
  helios_ntnopt
    search_method gradient_based_line_search
    max_step 10000
    gradient_tolerance 1.e-16
    max_iterations 2000
    convergence_tolerance 1.0e-20
    max_function_evaluations 10000
    scaling
```

图 5-3　牛顿优化算法案例示意图

二、拟牛顿法——qnewt

拟牛顿法的优化参数设置如表 5-4 所示，拟牛顿法目前暂无界面，需基于脚本进行优化流程设计与修改。

表 5-4　拟牛顿法优化参数

序号	参数	参数描述	参数值设置	备注
1	search _ method	为基于牛顿的优化算法选择一个搜索方法	value _ based _ line _ search	只使用函数值进行行搜索
			gradient _ based _ line _ search	将搜索方法设置为使用梯度
			trust _ region	使用信任区域作为搜索方法（无约束）
			tr _ pds	在信赖域方法中使用直接搜索法（无约束）
2	merit _ function	平衡降低目标函数和满足约束条件的目标	el _ bakry	非线性规划问题的价值函数[20]
			argaez _ tapia	改进的增广拉格朗日函数[83]
			van _ shanno	对于非线性规划的惩罚函数[85]

续表

序号	参数	参数描述	参数值设置	备注
3	steplength _ to _ boundary	控制算法在可行域边界内可以移动的距离	依赖于价值函数	0.8 (el _ bakry) 0.99995 (argaez _ tapia) 0.95 (van _ shanno)
4	centering _ parameter	控制算法遵循“中心路径”的程度	依赖于价值函数	0.2 (el _ bakry), 0.2 (argaez _ tapia), 0.1 (van _ shanno)
5	max _ step	设计点的最大改变步数	1000（默认）	
6	gradient _ tolerance	基于梯度 L2 范数的停止判据	1.e-4（默认）	
7	max _ iterations	优化算法和自适应评估允许的最大迭代次数	100（默认）	
8	convergence _ tolerance	基于目标函数或统计收敛的停止准则	1.e-4（默认）	
9	speculative	计算推测梯度	no speculation（默认）	
10	max _ function _ evaluations	最大的函数计算次数	1000（默认）	
11	scaling	打开变量、响应和约束的缩放	no scaling（默认）	

该方法的脚本设置案例如图 5-4 所示。

```
environment
  tabular_data
    tabular_data_file 'euvlen_qnewt.dat'
  results_output
    text
    results_output_file = 'euvlen_qnewt'

method
  helios_qnewt
    search_method gradient_based_line_search
    max_step 1000
    gradient_tolerance 1.e-8
    max_iterations 200
    convergence_tolerance 1.0e-10
    max_function_evaluations 1000
    scaling
```

图 5-4　拟牛顿优化算法案例示意图

三、共轭梯度法——conjg

基于共轭梯度法的优化参数设置如表 5-5 所示，该算法优化时设置的优化参数通常包含最大迭代次数、收敛误差、最大函数计算次数等。

表 5-5　共轭梯度算法优化参数

序号	参数	参数描述	参数值设置	备注
1	max _ iterations	优化算法和自适应评估允许的最大迭代次数	100（默认）	
2	convergence _ tolerance	基于目标函数或统计收敛的停止准则	1. e-4（默认）	
3	speculative	计算推测梯度	no speculation（默认）	
4	max _ function _ evaluations	最大的函数计算次数	1000（默认）	
5	scaling	打开变量、响应和约束的缩放	no scaling（默认）	

该方法的脚本设置案例如图 5-5 所示。

```
environment
  tabular_data
    tabular_data_file 'euvlen_conjg.dat'
  results_output
    text
    results_output_file = 'euvlen_conjg'

method
  helios_conjg
    max_iterations 1000
    convergence_tolerance 1.0e-20
    max_function_evaluations 10000
    scaling
```

图 5-5　共轭梯度法案例示意图

四、可行方向法——fesdr

基于可行方向法的优化参数设置如表 5-6 所示，该算法优化时设置的优化参数通常包含最大迭代次数、收敛误差、最大函数计算次数等。

表 5-6　可行方向法优化参数

序号	参数	参数描述	参数值设置	备注
1	max _ iterations	优化算法和自适应评估允许的最大迭代次数	100（默认）	
2	convergence _ tolerance	基于目标函数或统计收敛的停止准则	1. e-4（默认）	
3	speculative	计算推测梯度	no speculation（默认）	
4	max _ function _ evaluations	最大的函数计算次数	1000（默认）	
5	scaling	打开变量、响应和约束的缩放	no scaling（默认）	

该方法的脚本设置案例如图 5-6 所示。

```
environment
  tabular_data
    tabular_data_file 'euvlen_fesdr.dat'
  results_output
    text
    results_output_file = 'euvlen_fesdr'

method
  helios_fesdr
    max_iterations 1000
    convergence_tolerance 1.0e-10
    max_function_evaluations 10000
    scaling
```

图 5-6 可行方向法案例示意图

五、单纯形法——simplex

单纯形法为一种无导数优化方法，基于单纯形法的优化参数设置如表 5-7 所示，该算法优化时设置的优化参数通常包含最大迭代次数、收敛误差、最大函数计算次数等。

表 5-7 单纯形法优化参数

序号	参数	参数描述	参数值设置	备注
1	search _ scheme _ size	在直接搜索模板中使用的点数	32（默认）	
2	max _ iterations	优化算法和自适应评估允许的最大迭代次数	100（默认）	
3	convergence _ tolerance	基于目标函数或统计收敛的停止准则	1. e-4（默认）	
4	max _ function _ evaluations	最大的函数计算次数	1000（默认）	
5	scaling	打开变量、响应和约束的缩放	no scaling（默认）	

该方法的脚本设置案例如图 5-7 所示。

```
environment
  tabular_data
    tabular_data_file 'euvlen_simplex.dat'
  results_output
    text
    results_output_file = 'euvlen_simplex'

method
  helios_simplex
    search_scheme_size 32
    max_iterations 1000
    convergence_tolerance 1.e-10
    max_function_evaluations 10000
    scaling
```

图 5-7　单纯形法案例示意图

六、模式搜索算法（线性＋非线性约束）——ptnsea

基于模式搜索算法（线性＋非线性约束）的优化参数设置如表 5-8 所示，该算法优化时设置的优化参数通常包含梯度误差、最大迭代次数和收敛误差。

表 5-8　模式搜索算法（线性＋非线性约束）优化参数

序号	参数	参数描述	参数值设置	备注
1	Initial offset factor/initial _ delta	无导数优化算法的初始步长	1.0（默认）	建议将 initial _ delta 设置为从初始点到解的近似距离。如果该距离未知，建议选择一个较大的值或不指定。
2	Pattern contraction factor/contraction _ factor	重新调整步长的量	0.5（默认）	模式搜索法在该值指定在不成功的迭代后重新缩放步长的量，必须在 0 到 1 之间。
3	variable _ tolerance	优化变量的目标精度	1.0e-4	
4	solution _ target	基于目标函数值的终止条件	/	当函数值低于该值时，算法将终止，该值默认可不填。
5	Evaluation synchronization/synchronization	选择在并行算法中调度一批并发函数求值的方法	blocking	在批处理中完成所有函数的并发计算。
			nonblocking	查询一批并发计算的完成情况，并将部分集返回给算法。

续表

序号	参数	参数描述	参数值设置	备注
6	merit _ function	平衡降低目标函数和满足约束条件的目标，通过求解一系列线性约束的价值函数基子问题来解决非线性约束问题，包含一些高精度和平滑的惩罚函数。	merit _ max	非平滑函数，基于准则。
			merit _ max _ smooth	平滑函数，基于平滑准则。
			merit1	非平滑函数，基于准则。
			merit1 _ smooth	平滑函数，基于平滑准则。
			merit2	非平滑函数，基于准则。
			merit2 _ smooth	平滑函数，基于平滑准则。
			merit2 _ squared	非平滑函数，基于准则。
7	constraint _ penalty	约束惩罚	1.0（默认）	优化中会将约束惩罚和违反约束平方和的乘积添加到目标函数中，一般默认值是1000.0，动态调整约束惩罚的方法的默认值是1.0。
8	smoothing _ factor	平滑惩罚函数的平滑值	0.0（默认）	平滑惩罚函数的初始平滑值，必须在0和1之间（包含）。
9	constraint _ tolerance	基于梯度L2范数的停止判据	1.e-4（默认）	最大允许的约束误差值，如果约束大于此值，则终止优化。
10	max _ function _ evaluations	最大的函数计算次数	1000（默认）	
11	scaling	打开变量、响应和约束的缩放	no scaling（默认）	

该方法的脚本设置案例如图 5-8 所示。

```
environment
  tabular_data
    tabular_data_file 'euvlen_patsea.dat'
  results_output
    text
    results_output_file = 'euvlen_patsea'

method
  helios_ptnsea
   initial_delta 100
   contraction_factor 0.5
   variable_tolerance 1e-20
   solution_target 1e-20
   synchronization nonblocking
#     blocking
   merit_function merit2_squared
   constraint_penalty 0.0002
   smoothing_factor 0.0001
   constraint_tolerance 1e-20
   max_function_evaluations 20000
   scaling
```

图 5-8 模式搜索法（线性+非线性约束）案例示意图

七、模式搜索算法（非线性约束）——patsch

基于模式搜索算法（非线性约束）的优化参数设置如表 5-9 所示，该算法优化时设置的优化参数通常包含梯度误差、最大迭代次数和收敛误差。模式搜索算法（非线性约束）优化参数。

表 5-9 模式搜索算法（非线性约束）优化参数

序号	参数	参数描述	参数值设置	备注
1	constant _ penalty	使用加权惩罚来管理可行性	—	
2	no _ expansion	不允许搜索模式的扩展	—	该参数通常不需要设置。
3	expand _ after _ success	设置可以展开搜索模式的因子	5（默认）	指定在扩展步长之前，特定步长必须有多少成功改进的目标函数。
4	pattern _ basis	选择模式基础	coordinate	使用坐标方向作为搜索模式。
			simplex	使用最小单纯形作为搜索模式（适用于无约束优化）。
5	stochastic	随机生成试验点	—	

续表

序号	参数	参数描述	参数值设置	备注
6	exploratory _ moves	探索性搜索选择	multi _ step	在成功的新点附近探索新的试验点。
			adaptive _ pattern	自适应调整搜索方向。
			basic _ pattern	每次迭代都使用相同的搜索模式。
7	synchronization	选择在并行算法中调度一批并发函数求值的方法	blocking	在批处理中完成所有函数的并发计算。
			nonblocking	查询一批并发计算的完成情况，并将部分集返回给算法。
8	contraction _ factor	重新调整步长的量	0.5（默认）	模式搜索法在该值指定在不成功的迭代后重新缩放步长的量，必须在 0 到 1 之间。
9	constraint _ penalty	约束惩罚	1.0（默认）	优化中会将约束惩罚和违反约束平方和的乘积添加到目标函数中，一般默认值是 1000.0，动态调整约束惩罚的方法的默认值是 1.0。
10	initial _ delta	无导数优化算法的初始步长	1.0（默认）	建议将 initial _ delta 设置为从初始点到解的近似距离。如果该距离未知，建议选择一个较大的值或不指定。
11	variable _ tolerance	优化变量的目标精度	1.0e-5	
12	solution _ target	基于目标函数值的终止条件	—	当函数值低于该值时，算法将终止，该值默认可不填。
13	seed	生成随机数的种子	默认不需填，为系统随机生成的无重复数字的整数。	在同一优化中使用相同的种子将产生相同的结果。
14	max _ iterations	优化算法和自适应评估允许的最大迭代次数	100（默认）	
15	convergence _ tolerance	基于目标函数或统计收敛的停止准则	1.e-4（默认）	

续表

序号	参数	参数描述	参数值设置	备注
16	max _ function _ evaluations	最大的函数计算次数	1000（默认）	
17	scaling	打开变量、响应和约束的缩放	no scaling（默认）	最大允许的约束误差值，如果约束大于此值，则终止优化。

该方法的脚本设置案例如图 5-9 所示。

```
environment
  tabular_data
    tabular_data_file 'euvlen_patsch.dat'
  results_output
    text
    results_output_file = 'euvlen_patsch'

method
  helios_patsch stochastic
   exploratory_moves multi_step
   contraction_factor = 0.75
   constraint_penalty 0.0002
   initial_delta 0.5
   variable_tolerance 1e-20
   solution_target 1e-20
   seed = 123456
   max_iterations 1000
   convergence_tolerance 1.0e-20
   max_function_evaluations 10000
   #scaling
```

图 5-9　模式搜索法案例示意图

八、矩形分割法——divrec

矩形分割法的优化参数设置如表 5-10 所示，该算法优化时设置的优化参数通常包含初始优化变量更改值、优化变量精度、目标函数值、最大迭代次数和收敛误差等。

表 5-10　矩形分割法优化参数

序号	参数	参数描述	参数值设置	备注
1	solution _ target	基于目标函数值的终止条件	—	当函数值低于该值时，算法将终止，该值默认可不填。
2	min _ boxsize _ limit	基于超矩形最短边的停止准则	1.0e-4	当函数值低于该值时，算法将终止，该值默认可不填。
3	volume _ boxsize _ limit	基于搜索空间体积的停止准则	1.0e-6	当函数值低于该值时，算法将终止，该值默认可不填。

续表

序号	参数	参数描述	参数值设置	备注
4	max _ iterations	优化算法和自适应评估允许的最大迭代次数	100（默认）	—
5	convergence _ tolerance	基于目标函数或统计收敛的停止准则	1. e-4（默认）	—
6	max _ function _ evaluations	最大的函数计算次数	1000（默认）	—
7	scaling	打开变量、响应和约束的缩放	no scaling（默认）	—

该方法的脚本设置案例如图 5-10 所示。

```
environment
  tabular_data
    tabular_data_file 'euvlen_divrec.dat'
  results_output
    text
    results_output_file = 'euvlen_divrec'

method
  helios_divrec
    max_iterations 89000
    max_function_evaluations 89000
    min_boxsize_limit 1.e-20
    volume_boxsize_limit 1.e-20
    convergence_tolerance 1.0e-20
#   scaling
```

图 5-10 矩形分割法案例示意图

九、路径增强约束的非线性优化算法——cobyla

路径增强约束的非线性优化算法的优化参数设置如表 5-11 所示，该算法优化时设置的优化参数通常包含初始优化变量更改值、优化变量精度、目标函数值、最大迭代次数和收敛误差等。

表 5-11　路径增强约束的非线性优化算法优化参数

序号	参数	参数描述	参数值设置	备注
1	initial _ delta	无导数优化算法的初始步长	1.0（默认）	建议将 initial _ delta 设置为从初始点到解的近似距离。如果该距离未知，建议选择一个较大的值或不指定。
2	variable _ tolerance	优化变量的目标精度	1.0e-4	—
3	solution _ target	基于目标函数值的终止条件	—	当函数值低于该值时，算法将终止，该值默认可不填。
4	max _ iterations	优化算法和自适应评估允许的最大迭代次数	100（默认）	—
5	convergence _ tolerance	基于目标函数或统计收敛的停止准则	1.e-4（默认）	—
6	max _ function _ evaluations	最大的函数计算次数	1000（默认）	—
7	scaling	打开变量、响应和约束的缩放	no scaling（默认）	—

该方法的脚本设置案例如图 5-11 所示。

```
environment
  tabular_data
    tabular_data_file 'euvlen_cobyla.dat'
  results_output
    text
    results_output_file = 'euvlen_cobyla'

method
  helios_cobyla
    initial_delta 0.1
    variable_tolerance 1.e-10
    max_iterations 1000
    convergence_tolerance 1e-10
    max_function_evaluations 10000
#   scaling
```

图 5-11　路径增强约束的非线性优化算法案例示意图

十、贪婪搜索启发式算法——sglocs

贪婪搜索启发式算法也是一种模式搜索算法，该算法的优化参数设置如表 5-12 所示，该算法优化时设置的优化参数通常包含初始优化变量更改值、优化变量精度、目标函数值、最大迭代次数和收敛误差等。

表 5-12　贪婪搜索启发式算法优化参数

序号	参数	参数描述	参数值设置	备注
1	contract _ after _ failure	收缩前不成功的周期数	4×优化变量个数（默认）	整数
2	no _ expansion	不允许搜索模式的扩展	—	该参数通常不需要设置
3	expand _ after _ success	设置可以展开搜索模式的因子	5	指定在扩展步长之前，特定步长必须有多少成功改进的目标函数。
4	constant _ penalty	使用加权惩罚来管理可行性	—	—
5	contraction _ factor	重新调整步长的量	0.5（默认）	模式搜索法在该值指定在不成功的迭代后重新缩放步长的量，必须在 0 到 1 之间。
6	constraint _ penalty	惩罚函数的乘数	1.0（默认）	优化中会将约束惩罚和违反约束平方和的乘积添加到目标函数中，一般默认值是 1000.0，动态调整约束惩罚的方法的默认值是 1.0。
7	initial _ delta	无导数优化算法的初始步长	1.0（默认）	建议将 initial _ delta 设置为从初始点到解的近似距离。如果该距离未知，建议选择一个较大的值或不指定。
8	variable _ tolerance	优化变量的目标精度	1.0e-4	—
9	solution _ target	基于目标函数值的终止条件	—	当函数值低于该值时，算法将终止，该值默认可不填。
10	seed	生成随机数的种子	默认不需填，为系统随机生成的无重复数字的整数。	在同一优化中使用相同的种子将产生相同的结果。

续表

序号	参数	参数描述	参数值设置	备注
11	max _ iterations	优化算法和自适应评估允许的最大迭代次数	100（默认）	—
12	convergence _ tolerance	基于目标函数或统计收敛的停止准则	1. e-4（默认）	—
13	max _ function _ evaluations	最大的函数计算次数	1000（默认）	—
14	scaling	打开变量、响应和约束的缩放	no scaling（默认）	—

该方法的脚本设置案例如图 5-12 所示。

```
environment
  tabular_data
    tabular_data_file 'euvlen_sglocs.dat'
  results_output
    text
    results_output_file = 'euvlen_sglocs'

method
  helios_sglocs
   contract_after_failure 168
   #no_expansion
   expand_after_success 5
   constant_penalty
   contraction_factor 0.25
   constraint_penalty 0.0001
   initial_delta 2726.8
   variable_tolerance 1e-20
   #solution_target 0.015
   solution_accuracy 1e-20
   seed 6482
   max_iterations 80000
   convergence_tolerance 1e-20
   max_function_evaluations 80000
   scaling
```

图 5-12　贪婪搜索启发式算法案例示意图

十一、进化算法——evoalg

基于进化算法的优化参数设置如表 5-13 所示，该算法优化时设置的优化参数通常包含种群个数、初始类型、替代类型、交叉率、突变率、最大迭代次数和收敛误差。

表 5-13 进化算法优化参数

序号	参数	参数描述	参数值设置	备注
1	population _ size	种群规模	50	整数
2	initialization _ type	种群初始化方法	simple _ random	创建随机初始种群。
			unique _ random（默认）	创建唯一的随机初始种群。
3	fitness _ type	适应度类型，控制在选择父代进行交叉的过程中“fitness”（目标函数）的差异加权程度。	linear _ rank	基于每个个体的目标函数在总体中的排名顺序，选择概率的线性缩放。
			merit _ function	平衡减少目标函数和满足约束的目标。
4	replacement _ type	选择替换类型	random	输入代表新种群个数的整数，与原有种群合并为新种群。
			chc	输入代表新种群个数的整数，与原有种群合并为新种群，并挑选出其中最后的一部分个体，该设置是许多工程问题的首选项。
			elitist=1（默认）	输入代表新种群个数的整数，用最好的设计来形成一个新的种群。
5	crossover _ rate	指定交叉概率	0.8（默认）	
6	crossover _ type	选择交叉类型	two _ point（默认）	将每个父代划分为三个区域，结合一个父代的中间与另一个父代的末端区域。
			blend	沿着连接两个父代的多维向量随机生成一个新的个体。
			uniform	随机组合来自父代的坐标。

续表

序号	参数	参数描述	参数值设置	备注
7	mutation _ rate	设定突变的概率	1.0（默认）	在给定迭代中发生突变试验点的百分比，因此必须在 0 到 1 之间。
8	mutation _ type	选择突变类型	replace _ uniform	替换为随机生成的值。
			offset _ normal（默认）	通过正态分布设置变异偏移量： mutation _ scale（0.1，指定一个缩放因子来缩放连续的突变偏移量，这是每个维度总范围的一部分，介于 0 到 1 之间）， mutation _ range（在原始值加/减该整数值来控制偏移量，默认 1）。
			offset _ cauchy	使用柯西分布进行突变偏移： mutation _ scale（0.1，指定一个缩放因子来缩放连续的突变偏移量，这是每个维度总范围的一部分，介于 0 到 1 之间）， mutation _ range（在原始值加/减该整数值来控制偏移量，默认 1）。
			offset _ uniform	通过均匀分布设置变异偏移量： mutation _ scale（0.1，指定一个缩放因子来缩放连续的突变偏移量，这是每个维度总范围的一部分，介于 0 到 1 之间）， mutation _ range（在原始值加/减该整数值来控制偏移量，默认 1）。
9	constraint _ penalty	惩罚函数的乘数	1.0（默认）	优化中会将约束惩罚和违反约束平方和的乘积添加到目标函数中，一般默认值是 1000.0，动态调整约束惩罚的方法的默认值是 1.0。

续表

序号	参数	参数描述	参数值设置	备注
10	solution _ target	基于目标函数值的终止条件	—	当函数值低于该值时，算法将终止。
11	seed	生成随机数的种子	默认不需填，为系统随机生成的无重复数字的整数。	在同一优化中使用相同的种子将产生相同的结果。
12	max _ iterations	优化算法和自适应评估允许的最大迭代次数	100（默认）	—
13	convergence _ tolerance	基于目标函数或统计收敛的停止准则	1. e-4（默认）	
14	max _ function _ evaluations	最大的函数计算次数	1000（默认）	
15	scaling	打开变量、响应和约束的缩放	no scaling（默认）	

该方法的脚本设置案例如图 5-13 所示。

```
environment
  tabular_data
    tabular_data_file 'euvlen_evoalg.dat'
  results_output
    text
    results_output_file = 'euvlen_evoalg'

method
    helios_evoalg
      population_size 100
      fitness_type merit_function
      replacement_type chc=50
      crossover_rate 0.8
      crossover_type two_point
      mutation_rate 0.5
      constraint_penalty 0.0002
      solution_target 1e-20
      seed 14592
      max_iterations 20000
      convergence_tolerance 1e-20
      max_function_evaluations 20000
```

图 5-13　进化算法案例示意图

十二、自适应网格直接搜索算法——genptn

基于自适应网格直接搜索算法的优化参数设置如表 5-14 所示，该算法优化时设置的优化参数通常包含梯度误差、最大迭代次数和收敛误差。

表 5-14　自适应网格直接搜索算法优化参数

序号	参数	参数描述	参数值设置	备注
1	initial _ delta	无导数优化算法的初始步长	1.0（默认）	建议将 initial _ delta 设置为从初始点到解的近似距离。如果该距离未知，建议选择一个较大的值或不指定。
2	variable _ tolerance	优化变量的目标精度	1.0e-6（默认）	
3	function _ precision	指定优化算法响应的最大精度	1.0e-10（默认）	
4	seed	生成随机数的种子	—	默认不需填，为系统随机生成的无重复数字的整数。
5	variable _ neighborhood _ search	为避免局部最小值而进行计算的百分比	0.0	默认搜索局部极值时不需要使用；若需要搜索局部最小值，可将该值设为低于 1.0，同时会增加一定的计算步数和时间。
6	max _ iterations	优化算法和自适应评估允许的最大迭代次数	100（默认）	
7	max _ function _ evaluations	最大的函数计算次数	1000（默认）	
8	scaling	打开变量、响应和约束的缩放	no scaling（默认）	

该方法的脚本设置案例如图 5-14 所示。

```
environment
  tabular_data
    tabular_data_file 'euvlen_genptn.dat'
  results_output
    text
    results_output_file = 'euvlen_genptn'

method
  helios_genptn
    initial_delta 100
    variable_tolerance 1.e-10
    function_precision 1.e-20
    variable_neighborhood_search 0.1
    seed = 123456
    max_iterations 20000
    max_function_evaluations 20000
    scaling
```

图 5-14　自适应网格直接搜索算法案例示意图

十三、多目标遗传算法——moga

基于多目标遗传算法的优化参数设置如表 5-15 所示，该算法优化时设置的优化参数通常包含梯度误差、最大迭代次数和收敛误差。

表 5-15　多目标遗传算法优化参数

序号	参数	参数描述	参数值设置	备注
1	fitness _ type	适应度类型，控制在选择父代进行交叉的过程中“fitness”（目标函数）的差异加权程度。	layer _ rank	基于每一层的排名将每个成员分配到一个层
			domination _ count	基于成员数量对每个成员进行排名
2	replacement _ type	选择替换类型	elitist（默认）	用最好的设计来形成一个新的种群
			roulette _ wheel	替代种群
			unique _ roulette _ wheel	替代种群
			below _ limit	6（默认） 限制种群的数量
3	max _ iterations	优化算法和自适应评估允许的最大迭代次数	100（默认）	
4	max _ function _ evaluations	最大的函数计算次数	1000（默认）	

续表

序号	参数	参数描述	参数值设置	备注
5	population _ size	种群规模	50	整数
6	initialization _ type	种群初始化方法	simple _ random	创建随机初始种群
			unique _ random	创建唯一的随机初始种群（默认）
7	crossover _ type	选择交叉类型	multi _ point _ binary（默认）	使用位切换进行交叉
			multi _ point _ parameterized _ binary	使用位切换交叉每个设计变量
			multi _ point _ real	在实值基因组中进行交叉
			shuffle _ random	通过选择设计变量进行交叉
8	crossover _ rate	指定交叉概率	· 0.8（默认）	
9	mutation _ type	选择突变类型	bit _ random	通过翻转随机位进行突变
			replace _ uniform	替换为随机生成的值
			offset _ normal（默认）	通过正态分布设置变异偏移量：mutation _ scale0.15（默认），介于0到1之间。
			offset _ cauchy	使用柯西分布进行突变偏移：mutation _ scale0.15（默认），介于0到1之间。
			offset _ uniform	通过均匀分布设置变异偏移量：mutation _ scale0.15（默认），介于0到1之间。
10	mutation _ rate	设定突变的概率，控制突变数量。	0.08（默认）	对所有的 replace _ uniform 和 offset _ * 类型，突变数是 mutation _ rate 和 population _ size 的乘积，对 bit _ random，是 mutation _ rate，优化变量个数和 population _ size 的乘积。

续表

序号	参数	参数描述	参数值设置	备注
11	seed	生成随机数的种子	默认不需填，为系统随机生成的无重复数字的整数。	
12	convergence _ tolerance	基于目标函数或统计收敛的停止准则	1. e-4（默认）	
13	scaling	打开变量、响应和约束的缩放	no scaling（默认）	

该方法的脚本设置可参照单目标遗传算法。

十四、单目标遗传算法——soga

基于单目标遗传算法的优化参数设置如表 5-16 所示，该算法优化时设置的优化参数通常包含梯度误差、最大迭代次数和收敛误差。

表 5-16　单目标遗传算法优化参数

序号	参数	参数描述	参数值设置	备注
1	fitness _ type	适应度类型，控制在选择父代进行交叉的过程中“fitness”（目标函数）的差异加权程度。	merit _ function	平衡减少目标函数和满足约束的目标
2	constraint _ penalty	惩罚函数的乘子	1.0（默认）	优化中会将约束惩罚和违反约束平方和的乘积添加到目标函数中，动态调整约束惩罚的方法的默认值是 1.0。
3	replacement _ type	选择替换类型	elitist（默认）	用最好的设计来形成一个新的种群
			favor _ feasible	优先考虑可行的设计
			roulette _ wheel	替代种群
			unique _ roulette _ wheel	替代种群
4	max _ iterations	优化算法和自适应评估允许的最大迭代次数	100（默认）	

续表

序号	参数	参数描述	参数值设置	备注
5	max _ function _ evaluations	最大的函数计算次数	1000（默认）	
6	population _ size	种群规模	50	整数
7	initialization _ type	种群初始化方法	simple _ random	创建随机初始种群
			unique _ random	创建唯一的随机初始种群（默认）
8	crossover _ type	选择交叉类型	multi _ point _ binary（默认）	整数，使用位切换进行交叉。
			multi _ point _ parameterized _ binary	整数，使用位切换交叉每个设计变量。
			multi _ point _ real	整数，在实值基因组中进行交叉。
			shuffle _ random	通过选择设计变量进行交叉
9	crossover _ rate	指定交叉概率	0.8（默认）	
10	mutation _ type	选择突变类型	bit _ random	通过翻转随机位进行突变
			replace _ uniform	替换为随机生成的值
			offset _ normal（默认）	通过正态分布设置变异偏移量：mutation _ scale 0.15（默认），介于0到1之间。
			offset _ cauchy	使用柯西分布进行突变偏移：mutation _ scale0.15（默认），介于0到1之间。
			offset _ uniform	通过均匀分布设置变异偏移量：mutation _ scale0.15（默认），介于0到1之间。

续表

序号	参数	参数描述	参数值设置	备注
11	mutation _ rate	设定突变的概率，控制突变数量。	0.08（默认）	对所有的 replace _ uniform 和 offset _ * 类型，突变数是 mutation _ rate 和 population _ size 的乘积，对 bit _ random，是 mutation _ rate，优化变量个数和 population _ size 的乘积。
12	seed	生成随机数的种子	默认不需填，为系统随机生成的无重复数字的整数。	
13	convergence _ tolerance	基于目标函数或统计收敛的停止准则	1. e-4（默认）	
14	scaling	打开变量、响应和约束的缩放	no scaling（默认）	

该方法的脚本设置案例如图 5-15 所示。

```
environment
  tabular_data
    tabular_data_file 'euvlen_soga.dat'
  results_output
    text
    results_output_file = 'euvlen_soga'

method
  soga
    fitness_type merit_function
    constraint_penalty 0.0002
    replacement_type elitist
    max_iterations 100000
    max_function_evaluations 100000
    population_size 100
    crossover_rate 0.8
    mutation_rate 0.08
    seed 123456
    convergence_tolerance 1.0e-20
    scaling
```

图 5-15　单目标遗传算法案例示意图

十五、采样算法——sampling

软件中包含多个采样方法，包括网格采样、基于蒙特卡洛的随机采样、正交阵列采样、拉丁超立方采样等等。采样设置参数设置如表 5-17 所示，该算法设置参数通常包含实验设计方法、采样个数和随机种子数。

表 5-17　采样算法优化参数

序号	主参数	主参数描述	参数值	参数值设置	备注
1	sample_type	实验设计（DACE）方法选择，七选一。	grid	—	网格采样
			random	—	蒙特卡洛随机采样
			oas	—	正交阵列采样
			lhs	—	拉丁超立方采样
			oa_lhs	—	正交阵列拉丁超立方体采样
			box_behnken	—	响应面法采样
			central_composite	—	中心复合设计采样
2	samples	采样个数	0	整数	
3	seed	生成随机数的种子	—	默认不需填，为系统随机生成的无重复数字的整数。	

该方法的脚本设置案例如图 5-16 所示，图中设置使用拉丁超立方采样，采样个数为 10，采样随机种子数为 15347。

```
method
  sampling
    sample_type lhs
    samples = 10
    seed = 15347
```

图 5-16　采样算法案例示意图

十六、代理模型算法——glosur

基于代理模型的优化方法在每次迭代期间使用相同的边界在全局代理模型上进行迭代优化。在第一次迭代中，该方法会在代理模型上找到最优解，并将其中的一个子集传递给下一次迭代。在下一次迭代中，会对这些代理最优变量集进行评估，并添加到构建下一个代理模型的点集中。通过这种方式，在每次迭代期间该优化算法都可以对代理模型进行更准确的操作和控制，并可以快速搜索到最优值，不过收敛效果会稍微差一点。

算法使用流程：

（1）在使用基于代理模型的全局优化算法之前，用户可以先尝试使用基于一个单步局部优化算法的代理模型，这基本上等同于将 max_iterations 设置为 1，可以了解不同的代理模型类型最适合用于解决哪些问题。

（2）可以从少量的迭代开始，例如 3～5 次，可以了解优化是如何随着代理模型的更新而变化的。如果优化结果的变化不太明显，则可能需要设置较大的迭代次数。

（3）可以为所有主函数和约束或仅为这些函数和约束的子集构建代理模型。

代理模型中主要包含以下方法来构建空间内的全局响应面：

（1）径向基函数：radial _ basis；

（2）多项式回归：polynomial（包含 linear、quadratic 和 cubic）；

（3）深度学习和人工神经网络：neural _ network。

支持构建全局代理模型优化算法的主要参数设置为 global，在 global 内包含参数设置如表 5-18 所示：

表 5-18 代理模型算法优化参数

序号	参数描述	参数值	参数值设置	备注
1	全局代理模型类型，三选一。	radial _ basis（径向基函数模型）	bases	径向基函数的初始数目，默认为 100 或训练点数量中的较小值，需为整数。
			max _ pts	可生成每个径向基函数中心点的最大数量，默认值为 10×bases，减小该值可缩短模型构建时间。
			max _ subsets	径向基函数试验子集的个数，默认为 3×bases 和 100 中的较小值。
		Polynomial（多项式代理模型）	linear/quadratic/cubic（三选一）	其中，quadratic 模型的构建成功率较高。
		neural _ network（人工神经网络模型）	max _ nodes	隐藏层的最大节点数，默认值为训练数据个数－1，减小该值可以减小过度拟合和代理的构建时间，同时该值不能大于 100。
			range	控制神经网络模型中输入层随机权重的取值范围，默认值是 2.0，权重为（－1，1），会在输入数据缩放到[－0.8，0.8]后应用。

续表

序号	参数描述	参数值	参数值设置	备注
2	构建点的数量，三选一。	total _ points	默认为 recommended _ points	指定数目的训练点
		minimum _ points	d+1（d为优化变量个数）	以最少的点数构建代理
		recommended _ points	默认设置，一般为5×d。	以推荐的点数构建代理
3	数据源构建	dace _ method _ - pointer	指定计算机实验设计与分析方法的名称	通常包含lhs（拉丁超立方）、oa _ lhs（正交阵列拉丁超立方）、box _ behnken（响应面法）、central _ composite（中心复合设计）。
4	控制构建代理模型时使用训练数据的数量	reuse _ points	all	使用之前构建中可用的点或文件中的所有点
			region	只使用落在当前区域内的点
			none	使用指定的DACE方法收集新的训练数据
5	代理模型的校正方法	correction	zeroth _ order/first _ order/second _ order	校正阶数，需三选一。
			additive/multiplicative/combined	校正阶数，需三选一，分别为：局部代理精度的加性校正因子/局部代理精度的乘法校正因子/多级代理的多点校正。

该方法的脚本设置参数及说明如图 5-17 所示。

```
environment,
        tabular_graphics_data
        method_pointer = 'METHOD_ON_SURR'

method,
       id_method = 'METHOD_ON_SURR'
       sampling
       sample_type lhs
       samples = 100
       seed = 3487
       model_pointer = 'SURR_MODEL'
       output verbose

model,
      id_model = 'SURR_MODEL'
      surrogate global
      dace_method_pointer = 'DACE'
      polynomial linear

method,
     id_method = 'DACE'
     model_pointer = 'DACE_M'
     sampling
     samples = 20
     seed = 3492
```


图 5-17 代理模型算法设置参数说明

该方法的脚本设置案例如图 5-18 所示，其中带#表示该行内容优化时默认忽视。

```
environment
  tabular_data
    tabular_data_file 'euvlen_glosur.dat'
    method_pointer = 'METHOD_ON_SURR'
  results_output
    text
    results_output_file = 'euvlen_glosur'

method
  id_method = 'METHOD_ON_SURR'
  sampling
    sample_type lhs
    samples = 2000
    #seed 121212121
    model_pointer = 'SURR_MODEL'
    output verbose

model
  id_model = 'SURR_MODEL'
  surrogate
    global
      dace_method_pointer = 'DACE'
#     neural_network
#       max_nodes 80
      polynomial quadratic
      reuse_points region
      correction multiplicative first_order

method
  id_method = 'DACE'
  model_pointer = 'DACE_M'
  sampling
    samples = 20000
#   seed = 2212345

model
  id_model = 'DACE_M'
  single
    interface_pointer = 'I1'
    variables_pointer = 'V1'
    responses_pointer = 'R1'
```

图 5-18 代理模型算法案例示意图

十七、灵巧优化算法——hybrid

灵巧优化算法包含一套协同寻求最优设计的优化策略，由于灵巧优化算法的灵活性，目前暂无界面，需基于脚本进行优化流程设计与修改，算法参数设置如表 5-19 所示。

表 5-19　灵巧优化算法优化参数

序号	参数	参数描述	参数值设置	备注
1	hybrid	灵巧优化方法包含的三种设置，需三选一。	sequential	优化算法按顺序，每次运行一个。
			embedded	从局部方法提供对顶级全局方法的周期性细化。
			collaborative	多个方法同时运行并共享信息。

在 sequential 方法中，管理多个优化算法之间的传输逻辑为：

（1）如果从算法 A 中得到一个结果，则将该结果传输给算法 B。

（2）如果从算法 A 中得到多个结果，同时算法 B 可以接受多个结果作为输入（例如作为遗传算法的种群），则在算法 B 的一次计算流程中将使用多个结果进行初始化和优化。

（3）如果从算法 A 中得到多个结果，但算法 B 只能接受一个初始起点，则算法 B 将运行多次，每次运行的起点都来自算法 A 的结果。

（一）遗传＋矩形分割＋模式搜索＋牛顿法

使用顺序型的灵巧优化算法，分别基于单目标遗传算法、矩形分割法、模式搜索法（非线性约束）和牛顿法进行优化。其中，单目标遗传算法为在全局范围内进行搜索，之后将搜索的十个最优值作为下一个方法矩形分割法的搜索起点；矩形分割法针对这十个结果进行优化，将最优值传给模式搜索法（非线性约束）进行局部搜索；之后模式搜索法（非线性约束）将最优值传给牛顿法进行局部优化，得到灵巧优化算法的最优解。该案例的优化脚本设置如图 5-19 所示。

```
method
  id_method = 'DIVREC'
  model_pointer = 'M1'
  helios_divrec
    max_iterations 89000
    max_function_evaluations 89000
    min_boxsize_limit 1.e-100
    volume_boxsize_limit 1.e-100
    convergence_tolerance 1.0e-100
  output verbose

method
  id_method = 'PS'
  model_pointer = 'M2'
  helios_patsch
    stochastic
    exploratory_moves
      adaptive_pattern
#   initial_delta = 0.1
    variable_tolerance = 1e-80
    solution_target = 1.e-80
    seed = 111523211
    max_iterations 1000000
    convergence_tolerance 1e-100
    max_function_evaluations = 1000000
  output verbose

method
  id_method = 'NLP'
  model_pointer = 'M3'
  helios_ntnopt
    gradient_tolerance = 1.e-80
    convergence_tolerance = 1.e-80
  output verbose
```

图 5-19　灵巧优化算法案例 1 示意图

（二）进化＋模式搜索＋牛顿

使用顺序型的灵巧优化算法，分别基于进化算法、模式搜索法（非线性约束）和牛顿法进行优化。其中，单目标遗传算法为在全局范围内进行搜索，之后将搜索至的 3 个最优值作为下一个方法模式搜索法（非线性约束）的搜索起点；模式搜索法（非线性约束）针对这 3 个结果进行优化，将最优值传给牛顿法进行局部优化，得到该灵巧优化算法的最优解。该案例的优化脚本设置如图 5-20 所示。

```
method
  id_method = 'NLP'
  helios_ntnopt
    gradient_tolerance = 1.e-12
    convergence_tolerance = 1.e-15
    model_pointer = 'M2'
  output verbose

model
  id_model = 'M1'
  single
    interface_pointer = 'I1'
  variables_pointer = 'V1'
  responses_pointer = 'R1'

model
  id_model = 'M2'
  single
    interface_pointer = 'I1'
  variables_pointer = 'V1'
  responses_pointer = 'R2'
```

图 5-20 灵巧优化算法案例 2 示意图

第六章 仿真应用

本章针对集成仿真和有限元分析仿真，分别介绍不同模型，从结构到设计方法仿真流程案例。

第一节 集成仿真

一、成像组件同轴透射式系统设计

（一）工作流搭建

软件通过组件集成实现组件功能应用，点击工作流—新建创建文件 case2. wfx，拖拽成像组件至工作流，点击工作流中的成像组件，显示组件属性，如图 6-1 所示。

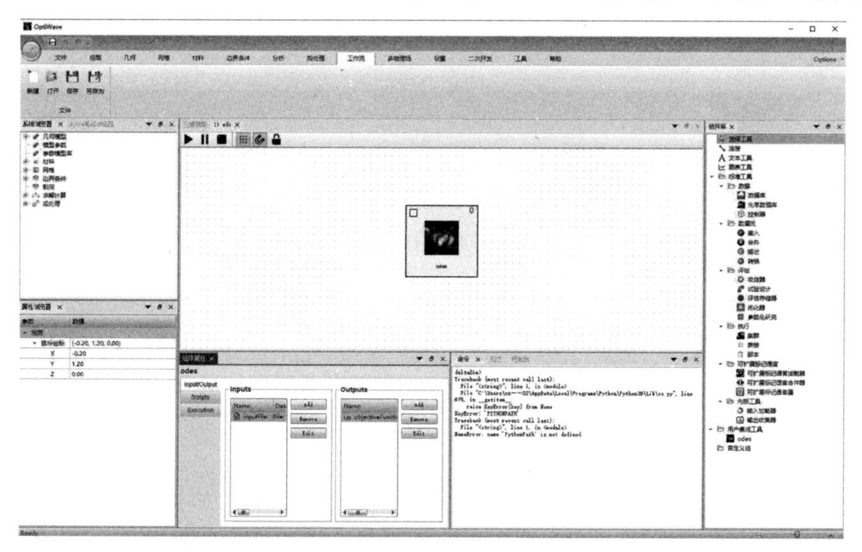

图 6-1 成像组件

点击工作流窗口左上角的运行，可运行工作流程，组件调用成像软件如图 6-2 所示。

图 6-2　运行成像组件工作流

（二）镜头系统

同轴透射式系统，系统指标要求如下：

焦距：53.7498mm；

谱段：400～700nm；

半视场：10；

F/＃数：1.7917

本案例示例模型如图 6-3 所示。

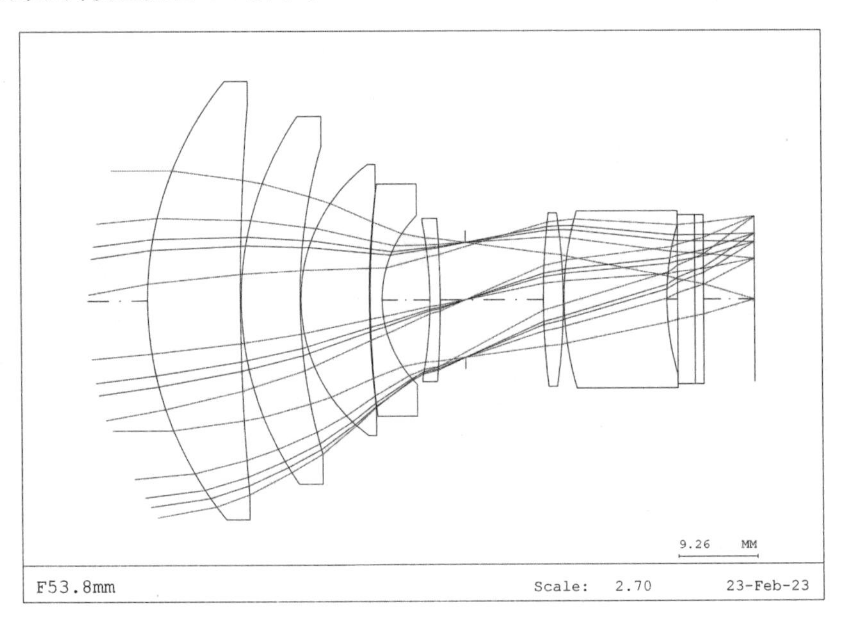

图 6-3　示例模型

通过软件建立此光学系统操作步骤如下：

（1）打开成像光学设计分析软件，设置系统数据，入瞳直径设置为 30mm；

（2）在系统数据中设置波长，如图 6-4 所示；

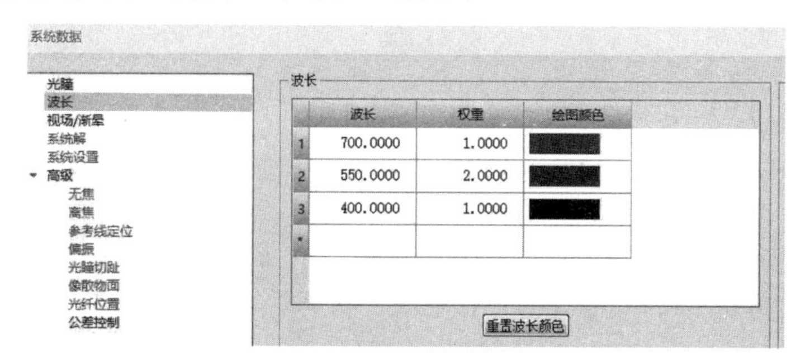

图 6-4　设置波长

（3）在系统数据中设置视场，如图 6-5 所示：

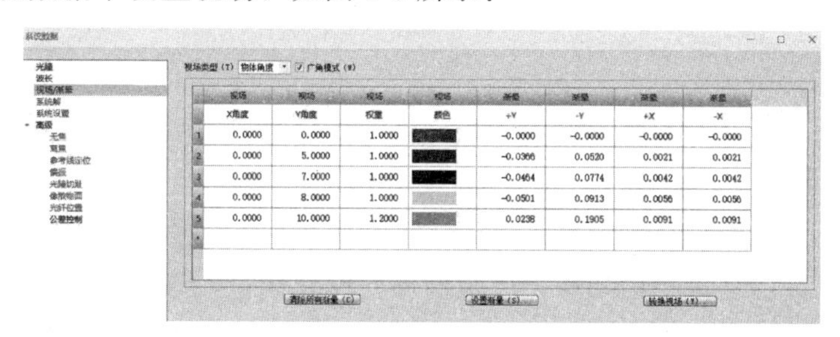

图 6-5　设置视场

（4）在镜头数据管理器中输入镜头数据，如图 6-6 所示：

镜头数据管理器

F53.8mm　系统数据　表面属性

表面编号	表面类型	Y半径	厚度	玻璃	折射类型
物面	球面	INF	INF	AIR	折射
1	球面	39.3700	11.0000	DFK61_CDGM	折射
2	球面	269.3400	0.1000	AIR	折射
3	球面	36.7880	7.0000	HLAF3_CDGM	折射
4	球面	62.5000	0.1000	AIR	折射
5	球面	19.5370	8.0012	DFK61_CDGM	折射
6	球面	102.6900	0.1000	AIR	折射
7	球面	113.1010	1.4000	HZF3_CDGM	折射
8	球面	13.6140	5.6380	AIR	折射
9	球面	-47.2800	1.2000	K7_SUMITA	折射
10	球面	-122.1800	2.9634	AIR	折射
光阑	球面	INF	9.0397	AIR	折射
12	球面	86.1370	2.3112	HLAF3_CDGM	折射
13	球面	-68.2170	0.1000	AIR	折射
14	球面	35.9100	12.0000	HLAF3_CDGM	折射
15	球面	30.5500	1.2570	AIR	折射
16	球面	INF	2.0000	SIO2_SCHOTT	折射
17	球面	INF	1.0000	HLAF3_CDGM	折射
18	球面	INF	6.1245	AIR	折射
像面	球面	INF	-0.0400	AIR	折射

图 6-6　镜头数据

（5）查看输出，在分析选项中查看一阶参数，如图 6-7 所示。

镜头数据管理器　三维镜头布局　一阶参数　一阶参数

序号	名称	值	描述
0	optInvar	2.644905	光学不变量
1	effFclLen	53.749767	有效焦距
2	dstFPFS	6.026815	前主平面至第一个平面的距离
3	dstRPLS	47.651456	后主平面至最后一个平面(像面之前的那个平面)的距离
4	frtFclLen	-47.722952	前焦距
5	bckFclLen	6.098311	后焦距
6	fNumber	1.791659	F数
7	rdcRatio	-1.258100	缩小率
8	nObj	1.000000	物方空间在中间波长的折射率
9	nImg	1.000000	像方空间在中间波长的折射率
10	actImgDst	6.084500	实际像距
11	objDst	INF	物距
12	maxInciAng	10.000000	物方空间最大入射角
13	paraImgHt	9.477534	近轴像高
14	ImgNA	0.279071	像方空间数值孔径
15	objNA	0.000000	物方空间数值孔径
16	dstENP	70.066843	入瞳与第一个平面的距离
17	radiusENP	15.000000	入瞳半径
18	dstEXP	-18.428750	出瞳与最后一个平面(像面之前的那个平面)的距离
19	radiusEXP	6.844791	出瞳半径
20	magnRatio	-0.112944	放大率
21	TT	INF	系统总长
22	OAL	65.210566	镜筒长

图 6-7　镜头一阶参数

（三）像质分析

1. 真实光线追迹

真实光线追迹计算一些单光线，可帮助用户发现孔径、边缘等问题。光线追迹可控制追迹光线、定义选项以及光线输出格式。该特性没有任何图形输出，但用户可使用查看镜头选项以获得直观效果，将相同单根光线放在镜头图上可帮助用户解释表格输出。

点击分析—真实光线追迹，勾选相对视场，在设置中输入相对光瞳坐标 $x=0.1$，$y=0.1$，如图 6-8 所示。

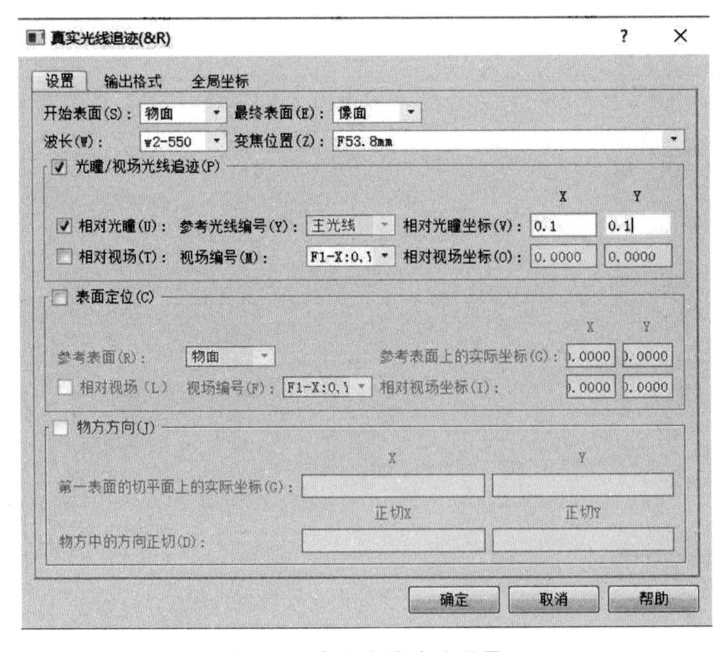

图 6-8　真实光线追迹设置

点击确定，查看真实光线追迹结果，输出真实光线追迹数据，输出结果如图 6-9 所示。

SEQUENTIAL RAY, NAME: 波长ID:1视场ID:0光瞳X:0.100000光瞳Y:0.100000

INDEX	INTERS (X)	INTERS (Y)	INTERS (Z)	DIRECT (X)	DIRECT (Y)	DIRECT (Z)
0	1.500000000000000	1.500000000000000	0.000000000000000	0.000000000000000	0.000000000000000	1.000000000000000
1	1.500000000000000	1.500000000000000	0.057191654627369	-0.012683516037739	-0.012683516037739	0.999839115479006
2	1.361097126139303	1.361097126139303	0.006878328664466	-0.016485363199266	-0.016485363199266	0.999728195861443
3	1.358733478132414	1.358733478132414	0.050217940234819	-0.025236395489094	-0.025236395489094	0.999362921408152
4	1.182668988703099	1.182668988703099	0.022383303087497	-0.029955079422609	-0.029955079422609	0.999102290275411
5	1.178207669989397	1.178207669989397	0.071183233864644	-0.040061654323513	-0.040061654323513	0.998393773871676
6	0.859718442489755	0.859718442489755	0.007197796323819	-0.055846351233197	-0.055846351233197	0.996876306322844
7	0.854158148313851	0.854158148313851	0.006450932791026	-0.035593821466959	-0.035593821466959	0.998732276311703
8	0.802803339613317	0.802803339613317	0.047423070066222	-0.018665084166524	-0.018665084166524	0.999651553925723
9	0.698611140522716	0.698611140522716	-0.010323832834701	-0.007323867358891	-0.007323867358891	0.999946359528259
10	0.689774936156962	0.689774936156962	-0.003894230193688	-0.013976959472381	-0.013976959472381	0.999804625518313
11	0.648292408450319	0.648292408450319	0.000000000000000	-0.013976959472381	-0.013976959472381	0.999804625518313
12	0.521876515438689	0.521876515438689	0.003161940818711	-0.010589900942262	-0.010589900942262	0.999887847708965
13	0.497469828982764	0.497469828982764	-0.003627875917879	-0.023960541734883	-0.023960541734883	0.999425727545345
14	0.494821940250799	0.494821940250799	0.006819047681961	-0.019605813966130	-0.019605813966130	0.999615538153270
15	0.259552178068731	0.259552178068731	0.002205229612407	-0.027909371318406	-0.027909371318406	0.999220763387763
16	0.224503841825032	0.224503841825032	0.000000000000000	-0.019117483614729	-0.019117483614729	0.999634455008670
17	0.186254892883866	0.186254892883866	0.000000000000000	-0.015970758922665	-0.015970758922665	0.999744902322022
18	0.170280058818124	0.170280058818124	0.000000000000000	-0.027909371318406	-0.027909371318406	0.999220763387762
19	0.001064547915050	0.001064547915050	0.000000000000000	-0.027909371318406	-0.027909371318406	0.999220763387762

OPD = -0.055414391381832Waves
TRANS = 0.000000000000000

图 6-9　真实光线追迹结果

2. 光线像差曲线

光线像差是成像光学系统中一个重要的影响因素，它指的是与理想成像相比，实际成像的光线偏离位置的情况。光线像差曲线是一种图像，用来显示光线像差在不同位置上的变化情况。

在成像软件中，通常会使用光线跟踪的方法来计算和显示光线像差曲线。该方法基于成像光学系统的光学参数，可以模拟光线在系统中的传播和折射情况，进而得到不同位置上的光线像差值。

光线像差曲线在成像系统设计和优化中起到了重要的作用。通过分析不同位置上的光线像差曲线，可以了解光线像差的分布情况，进而优化系统的光学设计参数，以达到更好的成像效果。

点击分析—光线像差曲线，在设置界面中选择坐标类型，选择像差图，并设置合适的直径内光线数（也可以使用默认值），如图 6-10 所示。

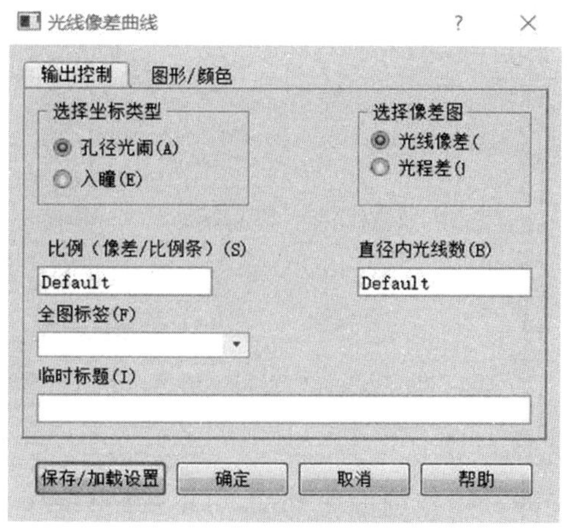

图 6-10　光线像差曲线设置

点击确定，开始计算各个视场下 X 和 Y 方向的光线像差，并绘制出光线像差曲线图，如图 6-11 所示。

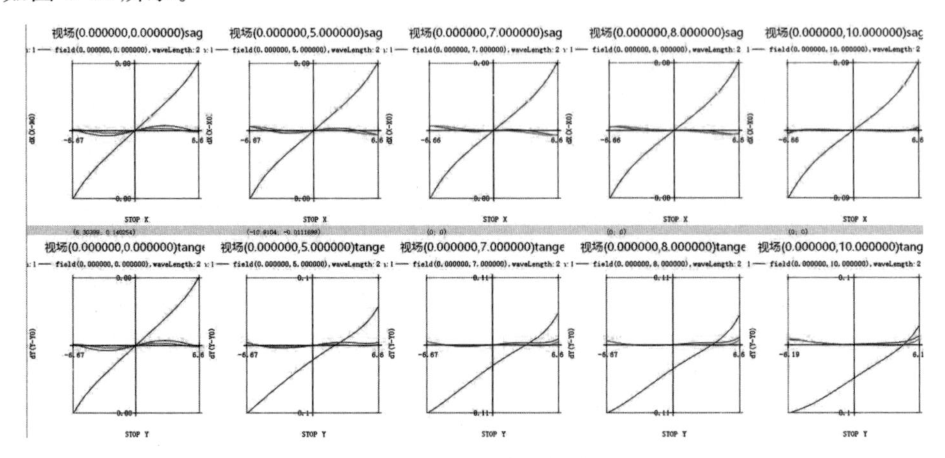

图 6-11　光线像差曲线

（四）优化设计

1. 局部优化

查看镜头数据管理器，选择几个曲率半径和厚度参数，点击鼠标右键，设置变量，则对应的参数右上角会出现“v”的标志，如图 6-12 所示。

镜头数据管理器　真实光线数据　光瞳图

F53.8mm　系统数据　表面属性

表面编号	表面名称	表面类型	Y半径	厚度	玻璃	折射类型
1		球面	39.3700	11.0000	DFK61_CDGM	折射
2		球面	269.3400	0.1000	AIR	折射
3		球面	36.7880	7.0000	HLAF3_CDGM	折射
4		球面	62.5000	0.1000	AIR	折射
5		球面	19.5370	8.0012	DFK61_CDGM	折射
6		球面	102.6900	0.1000	AIR	折射
7		球面	113.1010	1.4000	HZF3_CDGM	折射
8		球面	13.6140	5.6380 v	AIR	折射
9		球面	-47.2800	1.2000	K7_SUMITA	折射
10		球面	-122.1800	2.9634 v	AIR	折射
光阑		球面	INF	9.0397 v	AIR	折射
12		球面	86.1370 v	2.3112	HLAF3_CDGM	折射
13		球面	-68.2170 v	0.1000	AIR	折射
14		球面	35.9100 v	12.0000	HLAF3_CDGM	折射
15		球面	30.5500 v	1.2570 v	AIR	折射
16		球面	INF	2.0000	SIO2_SCHOTT	折射
17		球面	INF	1.0000	HLAF3_CDGM	折射
18		球面	INF	6.1245 v	AIR	折射
像面		球面	INF	-0.0400	AIR	折射

图 6-12　设置优化变量

点击优化—自动化设计，选择标准化选项—DLS（粗优化）或者 NDLS（精优化），点击确定进行优化，如图 6-13 所示。

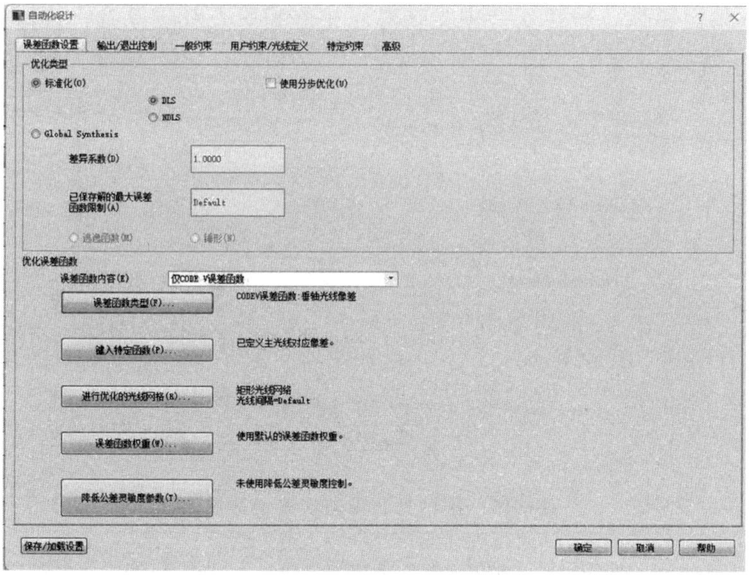

图 6-13 自动化设置界面

显示自动化设计界面，默认显示误差函数设置界面，误差函数即优化目标，可以进行局部优化和全局优化，全局优化计算会调用局部优化。

可以设置不同的优化误差函数，误差函数可选择仅软件误差函数、仅用户自定义误差函数、软件/用户自定义复核误差函数、仅约束方案四种，默认选项为仅软件误差函数。

点击误差函数类型，软件支持垂轴光线像差和波前误差变化，选择垂轴光线像差，如图 6-14 所示。

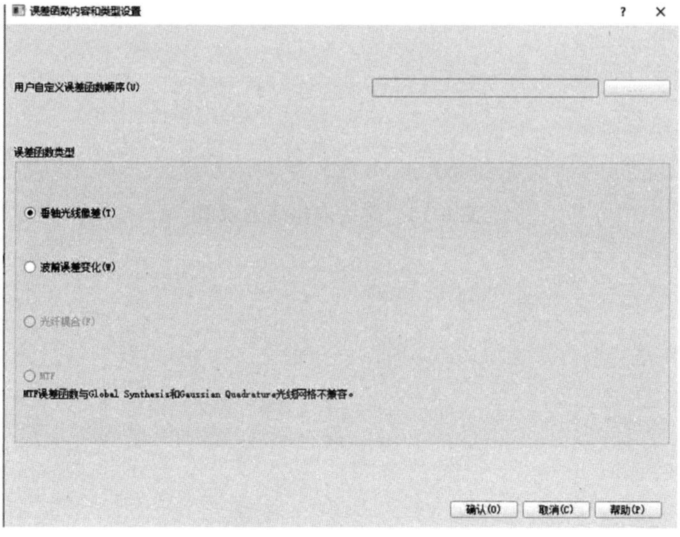

图 6-14 误差函数设置

点击键入特定函数，软件支持主光线对应相差和质心对应像差，选择主光线对应像差，如图 6-15 所示。

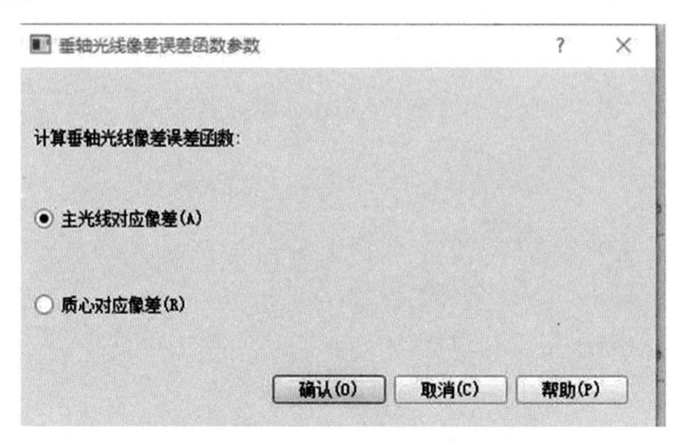

图 6-15　垂轴光线像差误差函数设置

点击进行优化的光线网格，可设置光线网格属性，设置如图 6-16 所示。

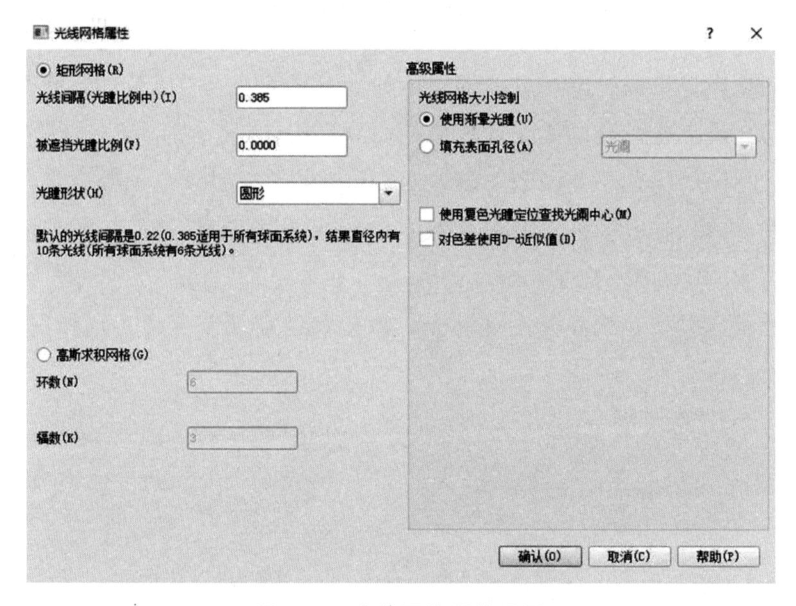

图 6-16　光线网格属性设置

点击误差函数权重，不设置会使用默认的误差函数权重，如图 6-17 所示。

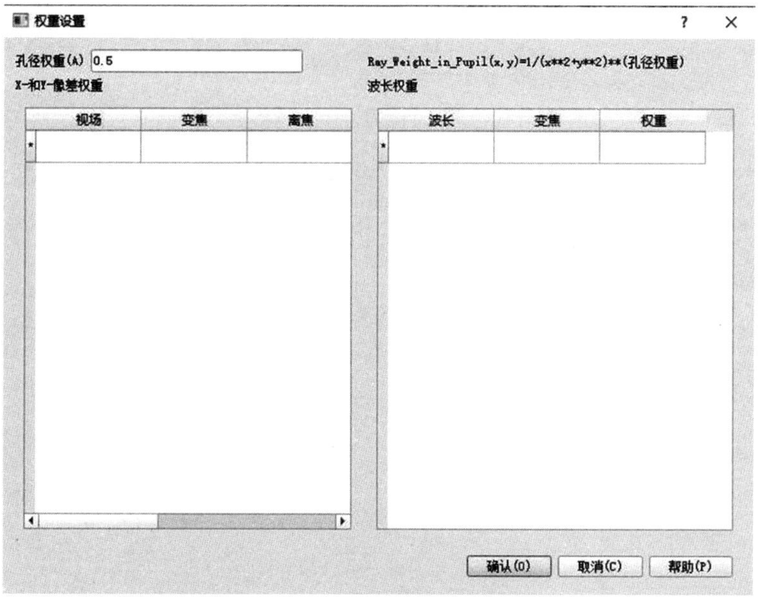

权重设置
孔径权重(A) 0.5
Ray_Weight_in_Pupil(x,y)=1/(x**2+y**2)**(孔径权重)
X-和Y-像差权重
波长权重
视场 变焦 离焦
波长 变焦 权重
确认(O) 取消(C) 帮助(P)

图 6-17　误差函数权重设置

点击降低公差灵敏度参数，设置如图 6-18 所示。

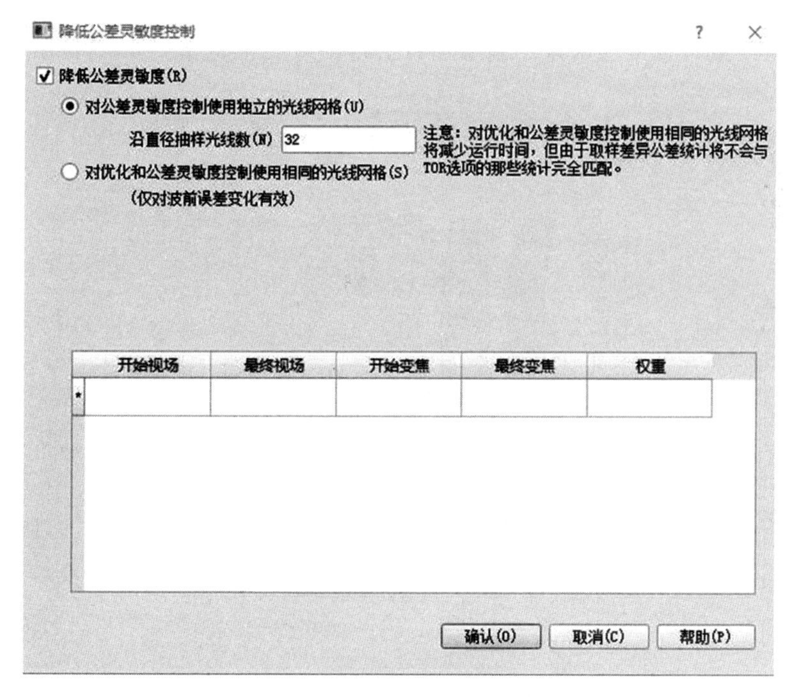

图 6-18　降低公差灵敏度参数

选择输出/退出控制；可以设置退出条件和输出，设置如图 6-19 所示。

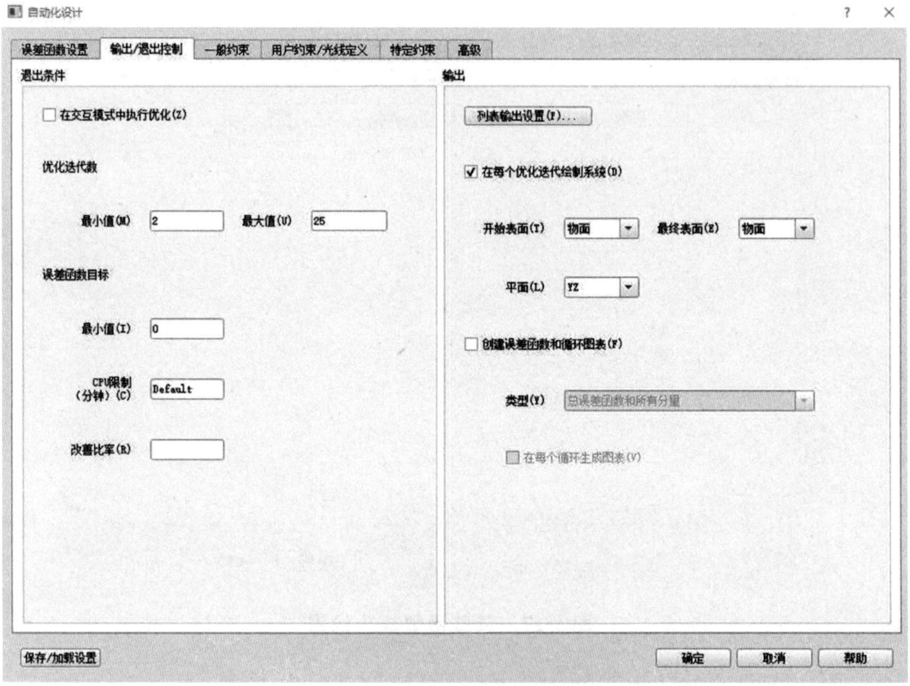

自动化设计

误差函数设置 输出/退出控制 一般约束 用户约束/光线定义 特定约束 高级

退出条件

在交互模式中执行优化(Z)

优化迭代数

最小值(M) 2 最大值(U) 25

误差函数目标

最小值(I) 0

CPU限制（分钟）(C) Default

改善比率(R)

输出

列表输出设置(F)...

在每个优化迭代绘制系统(D)

开始表面(T) 物面 最终表面(E) 物面

平面(L) YZ

创建误差函数和循环图表(F)

类型(Y) 总误差函数和所有分量

在每个循环生成图表(V)

保存/加载设置 确定 取消 帮助

图 6-19 输出/退出控制设置

点击一般约束，可实现对常用系统参数进行约束设置，如图 6-20 所示。

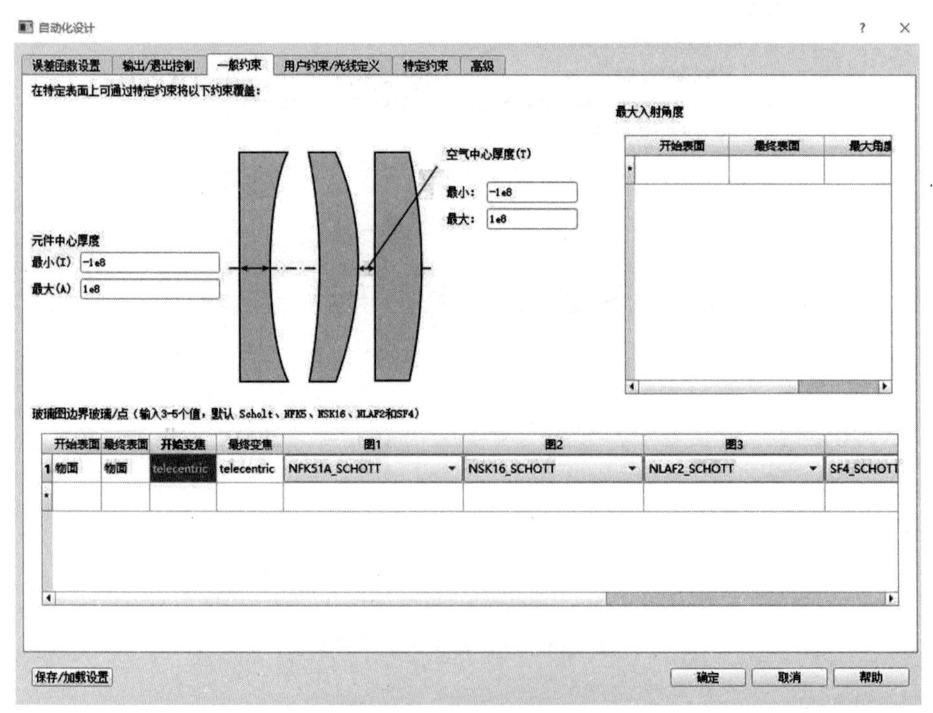

图 6-20 一般约束设置

选择特定约束，点击插入特定约束，显示支持设置约束的系统参数，如图 6-21 所示。

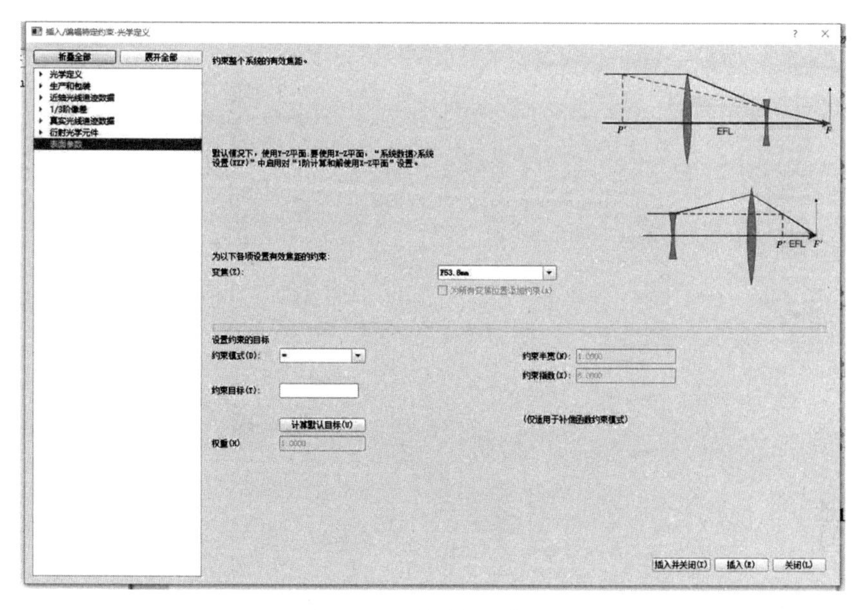

图 6-21　特定约束设置

特定约束分为七类，点击左侧目录树可进行设置，并显示约束图文解释，选择有效焦距，点击计算默认目标，可以计算出现在系统使用的参数设置。可以选择不同约束模式，用户可以根据需要选择相应模式，本例约束模式选择“＝”，约束目标设置为 54。点击插入进行设置，如图 6-22 所示。

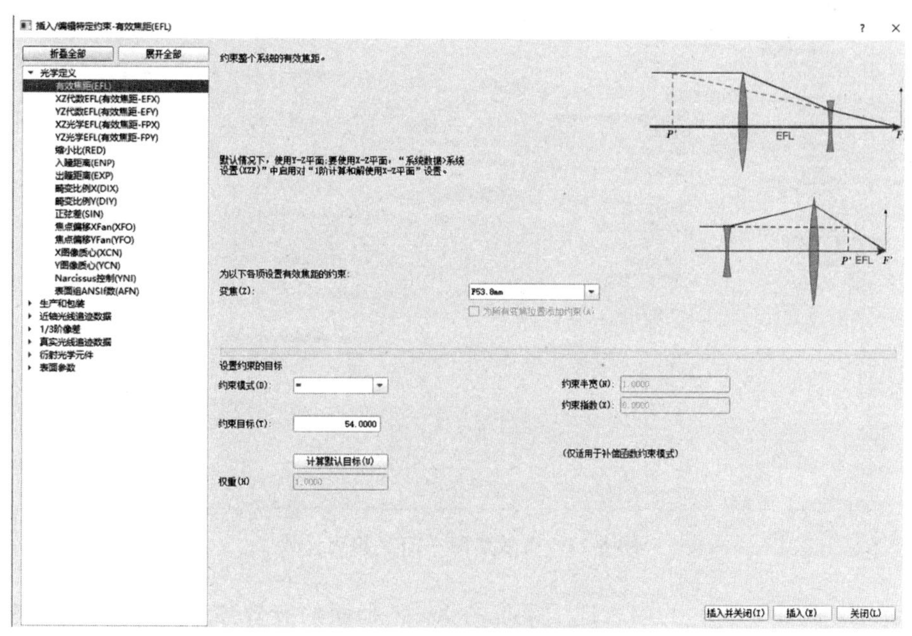

图 6-22　有效焦距约束设置

选择 XZ 代数 EFL，约束所选子系统的 X—Z 平面的有效焦距，设置如图 6-23 所示，并点击插入进行设置。

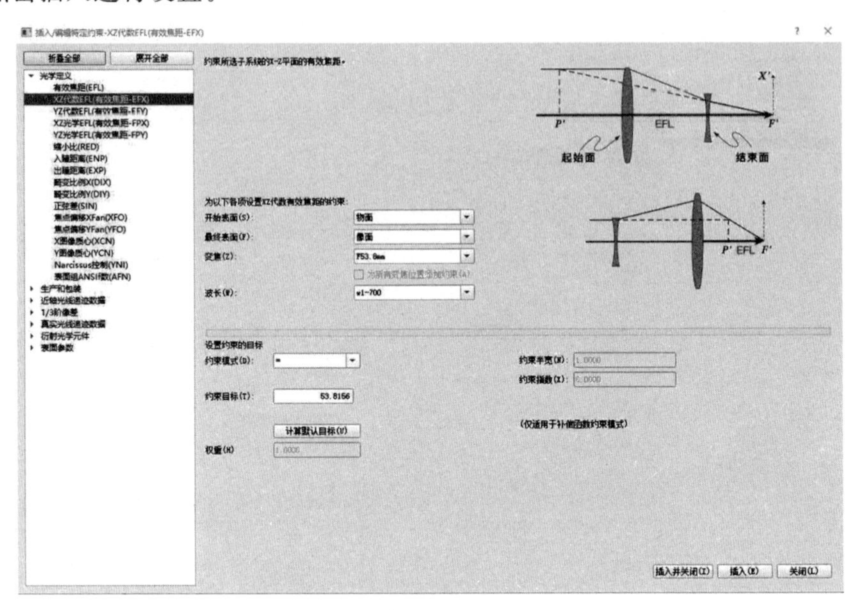

图 6-23　有效焦距—EFX 约束设置

选择 YZ 代数 EFL，约束所选子系统的 Y—Z 平面的有效焦距，设置如图 6-24 所示，并点击插入进行设置。

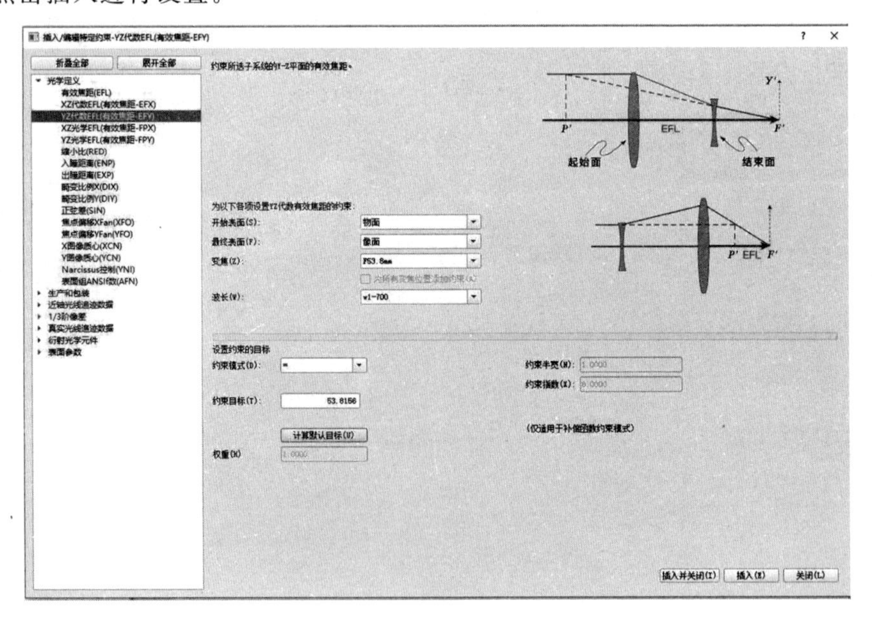

图 6-24　有效焦距—EFY 约束设置

选择 XZ 代数 EFL，约束所选子系统的 X—Z 平面的有效焦距，在该平面中正值表示会聚透镜，负值表示发散透镜，与光线方向无关。设置如图 6-25 所示，并点击插入进行设置。

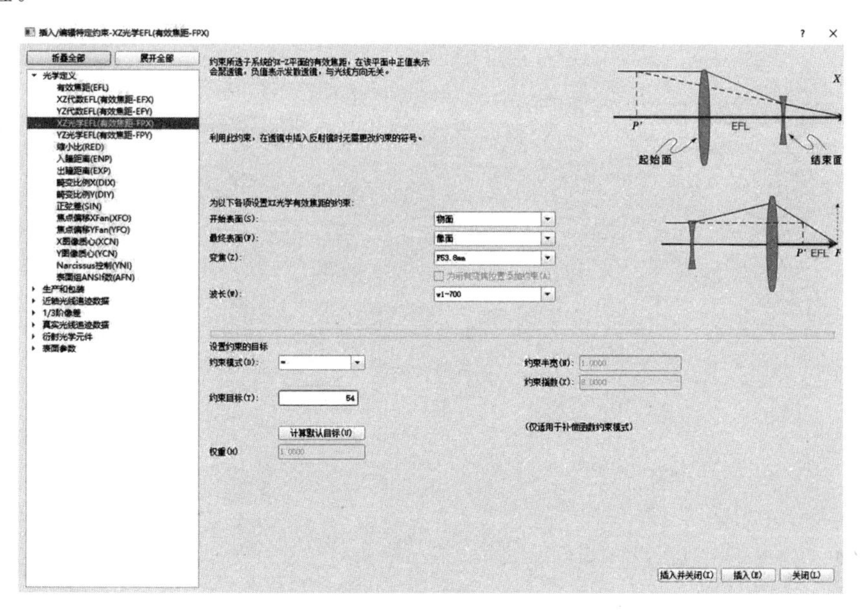

图 6-25　有效焦距—FPX 约束设置

选择 YZ 代数 EFL，约束所选子系统的 Y—Z 平面的有效焦距，在该平面中正值表示会聚透镜，负值表示发散透镜，与光线方向无关。设置如图 6-26 所示，并点击插入进行设置。

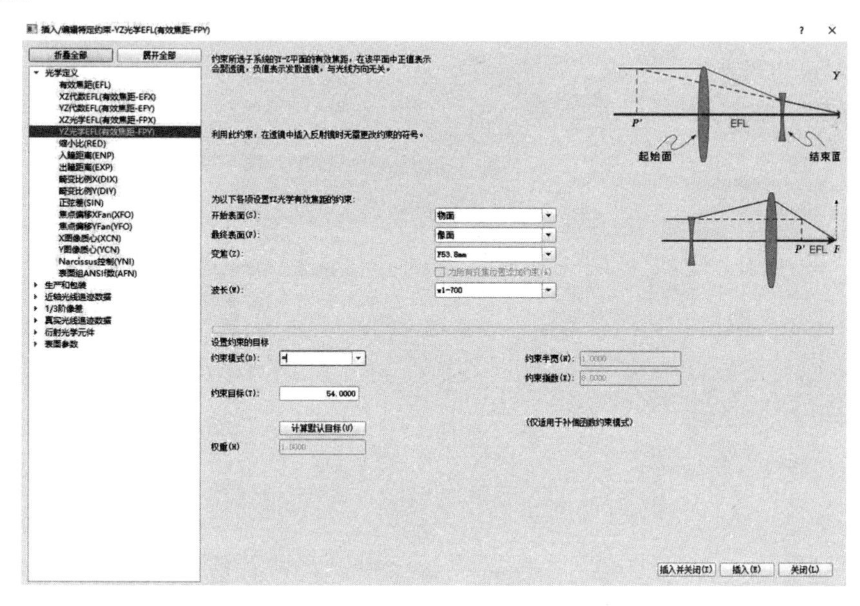

图 6-26　有效焦距—FPY 约束设置

选择缩小比，设置界面如图 6-27 所示。

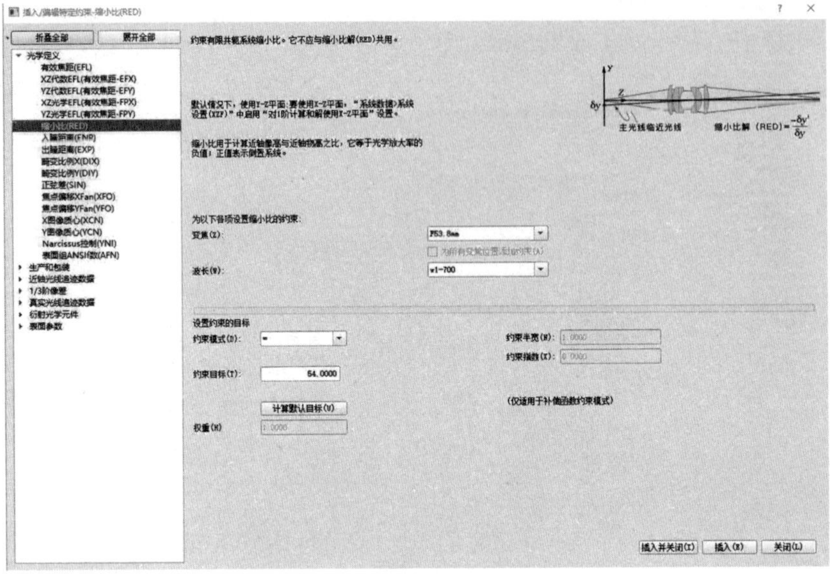

插入/编辑特定约束-缩小比(RED)
折叠全部　展开全部
光学定义
有效焦距(EFL)
XZ代数EFL(有效焦距-EFX)
YZ代数EFL(有效焦距-EFY)
XZ光学EFL(有效焦距-FPX)
YZ光学EFL(有效焦距-FPY)
缩小比(RED)
入瞳距离(ENP)
出瞳距离(EXP)
畸变比例X(DIX)
畸变比例Y(DIY)
正弦差(SIN)
焦点偏移XFan(XFO)
焦点偏移YFan(YFO)
X图像质心(XCN)
Y图像质心(YCN)
Narcissus控制(YNI)
表面组ANSI函数(AFN)
生产和包装
近轴光线追迹数据
1/3阶像差
真实光线追迹数据
衍射光学元件
表面参数

约束有限共轭系统缩小比。它不应与缩小比解(RED)共用。

默认情况下，使用Y-Z平面；要使用X-Z平面，"系统数据>系统设置(XZF)"中启用"对1阶计算和解使用X-Z平面"设置。

缩小比用于计算近轴像高与近轴物高之比，它等于光学放大率的负值；正值表示倒置系统。

主光线临近光线　缩小比解 (RED)= $\frac{-\delta y'}{\delta y}$

为以下各项设置缩小比的约束：
变焦(Z)：F53.8mm
为所有变焦位置添加约束(A)
波长(W)：w1-700

设置约束的目标
约束模式(D)：=
约束目标(T)：54.0000
计算默认目标(V)
权重(H)　1.0000
约束半宽(H)：1.0000
约束指数(X)：8.0000
(仅适用于补偿函数约束模式)

插入并关闭(I)　插入(N)　关闭(L)

图 6-27　缩小比约束设置

点击插入并关闭，在特定约束列表中显示设置的特定约束信息，可以用鼠标点击，对模式和目标进行更改，如图 6-28 所示。

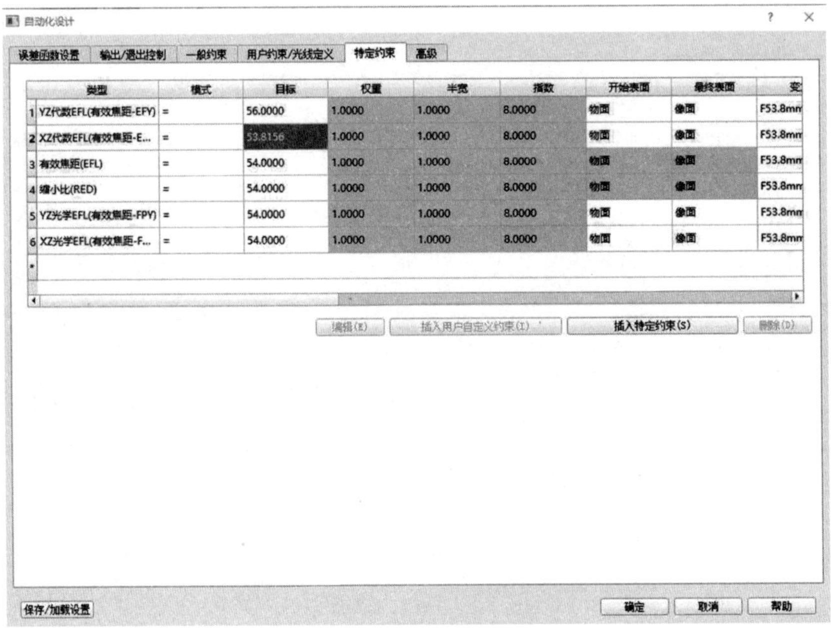

自动化设计
误差函数设置　输出/退出控制　一般约束　用户约束/光线定义　特定约束　高级

	类型	模式	目标	权重	半宽	指数	开始表面	最终表面	变
1	YZ代数EFL(有效焦距-EFY)	=	56.0000	1.0000	1.0000	8.0000	物面	像面	F53.8mm
2	XZ代数EFL(有效焦距-E...	=	53.8156	1.0000	1.0000	8.0000	物面	像面	F53.8mm
3	有效焦距(EFL)	=	54.0000	1.0000	1.0000	8.0000	物面	像面	F53.8mm
4	缩小比(RED)	=	54.0000	1.0000	1.0000	8.0000	物面	像面	F53.8mm
5	YZ光学EFL(有效焦距-FPY)	=	54.0000	1.0000	1.0000	8.0000	物面	像面	F53.8mm
6	XZ光学EFL(有效焦距-F...	=	54.0000	1.0000	1.0000	8.0000	物面	像面	F53.8mm

编辑(E)　插入用户自定义约束(I)　插入特定约束(S)　删除(D)

保存/加载设置　确定　取消　帮助

图 6-28　特定约束设置

点击确定，进行光线追迹全局优化。误差函数随着迭代次数的增加不断下降，可输出误差函数和迭代次数的变化曲线以及数据。

第一次优化 25 轮（DLS 算法）结果如图 6-29、图 6-30 所示。

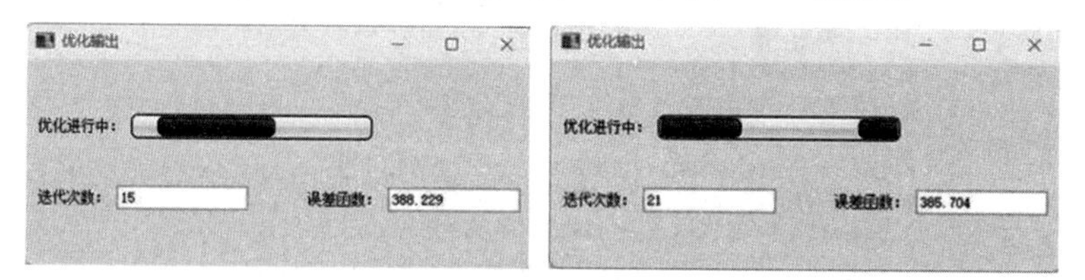

图 6-29　优化迭代进度

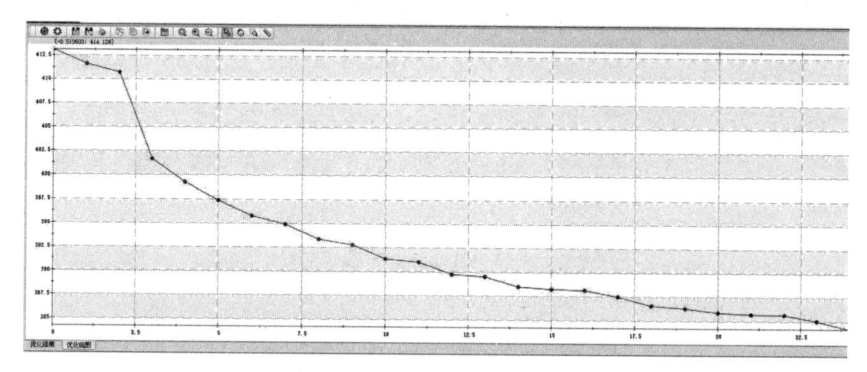

图 6-30　DLS 算法优化曲线

选择标准化 NDLS 算法，点击确定，进行第二次优化 25 轮。结果如图 6-31、图 6-32 所示。

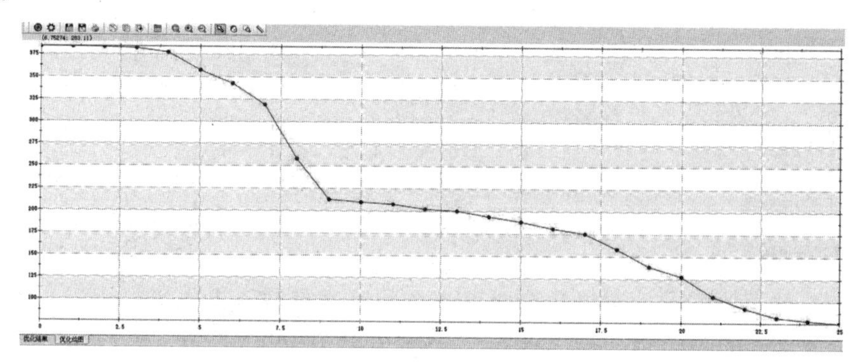

图 6-31　NDLS 算法优化曲线

变量id	初始值	最终值
0	5.597654906524959	-3.748975121820056
1	2.802791157095195	7.579736251458303
2	8.972437571766658	7.103665329479131
3	1.266987092067910	2.810283455622807
4	6.134469459257043	7.677734806045192
5	0.011644760481111	0.013038350340897
6	-0.014699723910462	-0.013498666072409
7	0.027888604294014	0.028888588032392
8	0.032480729183827	0.035401010531795

****

迭代次数	目标值
0	383.968
1	383.706
2	383.265
3	382.135
4	377.349
5	357.354
6	342.679
7	319.095
8	258.262
9	212.697
10	209.815
11	207.558
12	202.147
13	200.191
14	194.036
15	188.301
16	180.846
17	175.234
18	158.25
19	138.725
20	127.731
21	105.111
22	91.9604
23	81.7414
24	78.2853
25	75.6637

图 6-32 NDLS 算法优化结果

2. 全局优化

查看镜头数据管理器，选择几个曲率半径和厚度参数，点击鼠标右键，设置变量，则对应的参数右上角会出现“v”的标志，如图 6-33 所示。

镜头数据管理器

F53.8mm　系统数据　表面属性

表面编号	表面名称	表面类型	Y半径	厚度	玻璃	折射类型
物面		球面	INF	INF	AIR	折射
1		球面	39.3700 V	11.0000	DFK61_CDGM	折射
2		球面	269.3400 V	0.1000 V	AIR	折射
3		球面	36.7880 V	7.0000	HLAF3_CDGM	折射
4		球面	62.5000 V	0.1000 V	AIR	折射
5		球面	19.5370 V	8.0012	DFK61_CDGM	折射
6		球面	102.6900 V	0.1000 V	AIR	折射
7		球面	113.1010 V	1.4000	HZF3_CDGM	折射
8		球面	13.6140 V	5.6380 V	AIR	折射
9		球面	-47.2800 V	1.2000	K7_SUMITA	折射
10		球面	-122.1800 V	2.9634 V	AIR	折射
光阑		球面	INF	9.0397 V	AIR	折射
12		球面	86.1370 V	2.3112	HLAF3_CDGM	折射
13		球面	-68.2170 V	0.1000 V	AIR	折射

图 6-33　全局优化变量设置

点击优化—自动化设计，选择选项 GlobalSynthesis—逃逸函数，差异系数为 0.01 已保存解的最大误差函数限制为 200，如图 6-34 所示。

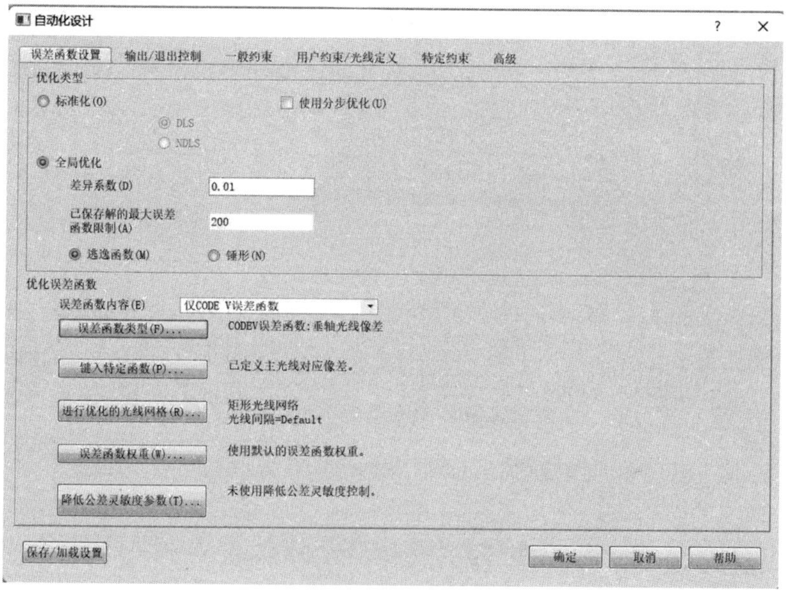

图 6-34　全局优化设置

点击确定，误差函数随着迭代次数的增加不断下降，并跳出局部最优解，可输出误差函数和迭代次数的数据，优化结果如图 6-35 所示。

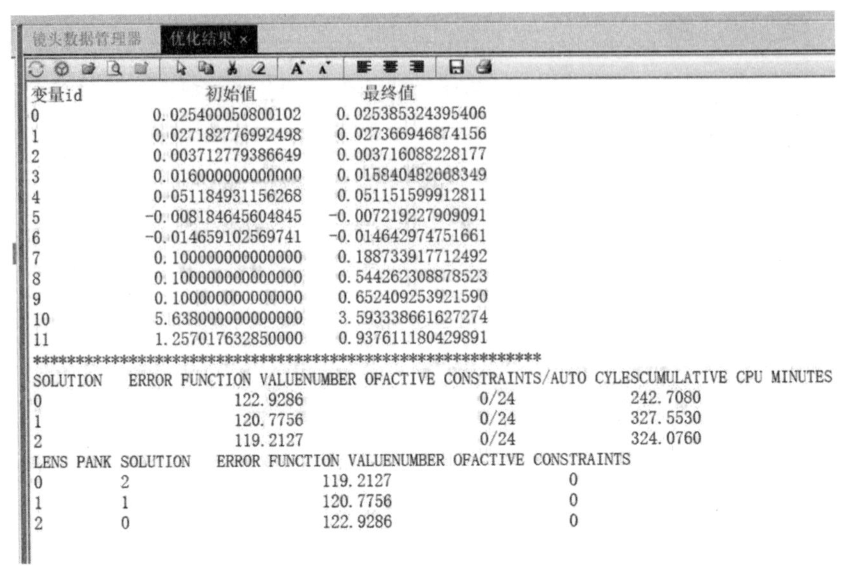

图 6-35　全局优化结果

二、联合仿真 Cooke 系统

（一）联合仿真流程搭建

通过拖拽创建成像和杂散联合仿真工作流，操作步骤如下：

（1）创建工作流，点击新建，创建工作流 case-cooke. wfx 文件。

（2）拖拽 odes 成像组件和 lightPro 杂散组件至工作流工作区中。

（3）成像组件创建输出参数 output01，数据类型为 Boolean，如图 6-36 所示。

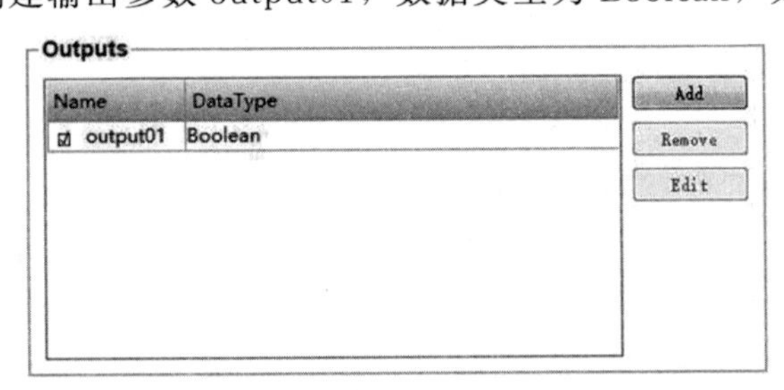

图 6-36　输出参数 output01

（4）杂散组件创建输入参数 intput01，数据类型为 Boolean，如图 6-37 所示。

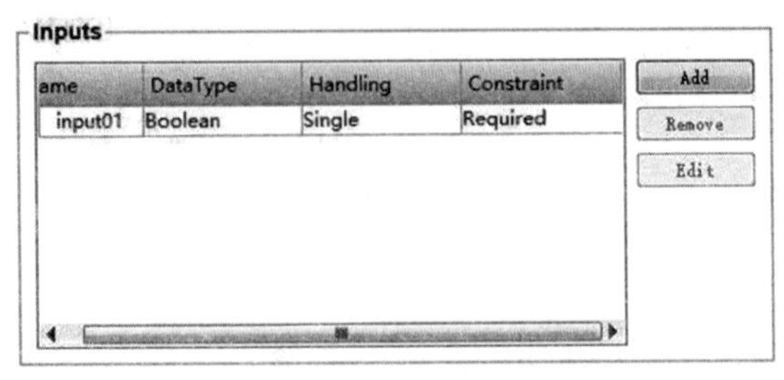

图 6-37　输入参数 intput01

（5）点击组件—Connection，连接成像软件和杂散软件，将成像软件的输出参数 output01 与杂散软件的输入参数 intput01 建立连接，如图 6-38 所示。

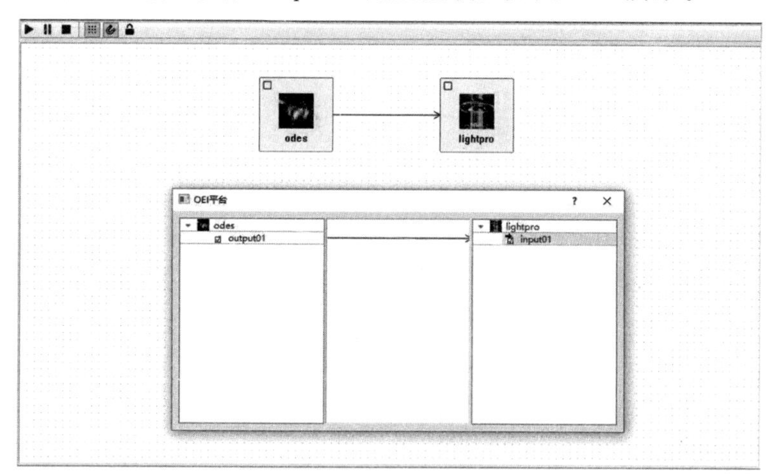

图 6-38　仿真流程搭建

（二）成像软件流程操作

1. 系统规格

本例规格参数如下：

有效焦距：50mm；

入瞳直径：10mm；

工作波长：587.61nm；

半视场角度：20°。

2. 初始结构

本例初始结构为三片平板玻璃，光焦度为 0，平行光入射平行光出射。入瞳直径为 10mm，半视场为 20°，波长为 546.61nm。

打开镜头管理器，点击系统数据，显示系统数据设置界面。在系统数据界面选择左侧导航栏中的光瞳，光瞳规格选择为入瞳直径，输入入瞳直径 10mm，如图 6-39 所示。

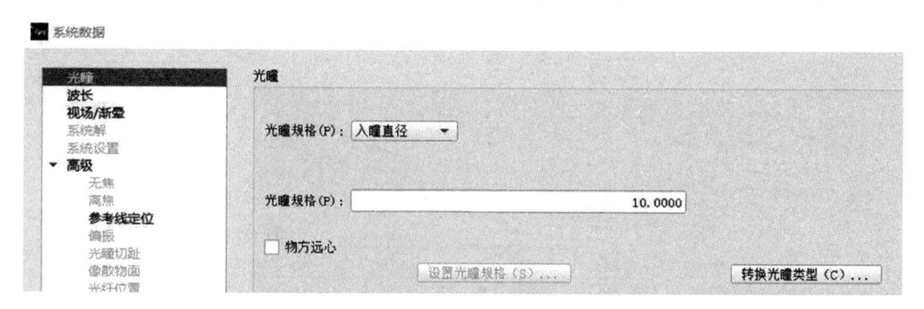

图 6-39　光瞳设置

在系统数据界面选择左侧导航栏中的波长，修改波长为 546.1nm，如图 6-40 所示。

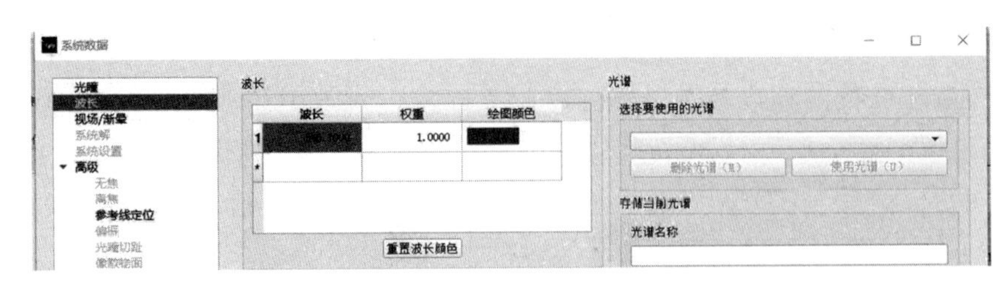

图 6-40　波长设置

在系统数据界面选择左侧导航栏中的视场/渐晕，在视场设置界面中，选择视场类型为物体角度，在表格栏中选择任意表格数据插入视场，创建三个视场，“Y 角度”列输入数值 0、14、20，并设置三个视场不同颜色，如图 6-41 所示。

	视场 X角度	视场 Y角度	视场 权重	视场 颜色	渐晕 +Y	渐晕 -Y	渐晕 +X
1	0.0000	0.0000	1.0000		0.0000	0.0000	0.0000
2	0.0000	14.0000	1.0000		0.0000	0.0000	0.0000
3	0.0000	20.0000	1.0000		0.0000	0.0000	0.0000

图 6-41　视场设置

本例初始镜头数据设置、镜头结构、初始结构点列图如图 6-42、图 6-43、图 6-44 所示。

表面编号	表面名称	表面类型	Y半径	厚度	玻璃	折射类型	Y半孔径	X半孔径
物面		球面	INF	INF	AIR	折射		
1		球面	INF	2.0000	SK16_SCHOTT	折射	7.2510	7.2510
2		球面	INF	5.0000	AIR	折射	6.8199	6.8199
光阑		球面	INF	2.0000	F4_HOYA	折射	5.0000	5.0000
4		球面	INF	5.0000	AIR	折射	5.4318	5.4318
5		球面	INF	2.0000	SK16_SCHOTT	折射	7.2517	7.2517
6		球面	INF	40.0000	AIR	折射	7.6829	7.6829
像面		球面	INF	0.0000	AIR	折射	22.2417	22.2417

图 6-42　示例镜头数据

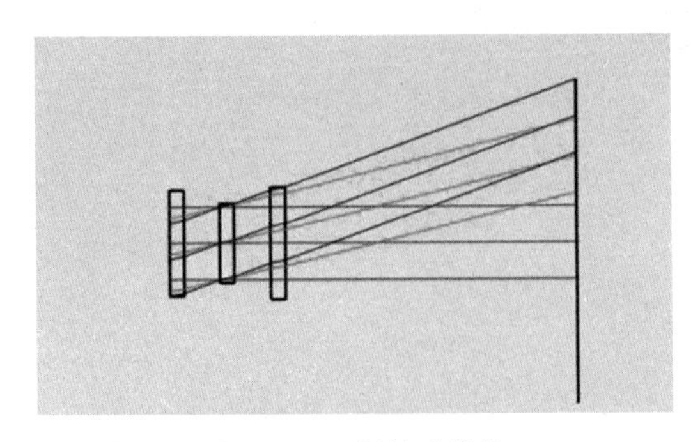

图 6-43　示例镜头结构

点列图数据
F3-X:0, Y:20
F2-X:0, Y:14
F1-X:0, Y:0
RMS:7.0753 100%:9.996
RMS:7.0753 100%:9.996
RMS:7.0753 100%:9.996
(-1.70468; 1.14487)
-2 -1.5 -1 -0.5 0 0.5 1 1.5 2

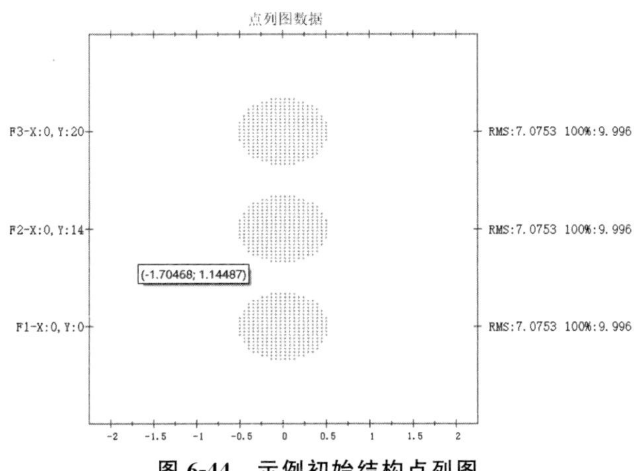

图 6-44　示例初始结构点列图

3. 优化设计

优化变量设置，将第一面到第六面的所有半径和厚度设为变量，如图 6-45 所示。

表面编号	表面名称	表面类型	Y半径	厚度	玻璃	折射类型	Y半孔径	X半孔径
物面		球面	INF	INF	AIR	折射		
1		球面	INF V	2.0000 V	SK16_SCHOTT	折射	7.2510	7.2510
2		球面	INF V	5.0000 V	AIR	折射	6.8199	6.8199
光阑		球面	INF V	2.0000 V	F4_HOYA	折射	5.0000	5.0000
4		球面	INF V	5.0000 V	AIR	折射	5.4318	5.4318
5		球面	INF V	2.0000 V	SK16_SCHOTT	折射	7.2517	7.2517
6		球面	INF V	40.0000 V	AIR	折射	7.6829	7.6829
像面		球面	INF	0.0000	AIR	折射	22.2417	22.2417

图 6-45　设置优化变量

优化设计设置，选择 DLS 优化方法，约束元件中心厚度和空气中心厚度，根据有效焦距设置特定约束，目标值为 50mm，当前平板的有效焦距为无穷。

(1) 选择优化—自动化设计，选择 DLS 优化方法，如图 6-46 所示。

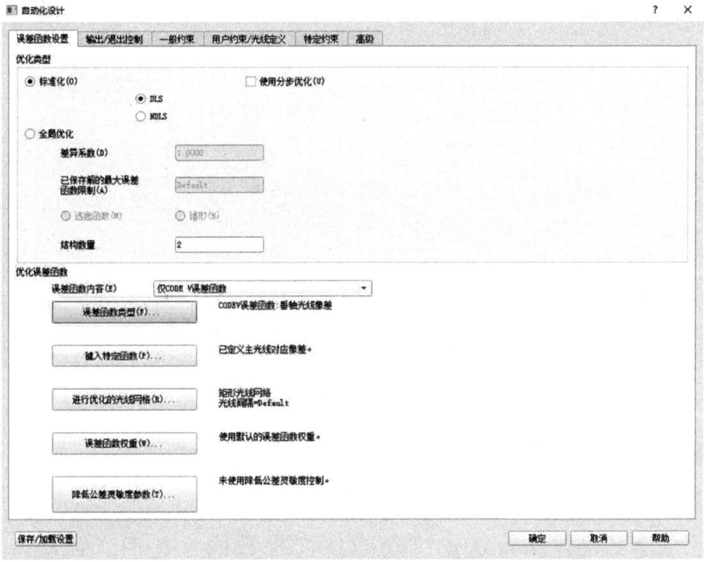

自动化设计
误差函数设置
输出/退出控制
一般约束
用户约束/光线定义
特定约束
高级
优化类型
标准化(O)
使用分步优化(U)
DLS
MDLS
全局优化
差异系数(D)
1.0000
已保存解的最大误差函数限制(A)
Default
结构数量
2
优化误差函数
误差函数内容(E)
仅CODE V误差函数
误差函数类型(F)...
CODEV误差函数:垂轴光线像差
键入特定函数(P)...
已定义主光线对应像差。
进行优化的光线网格(R)...
矩形光线网格
光线间隔=Default
误差函数权重(W)...
使用默认的误差函数权重。
降低公差灵敏度参数(T)...
未使用降低公差灵敏度控制。
保存/加载设置
确定
取消
帮助

图 6-46　误差函数设置

（2）在自动化设计对话框中，点击一般约束，设置元件中心厚度和空气中心厚度的最大最小值分别为 1 和 10，如图 6-47 所示。

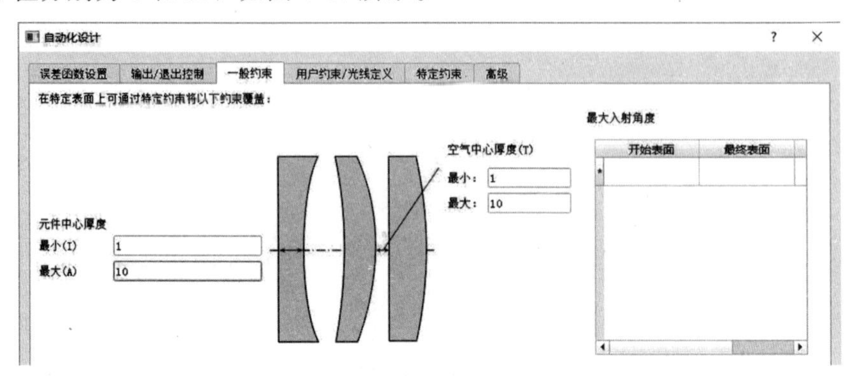

图 6-47　一般约束设置

（3）在自动化设计对话框中，点击特定约束，弹出插入/编辑特定约束对话框。

（4）默认显示有效焦距设置界面，设置约束模式为“=”，并设置约束目标值为 50。

（5）点击插入并关闭，返回自动化设计对话框，在特定约束列表中显示新插入的特定约束，如图 6-48 所示。

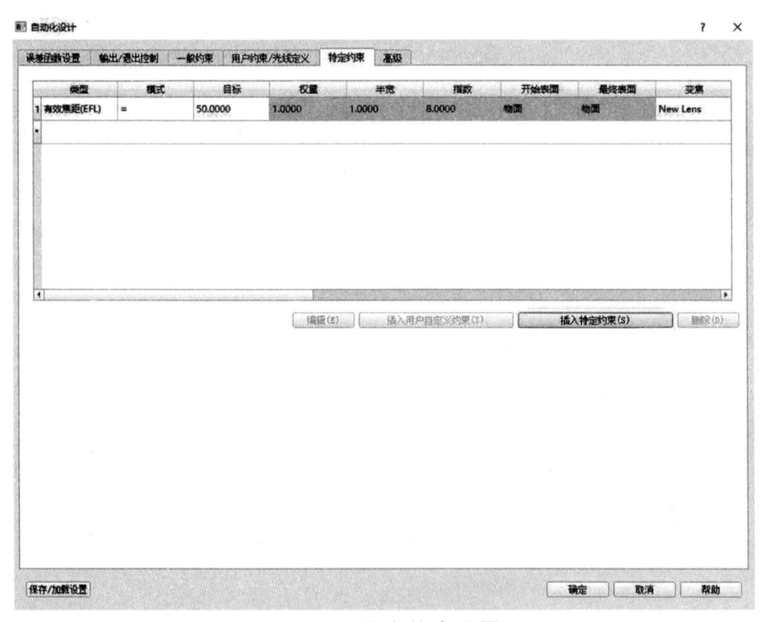

图 6-48　特定约束设置

（6）在自动化设计对话框中，点击确定，进行优化。

4. 优化结果

优化结束后，显示误差函数迭代优化随迭代次数的变化图。从图 6-49 中可以看出误差函数随着迭代次数下降明显。

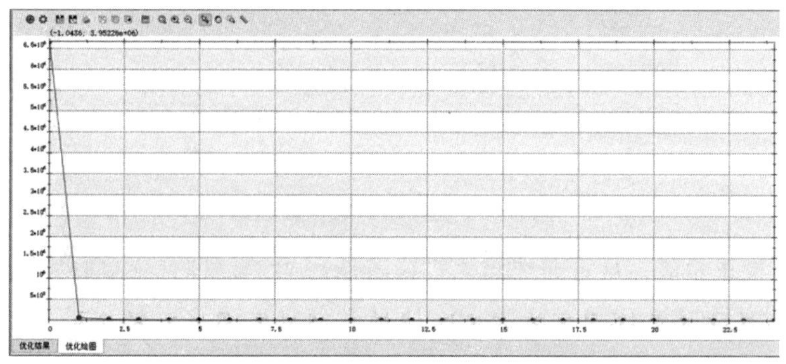

图 6-49　误差函数随迭代次数的变化

选择显示—查看镜头，查看光线追迹结构图。如图 6-50 所示，镜头变为了正—负—正结构的 cooke 三片式，光线已经聚焦。

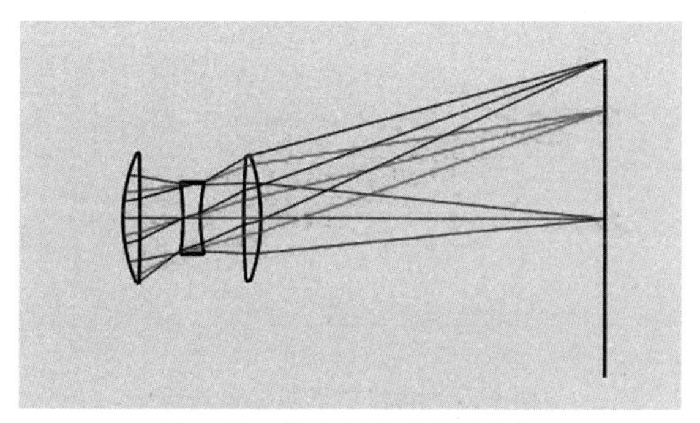

图 6-50　优化后光线追迹结构

选择分析—点列图，查看点列图评价分析，生成点列图数据和不同视场点列图。从图 6-51 可以看出，光斑直径明显减小。

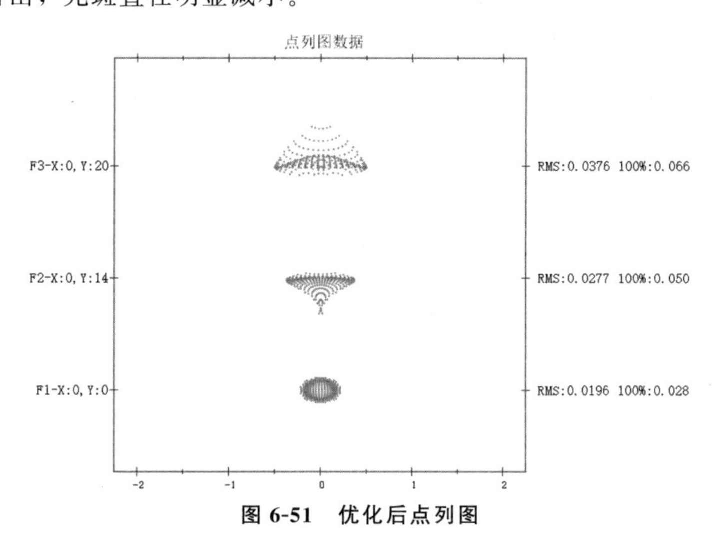

图 6-51　优化后点列图

1 阶参数中，如图 6-52 所示，优化后的有效焦距为 49.999931mm，非常接近目标值 50mm。

序号	名称	值	描述
0	optInvar	1.819851	光学不变量
1	effFclLen	49.999931	有效焦距
2	dstFPFS	7.889971	前主平面至第一个平面的距离
3	dstRPLS	9.792533	后主平面至最后一个平面(像面之前的那个平面)的距离
4	frtFclLen	-42.109960	前焦距
5	bckFclLen	40.207398	后焦距
6	fNumber	4.999993	F数

图 6-52　优化后一阶参数信息

平板玻璃优化完成，从点列图和光线像差曲线来看，轴外视场彗差和像散比较大，后续可采用 NDLS 等方法进一步精细优化，优化结果如图 6-53 所示。

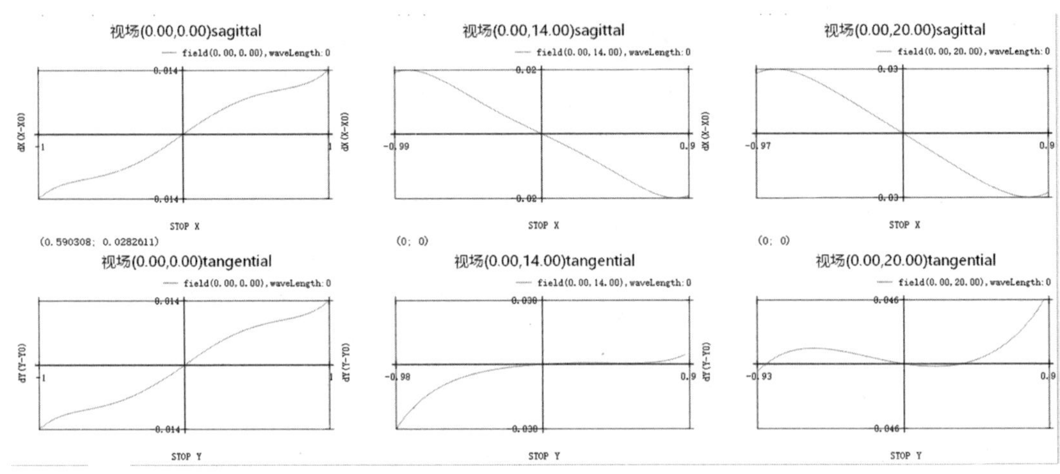

图 6-53　优化后光线像差曲线

5. 启动杂散软件

点击保存成像软件进行保存为 case1-cook. odi 文件，关闭成像软件，自动运行杂散软件，如图 6-54 所示。

图 6-54　保存 case1-cook. odi 文件

（三）杂散软件流程操作

1. 序列光线追迹

工作流自动运行打开成像系统生成的 Cooke 模型，在系统浏览器中显示几何体，在三维视图中显示三维模型，如图 6-55 所示。

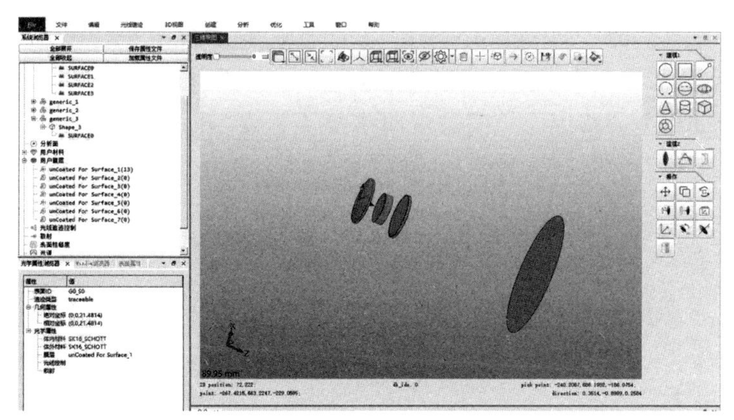

图 6-55　杂散软件 Cooke 模型三维显示

点击光线追迹一显示主光线和边缘光线，显示追迹光线和信息，如图 6-56、图 6-57 所示。

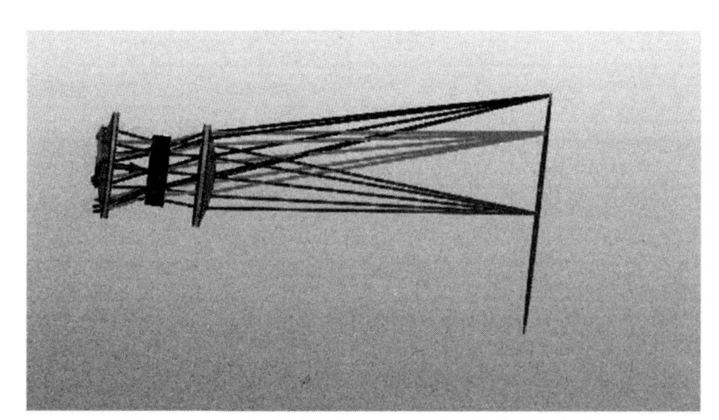

图 6-56　杂散软件 Cooke 模型光线追迹

文件 C:/Users/SWLAB1/Desktop/cooke/cooke_test2.odi 数据

系统数量：1 当前系统：cooke1　显示主光线和边缘光线

当前系统：cooke1
系统描述：CODEV LENScooke1

文件数据　计算

镜头数据管理器

	表面	名称	面型	X半径	Y半径	厚度	体内材料	体外材料	光线类型	X孔径	Y孔径
1	物面	Surface 1	球面	inf	inf	inf	AIR	AIR	折射	7.42316	7.42316
2	普通镜头表面	Surface 2	球面	21.4814	21.4814	2	SK16_SCHOTT	AIR	折射	6.9968	6.9968
3	普通镜头表面	Surface 3	球面	-124.1	-124.1	5.26	AIR	AIR	折射	6.81237	6.81237
4	光阑	Surface 4	球面	-19.1	-19.1	1.25	F4_HOYA	AIR	折射	4.48919	4.48919
5	普通镜头表面	Surface 5	球面	22	22	4.69	AIR	AIR	折射	4.63199	4.63199
6	普通镜头表面	Surface 6	球面	328.9	328.9	2.25	SK16_SCHOTT	AIR	折射	6.49474	6.49474
7	普通镜头表面	Surface 7	球面	-16.7	-16.7	43.0502	AIR	AIR	折射	6.74625	6.74625
8	像面	Surface 8	球面	inf	inf	0.0289335	AIR	AIR	折射	18.4698	18.4698

波长数据

	波长	权重	绘图颜色
1	656.30	1	
2	546.10	2	
3	486.10	1	

参考波长 546.1

视场数据

	X角度	Y角度	权重	颜色
1	0	0	1	
2	0	14	1	
3	0	20	1	

视场类型 物体角度

渐晕数据

	+Y	-Y	+X	-X
1	0	0	0	0
2	-0.0140642	0.0688323	0	0
3	0.16171	0.243554	0	0

光瞳

光瞳规格 像方F数

值 4.5

其他数据

温度 22 摄氏度

压强 760 mmHg

图 6-57　杂散软件 Cooke 模型追迹信息

2. 亮度分析

对 Cooke 系统进行亮度分析，进一步对系统进行分析，操作步骤如下：

(1) 右击系统浏览器下的“光源”按钮→创建简单光源→创建朗伯平面→设置光源属性：坐标（0，0，−19），光源角度（0，0，0），空间分布孔径形式 polar，发光面圆形半径 5mm，发光最小天顶角 0°，x、y 方向发光最大天顶角均为 5°，光线数量 100000 条，辐通量 1W，波长 550nm，光谱分布形式为 uniform；创建分析面，选择 generic3-surface0 作为分析面，空间亮度网格尺寸半宽 5mm×5mm，网格大小 1mm×1mm，如图 6-58 所示。

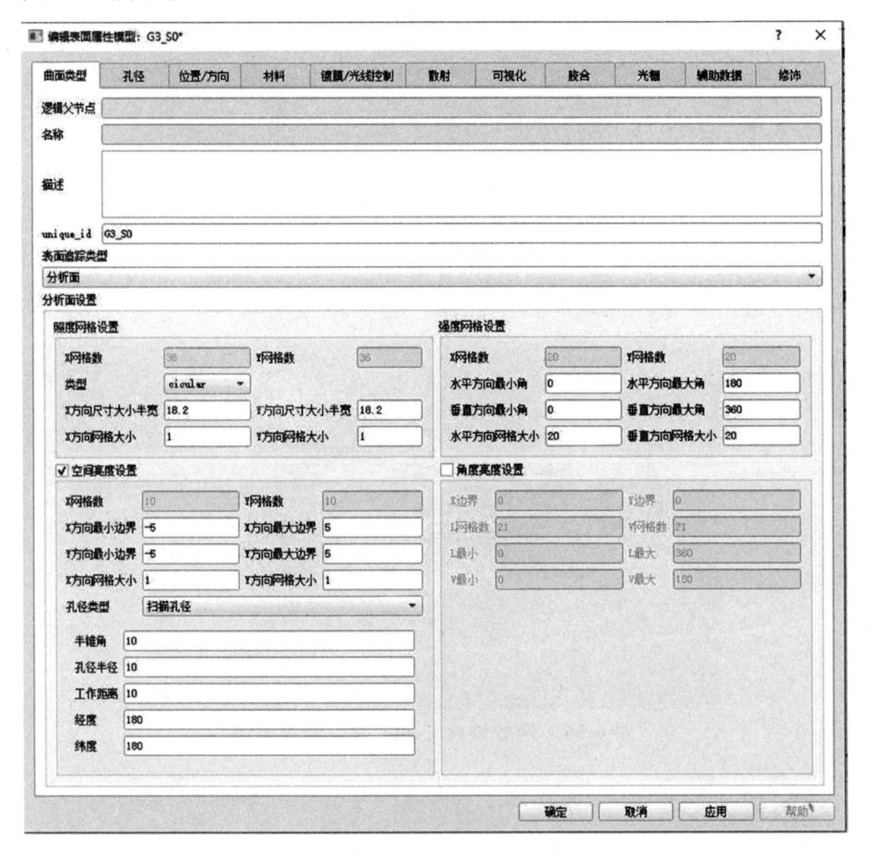

图 6-58 设置光源

(2) 右键点击系统浏览器→用户材料，选中“从现有材料库中添加材料”，弹出窗口中选中材料目录“SCHOTT”，在查询输入框输入 SK16，选中 SK16 _ SCHOTT，并确定；右键点击系统浏览器→用户材料，选中“从现有材料库中添加材料”，弹出窗口中选中材料目录“SCHOTT”，在查询输入框输入 F4，选中 F4 _ SCHOTT，并确定；右键点击系统浏览器→用户材料中创建的“SK16 _ SCHOTT”，选中将 SK16 _ SCHOTT 应用与体内材料，并勾选 genneric _ 4、genneric _ 6，右键点击系统浏览器→用户材料中创建的“F4 _ SCHOTT”，选中将 F4 _ SCHOTT 应用与体内材料，并勾选 genneric _ 5。

（3）添加表面属性，结构体表面设置 absorb 模型，右键点击用户膜层→创建新膜层，在类型选择 sampleCoating 设置为波长为 500nm，反射系数-功率为 0，反射系数-相位为 0，透射系数-功率为 0，透射系数-相位为 0。如图 6-59 所示。

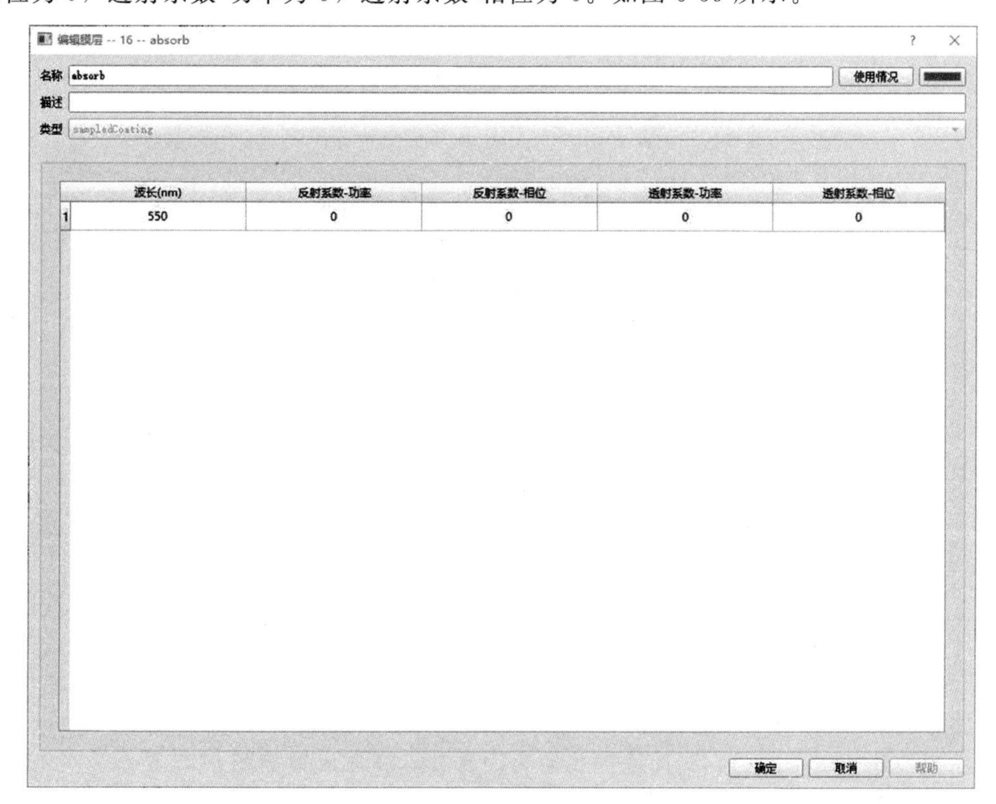

图 6-59　膜层 absorb 设置

右键点击 generic _ 4，选择编辑几何表面属性，属性设置如图 6-60 所示。

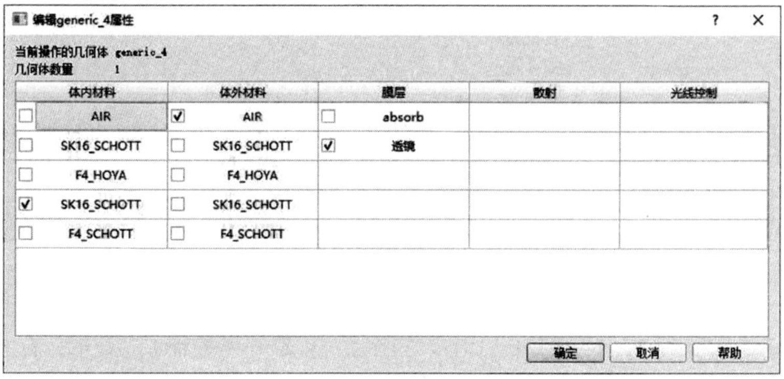

编辑generic_4属性

当前操作的几何体 generic_4

几何体数量 1

体内材料	体外材料	膜层	散射	光线控制
☐ AIR	☑ AIR	☐ absorb		
☐ SK16_SCHOTT	☐ SK16_SCHOTT	☑ 透镜		
☐ F4_HOYA	☐ F4_HOYA			
☑ SK16_SCHOTT	☐ SK16_SCHOTT			
☐ F4_SCHOTT	☐ F4_SCHOTT			

确定　取消　帮助

图 6-60　generic _ 4 表面属性

右键点击 generic _ 5，选择编辑几何表面属性，属性设置如图 6-61 所示。

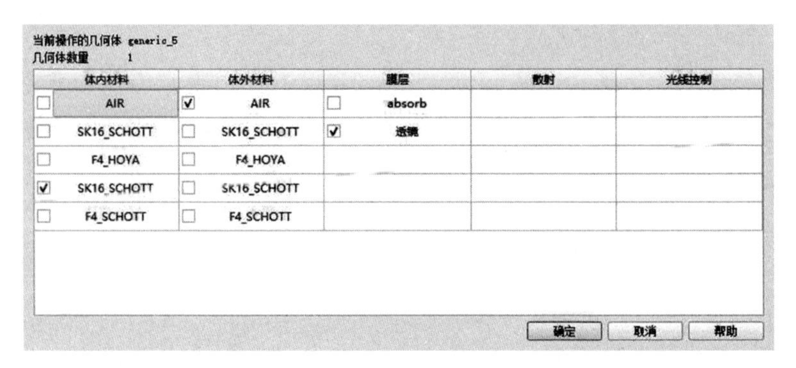

图 6-61　generic _ 5 表面属性

右键点击 generic _ 6，选择编辑几何表面属性，属性设置如图 6-62 所示。

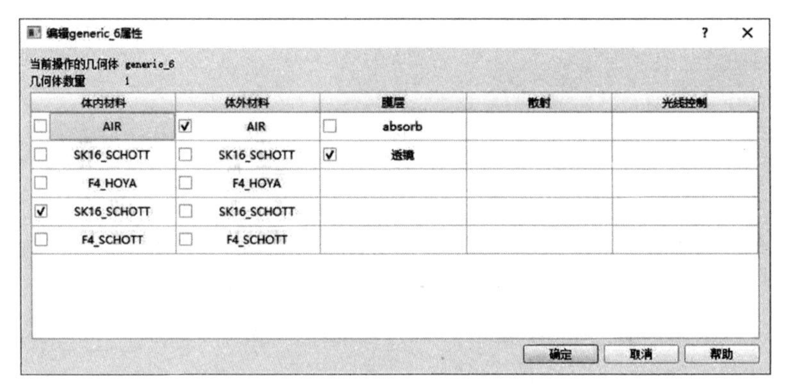

图 6-62　generic _ 6 表面属性

右键点击 generic _ 0，选择编辑几何表面属性，属性设置如图 6-63 所示。

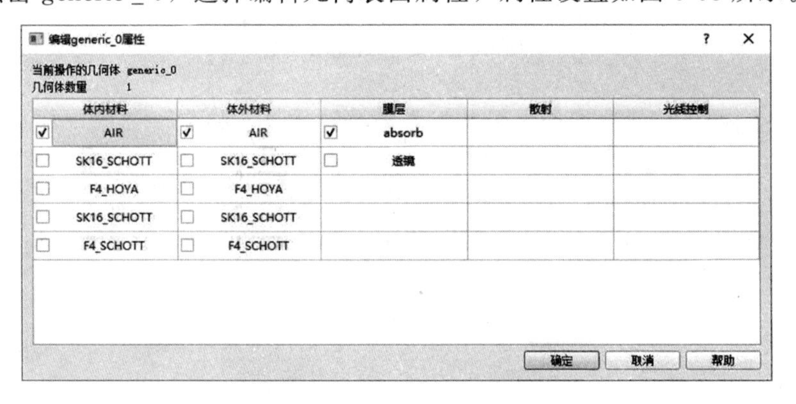

图 6-63　generic _ 0 表面属性

(4) 右键勾选光线追击控制→Allow ALL，将该光线控制应用与所有几何体的光线控制，如图 6-64 所示。

图 6-64 光线追迹控制

（5）选择光线追迹—追迹所有光线，开始所有光线追迹。

（6）选择运行结果存储路径，点击确定。

（7）选择分析—空间亮度分布，查看亮度图，结果如图 6-65 所示。

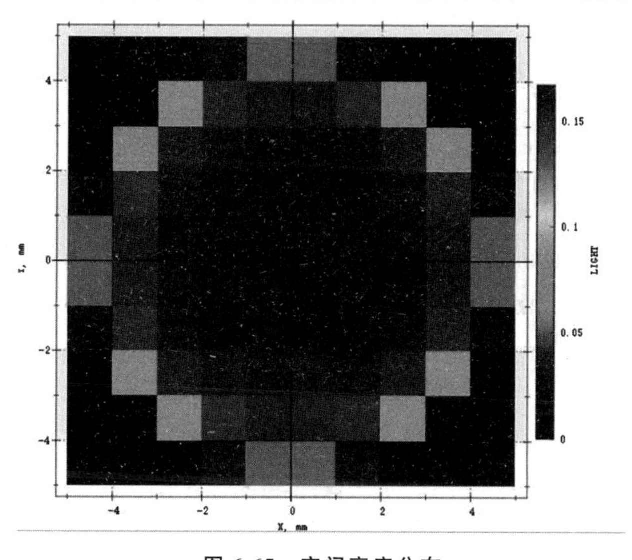

图 6-65 空间亮度分布

第二节　有限元分析

建模、网格化和后处理是有限元分析等数值模拟中的重要步骤。它们组成了数值模拟的基本流程，用于描述和分析物理系统的行为和性能。

建模是指将实际物理系统抽象为数学模型的过程。在建模阶段，需要确定系统的几何形状、边界条件、材料性质、物理现象等。这些信息可以通过实验、测量、数据采集或现有知识获得。建模的目标是描述系统的行为、理解其内在机制，并为后续数值模拟提供基础。

网格化是将连续的物理域划分为离散的网格单元的过程。对于二维问题，常用的网格包括结构化网格和非结构化网格；对于三维问题，常用的网格包括体网格、四面体网格、六面体网格和三棱柱网格等。网格的选择和生成方法会直接影响模型的准确性和计算效率。

后处理是对数值模拟结果进行分析和可视化的过程。它包括从数值模拟中提取感兴趣的物理量、计算特定的性能指标，比较模拟结果与实验数据进行验证，以及使用图表、图像或动画等方式展示结果，后处理帮助我们理解模拟结果，进行适当的决策和改进。

这些步骤在数值模拟中相互关联，构成了闭环的循环过程。通过建模、网格化和后处理的迭代，可以逐步优化模型和改进结果，以解决实际问题。

一、十字波导

十字波导（cross waveguide）是一种用于传输电磁波的波导结构。它是由两条正交的波导构成，形成了一个交叉或十字形状的波导通道。十字波导通常用于微波和毫米波领域，可以在平面上实现电磁波的传输和耦合。

（一）创建模型

十字波导模型中黄色点代表体，虚线代表面，灰色线代表模型拓扑结构，如图6-66所示。模型中间长宽高为0.2，中间孔半径为0.04，十字长度为2，创建步骤如下：

（1）创建1个正方体，参数设置X、Y、Z均为0，DX、DY、DZ均为1，创建四个长方体，X、Y、Z、DX、DY、DZ分别为（1、0、0、7、1、1）（0、0、0、−7、1、1）（0、0、1、1、1、7）（0、0、0、1、1、−7）。

（2）创建一个通过正方体中心的圆柱，参数CenterBase X、CenterBase Y、CenterBase Z设置为0.5、−2、0.5，Axis DX、Axis DY、Axis DZ设置为0、4、0，Radius为0.2，Angle为2 * Pi。

（3）正方体去除圆柱部分，选择布尔—差分，选择正方体作为对象，点击Enter完成选择对象；选择圆柱为工具对象，生成对象 7。

（4）选择布尔—融合，选择四个长方体作为对象，点击 Enter 完成选择对象；选择对象 7 为工具对象，融合为一个整体对象 8，即为十字波导模型，如图 6-66 所示。

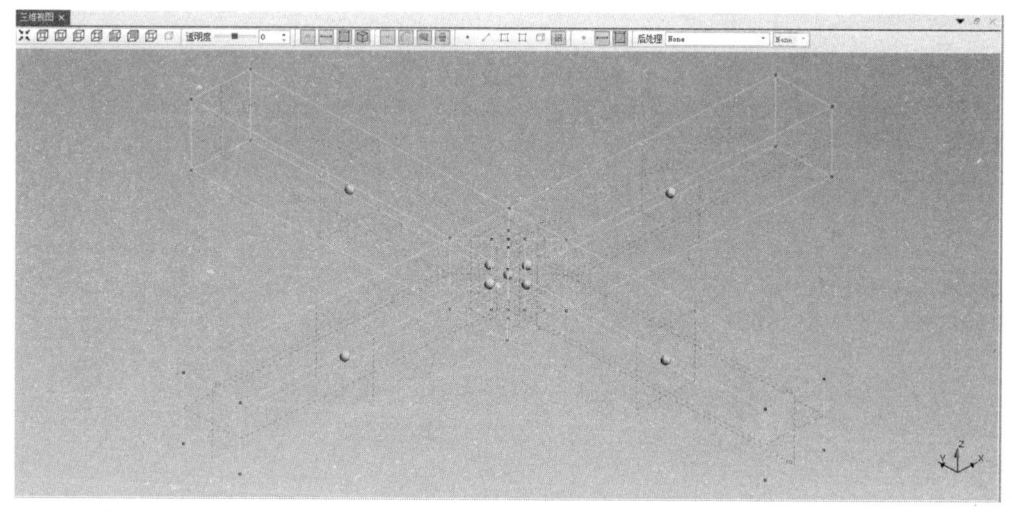

图 6-66　十字波导模型

（二）网格划分

模型建模后进行网格划分，具体设置步骤如下：

（1）点击网格—划分设置，显示网格划分对话框，如图 6-67 所示。

（2）划分设置：二维算法选择 Frontal-Delaunay，三维算法选择 Delaunay，二维重组算法选择 Simple Full-Quad，平滑系数为 1，网格尺寸因子为 0.2，最小网格尺寸为 0，最大网格尺寸为 1000000000，网格阶数为 1，其他参数为默认设置。

图 6-67　网格划分设置

（3）点击网格—生成二维网格，再点击生成三维网格按钮，查看三维网格划分结果，如图 6-68 所示。

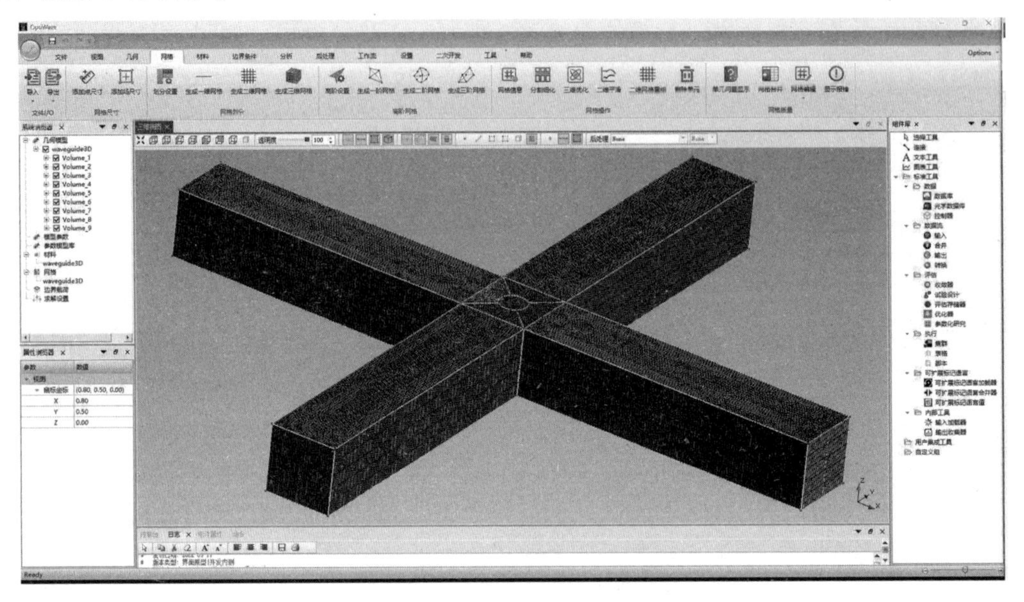

图 6-68　三维网格划分结果

（三）边界条件

在网格分组（Boundary _ Region，代表波导模型的壁网格）上添加边界值为 0 的 PEC（Parallel Earth Conductor）平行地导体，如图 6-69 所示。

图 6-69　平行地导体设置

在网格分组（Electric _ Region，代表添加电磁场的网格）上添加值为 1，方向为（0，0，1）的 Electric Load 电磁场载荷，如图 6-70 所示。

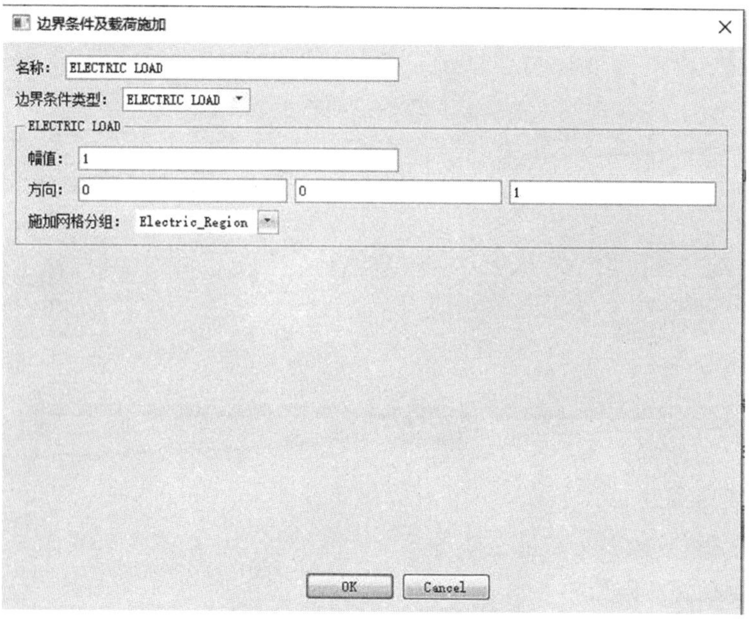

图 6-70　电磁场载荷设置

（四）求解设置

设置时域分析求解设置参数，如图 6-71 所示。

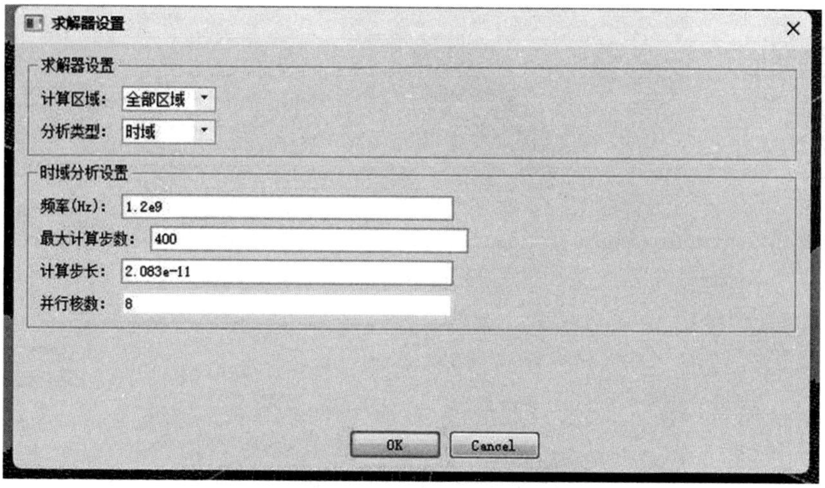

图 6-71　求解器设置

点击 OK 按钮，提交计算后可在日志窗口查看求解输出，点击取消计算可终止求解计算，如图 6-72 所示。

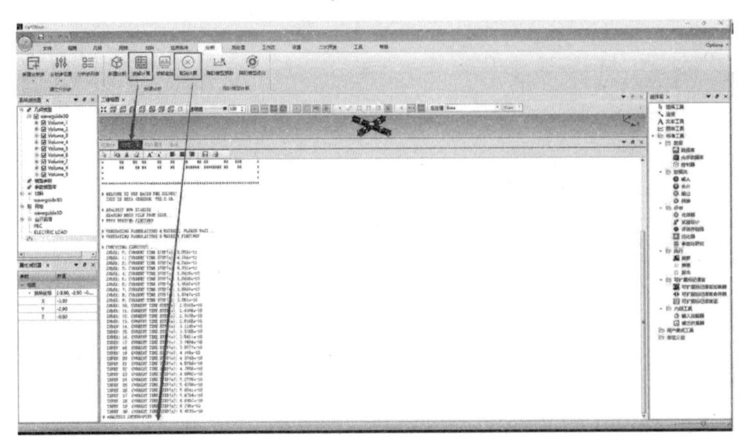

图 6-72　求解结果

(五) 结果后处理

计算完成后可导入多个结果文件查看计算结果动图，如图 6-73、图 6-74、图 6-75、图 6-76 所示，最终结果如图 6-77 所示。

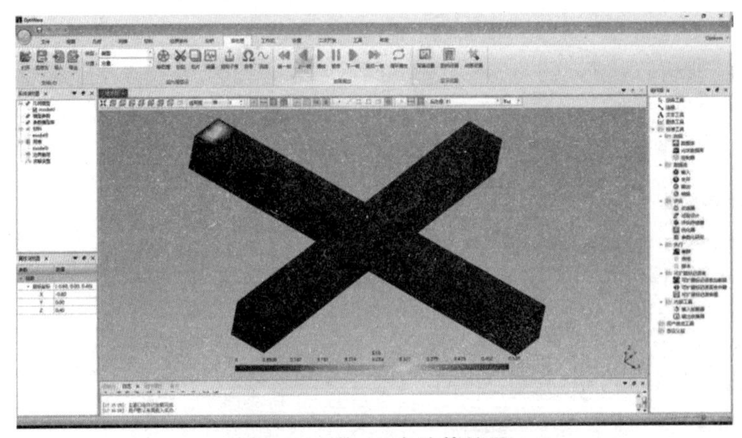

图 6-73　第 10 步计算结果

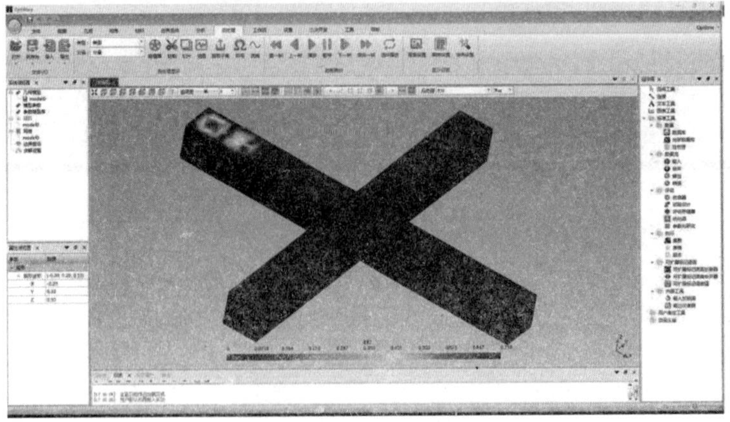

图 6-74 第 30 步计算结果

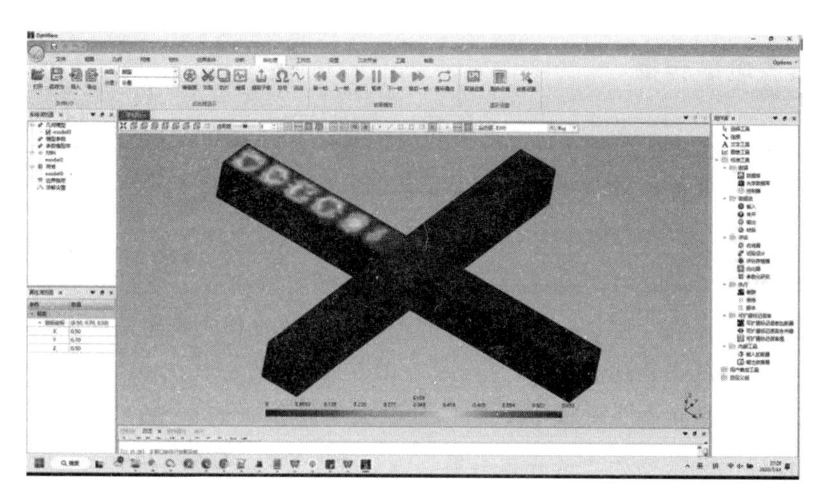

图 6-75　第 100 步计算结果

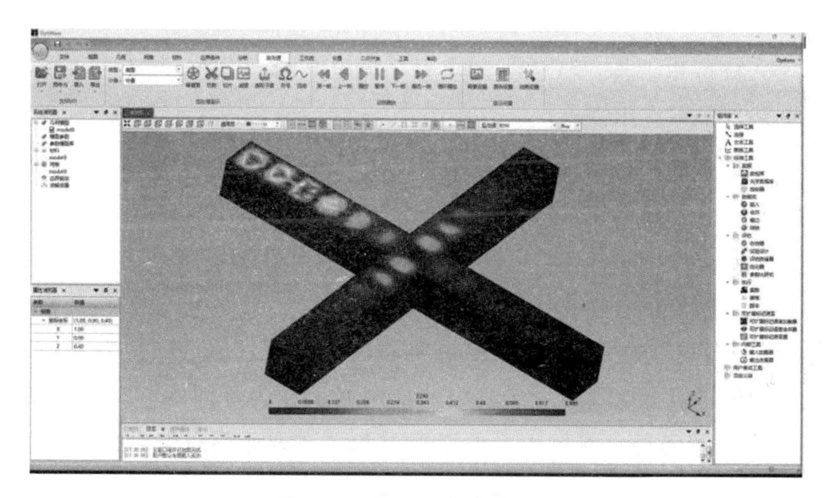

图 6-76　第 200 步计算结果

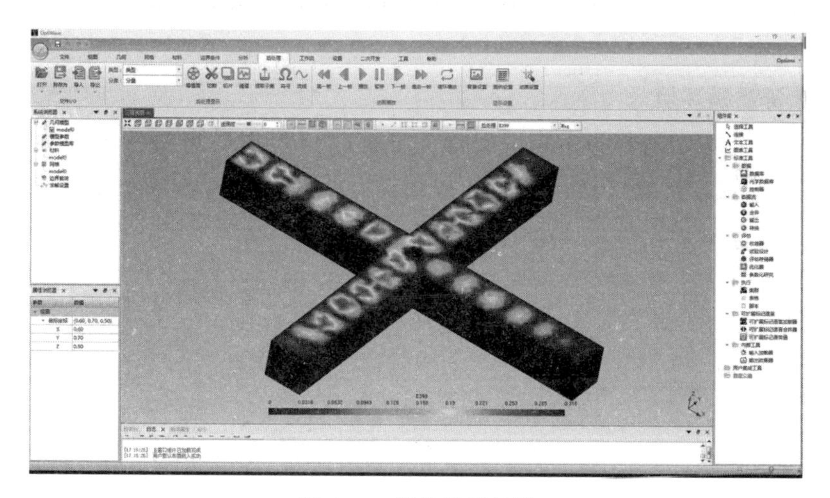

图 6-77　最终计算结果

二、点源电磁传播

FDTD（有限差分时域）可用于模拟和分析光在复杂光学结构中的传播、耦合和相互作用。FDTD方法是一种基于时域的数值求解技术，可以在三维空间中对光的行为进行精确建模。

它可以模拟一系列光学现象和器件，如光传输、衍射、干涉、散射、透射、反射等。该软件还支持多孔介质、金属等材料的建模，以及各种光学器件的设计和优化。

FDTD的主要特点和功能包括：

(1) 准确的数值求解：利用FDTD方法，软件能够在时域上精确求解Maxwell方程组，提供准确的光学场和能量分布结果。

(2) 快速仿真速度：FDTD采用高效的计算算法和并行计算技术，可以加速仿真过程，提高计算效率。

(3) 自定义材料和结构：FDTD支持用户自定义材料的光学特性和结构的几何形状，使仿真更贴近实际应用需求。

(4) 参数扫描和优化：通过参数扫描和优化工具，FDTD可以快速评估不同参数对器件性能的影响，并寻找最优设计。

(5) 可视化和后处理工具：FDTD提供丰富的可视化和后处理工具，用于可视化仿真结果、分析光学场分布、计算功率传输等。

该案例使用FDTD求解器来模拟点源电磁传播计算，FDTD是光通信软件中的一个重要的模块。网格设置为100×100×100，网格尺寸为等间距，每个元胞变场为1e-8m，边界为吸收边界条件，在场中一点设置点源，选取监测点记录每个时间步的E/H数据。

主要步骤包括：几何—网格—设置材料—边界条件—求解参数等—调用求解器计算—结果文件。

（一）准备建模环境

点击文件—导入，选择导入一个文件类型为“.step”几何文件，如图6-78、图6-79所示，导入后显示仿真区域的大小和形状，以及材料和边界条件等，左侧工具栏中出现该形状对应的可在系统浏览器进行编辑的内容。

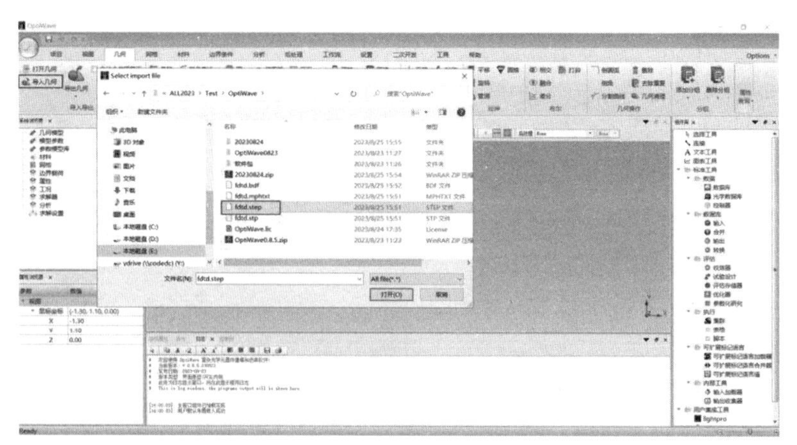

图 6-78　导入几何文件

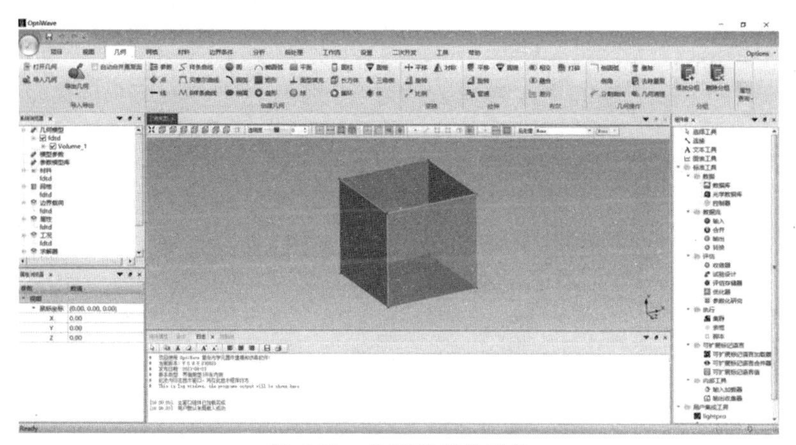

图 6-79　几何可视化显示

（二）网格划分

点击网格，使用 FDTD 求解网格，如图 6-80 所示。

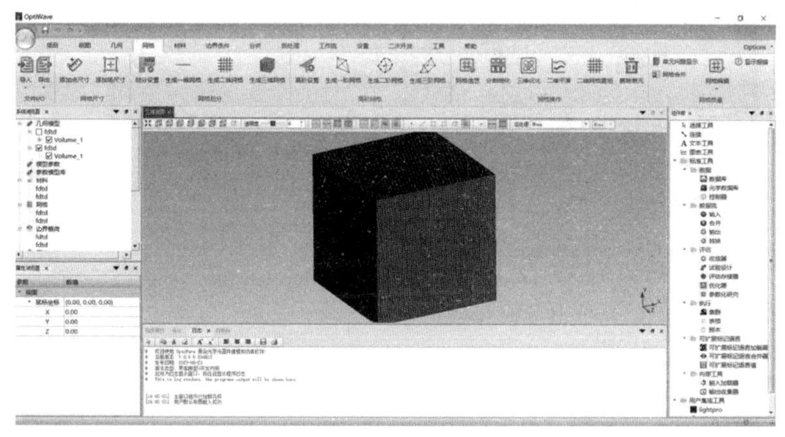

图 6-80　求解网格

（三）求解设置

（1）点击文件—新建分析，创建分析类型，如图 6-81 所示。

（2）在新建分析向导弹窗内选择求解器类型为第三种“Raysen-FDTD”类型，如图 6-82 所示。

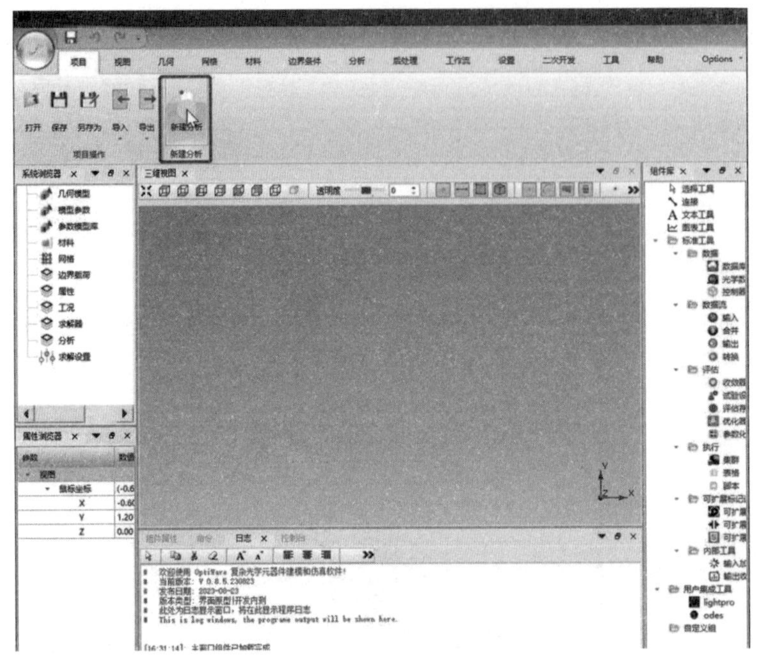

图 6-81　新建分析类型

图 6-82　选择具体分析类型

（3）在左侧的系统浏览器菜单中，找到“属性”，选择 Resolution，鼠标右键点击“新建”，设置网格分辨率，设置名称为 Resolution，点击属性组，在出现的“Default”默认参数设置中，输入 X-Resolution、Y-Resolution、Z-Resolution 三个参数值均为 100，点击 ok，如图 6-83、图 6-84 所示。

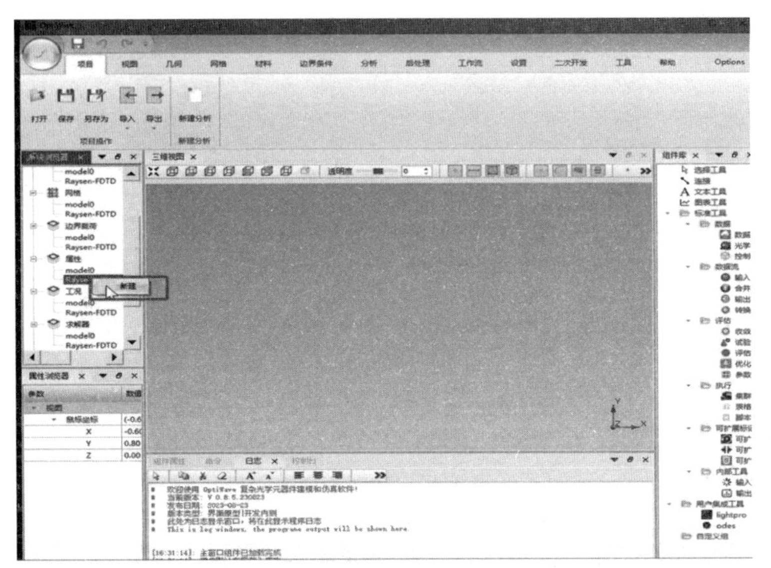

图 6-83 新建 Resolution 属性

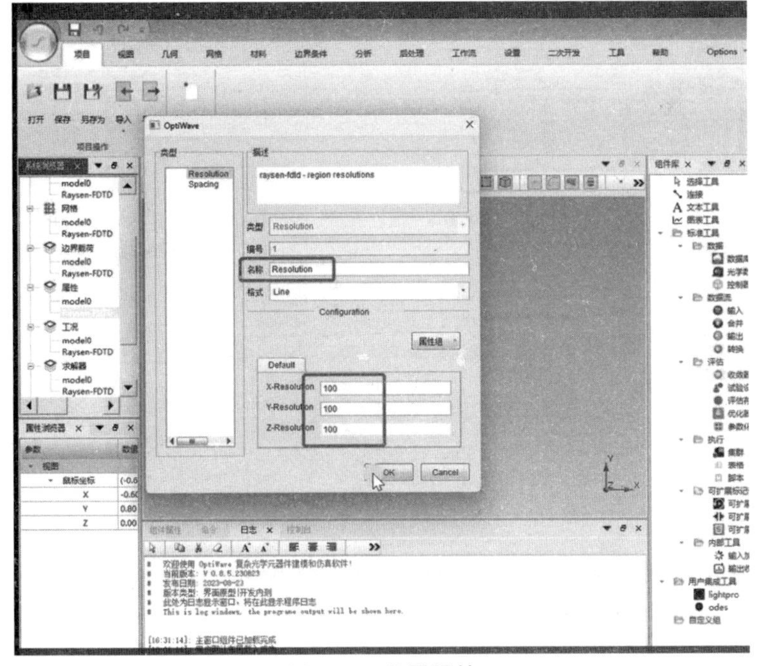

图 6-84 设置属性

（4）点击属性，鼠标右键“新建”，选择 Spacing，设置名称为“Spacing”，点击属性组，在出现的“Default”默认参数设置中，输入 X-Resolution、Y-Resolution、Z-

Resolution 三个参数值均为 1e-08，点击 OK，如图 6-85、图 6-86 所示。

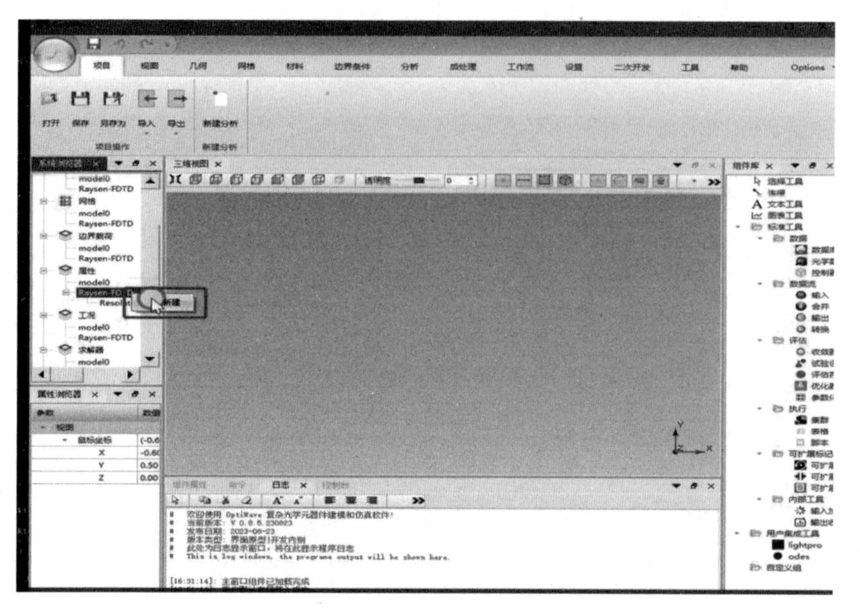

图 6-85　新建 Spacing

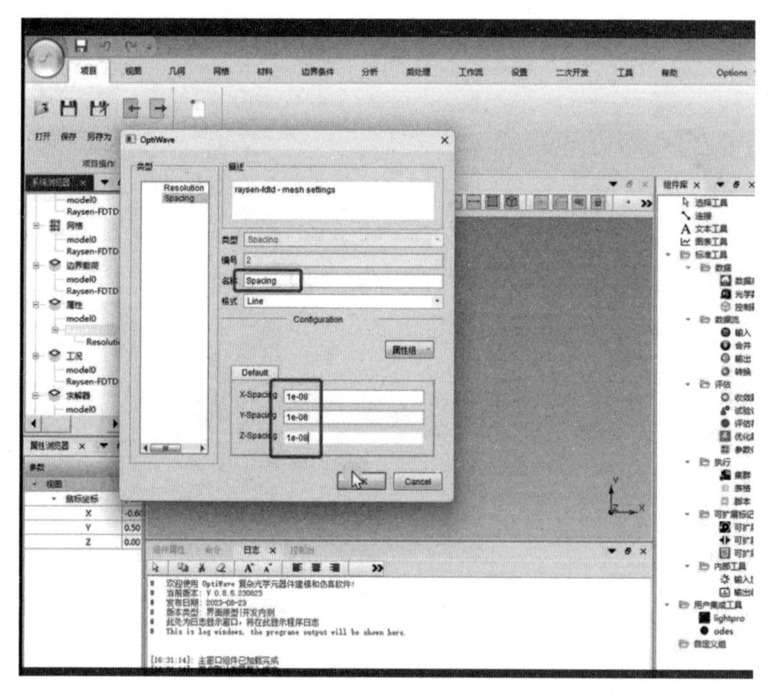

图 6-86　设置参数

（5）在左侧的系统浏览器菜单中，找到“求解器”下级目录的“Raysen-FDTD”，右键新建名称为“solver-FDTD”。设置并行计算参数及吸收边界条件，具体数值为 Iterations：1000，Threads：1，GPU：0，UGPU：0，Verbose：1，Boundary：liao，点击 OK，如图 6-87、图 6-88 所示。

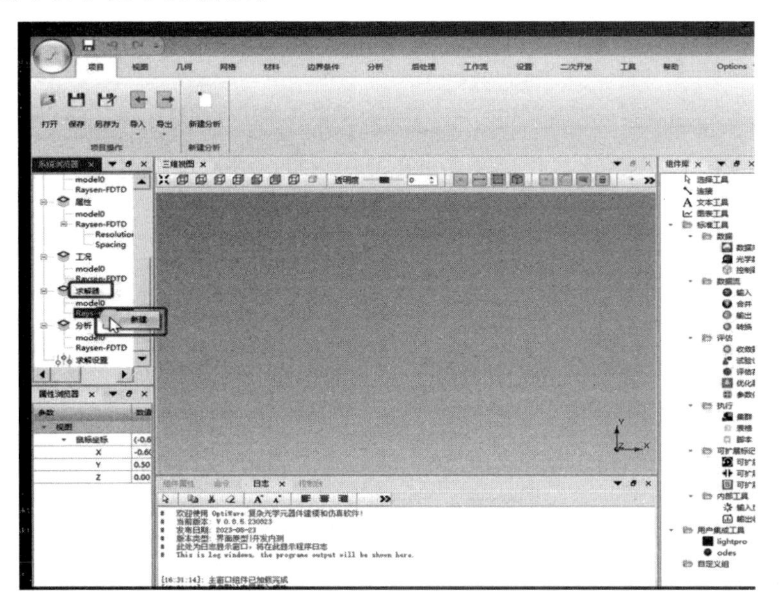

图 6-87　新建求解器

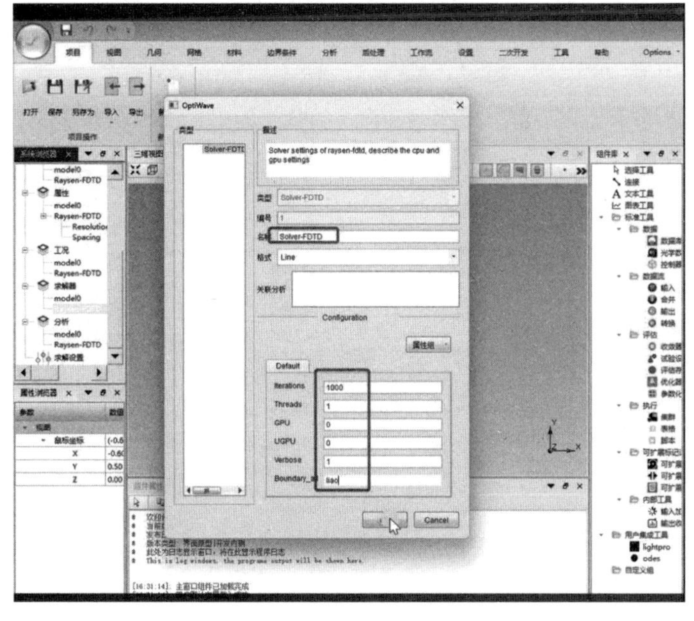

图 6-88　设置并行等求解参数

（6）在左侧的系统浏览器菜单中，找到“分析”下级目录的“Raysen-FDTD”，右键新建名称为“Monitor-Point”。设置监测点，具体数值为 option：Ex，nskip：10，X-POS：20，Y-POS：20，Z-POS：20，OutputFile：output. txt，点击 OK，如图 6-89、图 6-90 所示。

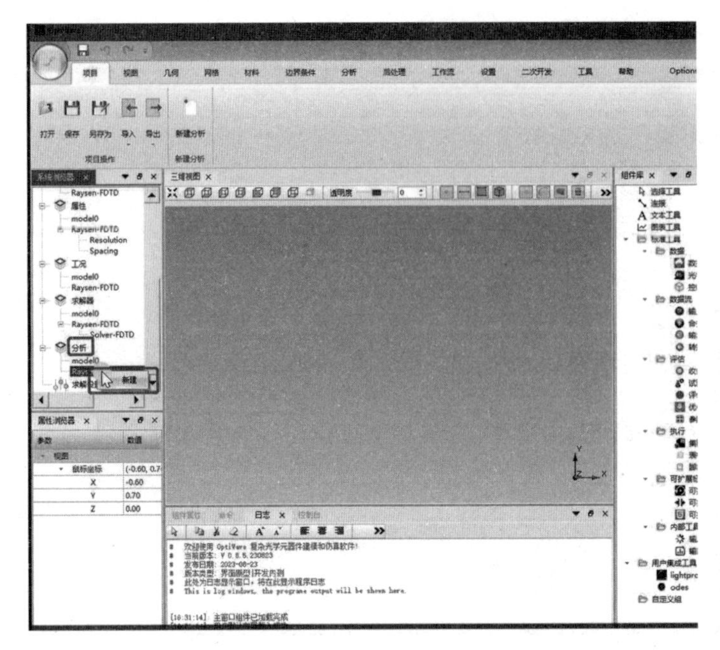

图 6-89　新建观测点

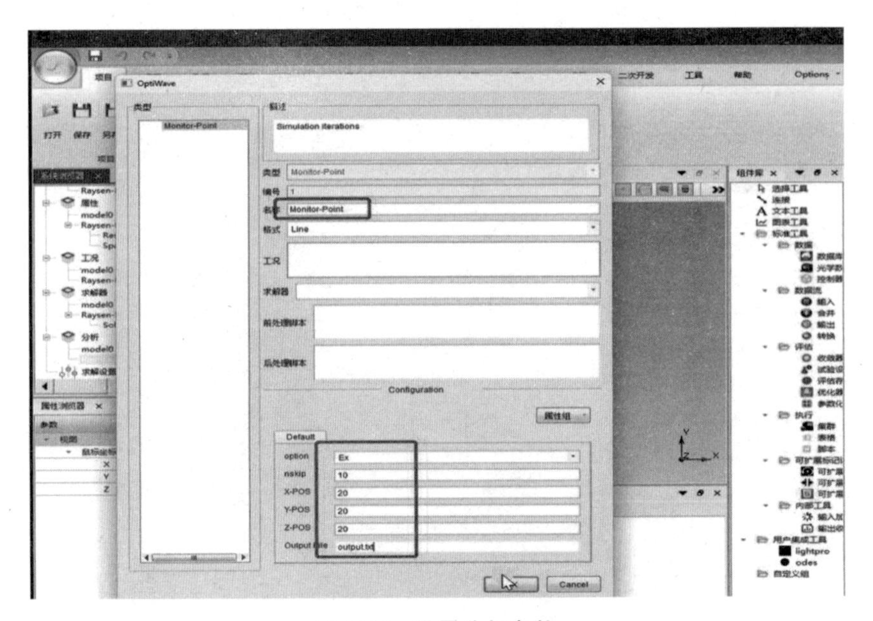

图 6-90　设置分析参数

(7) 在左侧的系统浏览器菜单中，找到“工况”下级目录的“Raysen-FDTD”，右键新建名称为“Source-Point-ScrFile”。表示自定义文件作为载荷输入，输入具体参数为 X-POS：50，Y-POS：50，Z-POS：50，Src-Type：0，SourceFilename：sourcefilename. txt，点击 OK，如图 6-91、图 6-92 所示。

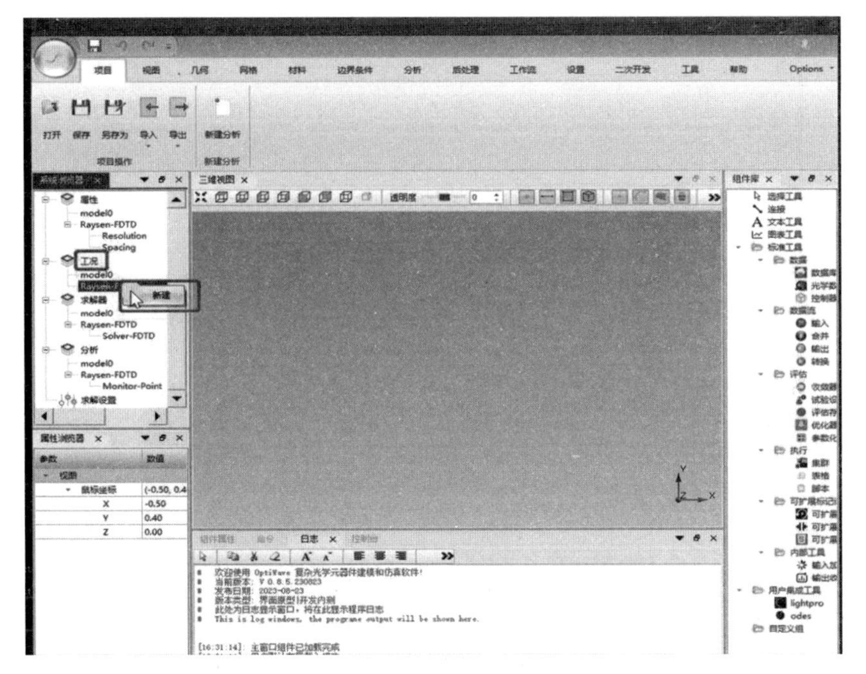

图 6-91　新建工况

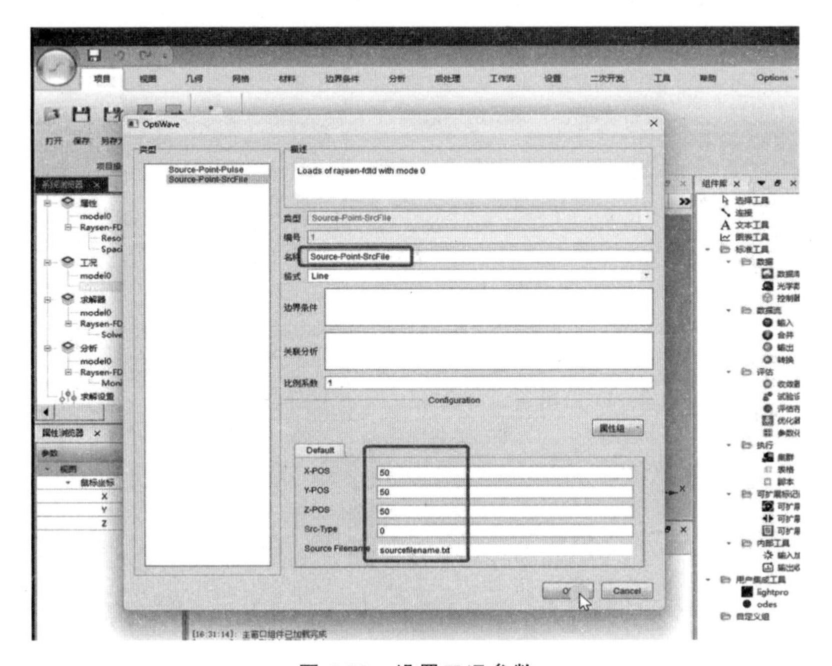

图 6-92　设置工况参数

（四）文件导出

（1）点击网格—导出，选择“Nastran”类型，如图 6-93 所示。

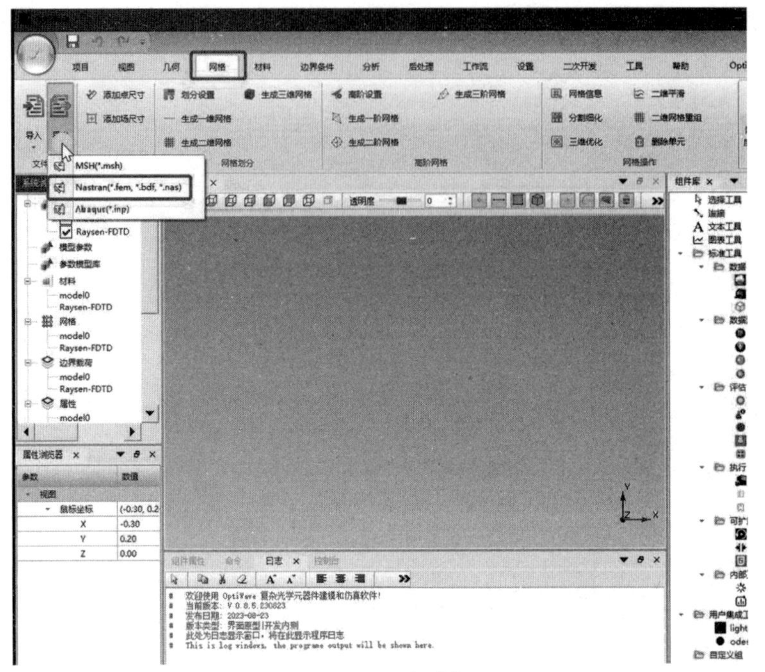

图 6-93　导出选择

（2）保存类型选择“All file”，输入文件名后，在文件名后添加“.xml”后缀，导出名称设置如图 6-94、图 6-95 所示。

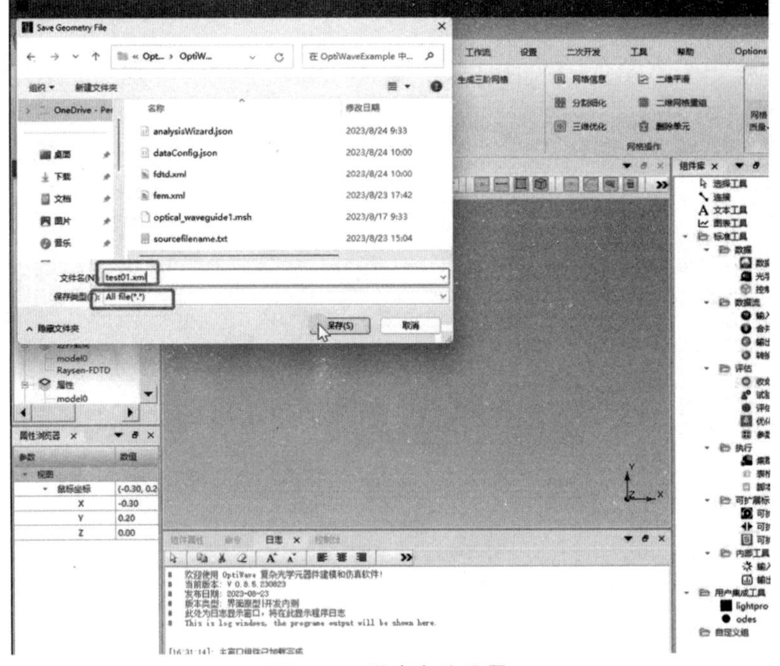

图 6-94　导出名称设置

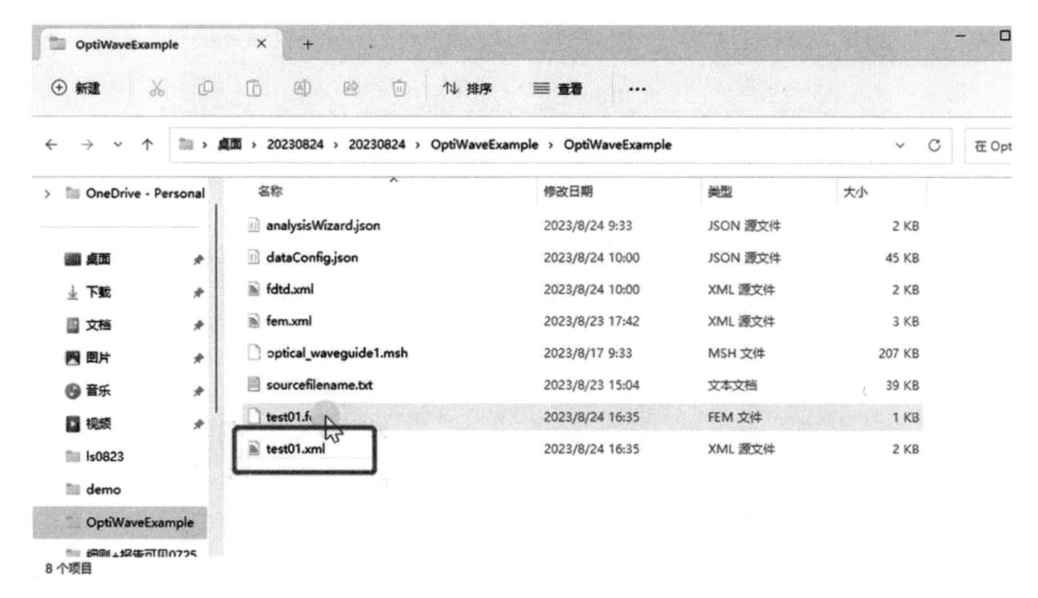

图 6-95　导出文件

（3）调用求解器进行计算，求解器调用的 . xml 文件如图 6-96 所示。

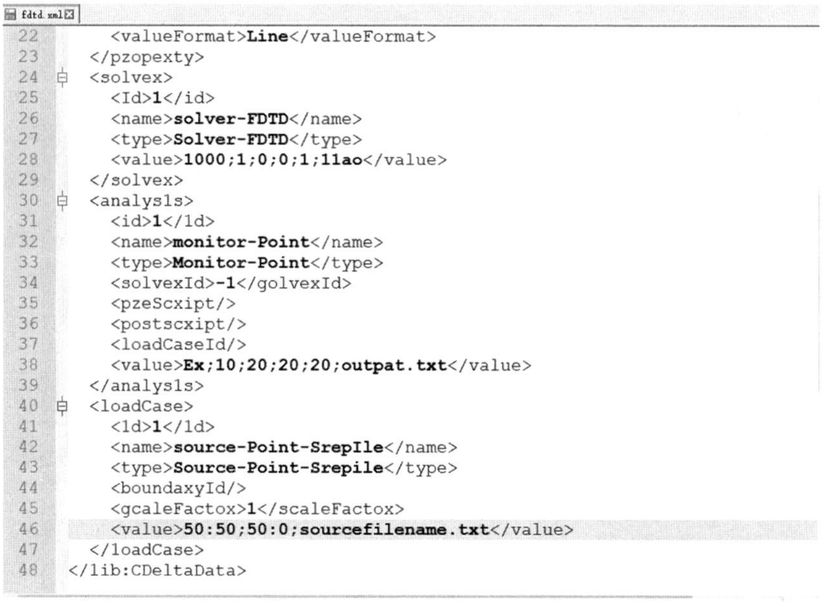

```
fdtd.xml
22      <valueFormat>Line</valueFormat>
23    </pzopexty>
24    <solvex>
25      <Id>1</id>
26      <name>solver-FDTD</name>
27      <type>Solver-FDTD</type>
28      <value>1000;1;0;0;1;11ao</value>
29    </solvex>
30    <analys1s>
31      <id>1</1d>
32      <name>monitor-Point</name>
33      <type>Monitor-Point</type>
34      <solvexId>-1</golvexId>
35      <pzeScxipt/>
36      <postscxipt/>
37      <loadCaseId/>
38      <value>Ex;10;20;20;20;outpat.txt</value>
39    </analys1s>
40    <loadCase>
41      <1d>1</1d>
42      <name>source-Point-SrepIle</name>
43      <type>Source-Point-Srepile</type>
44      <boundaxyId/>
45      <gcaleFactox>1</scaleFactox>
46      <value>50:50;50:0;sourcefilename.txt</value>
47    </loadCase>
48  </lib:CDeltaData>
```

图 6-96　求解器调用的 . xml 文件

（4）软件求解过程日志内容如图 6-97 所示。

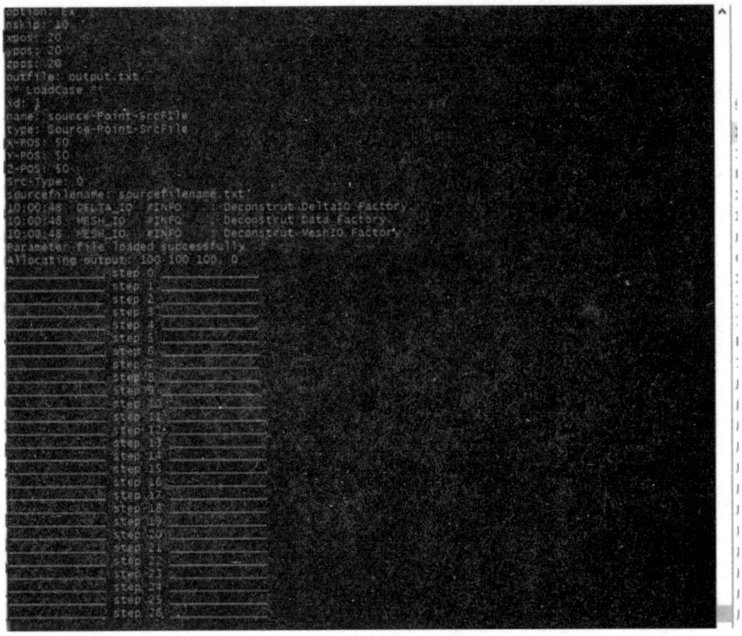

```
option: Ex
nskip: 10
xpos: 20
ypos: 20
zpos: 20
outfile: output.txt
** LoadCase **
id: 1
name: source-Point-SrcFile
type: Source-Point-SrcFile
X-POS: 50
Y-POS: 50
Z-POS: 50
Src-Type: 0
sourcefilename: sourcefilename.txt
10:00:48  DELTA_IO  #INFO    : Deconstrut DeltaIO Factory
10:00:48  MESH_IO   #INFO    : Deconstrut Data Factory
10:00:48  MESH_IO   #INFO    : Deconstrut MeshIO Factory
Parameter file loaded successfully
Allocating output: 100 100 100, 0
                step 0
                step 1
                step 2
                step 3
                step 4
                step 5
                step 6
                step 7
                step 8
                step 9
                step 10
                step 11
                step 12
                step 13
                step 14
                step 15
                step 16
                step 17
                step 18
                step 19
                step 20
                step 21
                step 22
                step 23
                step 24
                step 25
                step 26
```

图 6-97　软件求解过程日志内容

(5) 显示结果文件，fdtd 求解器输出的电场磁场结果数据如图 6-98 所示。

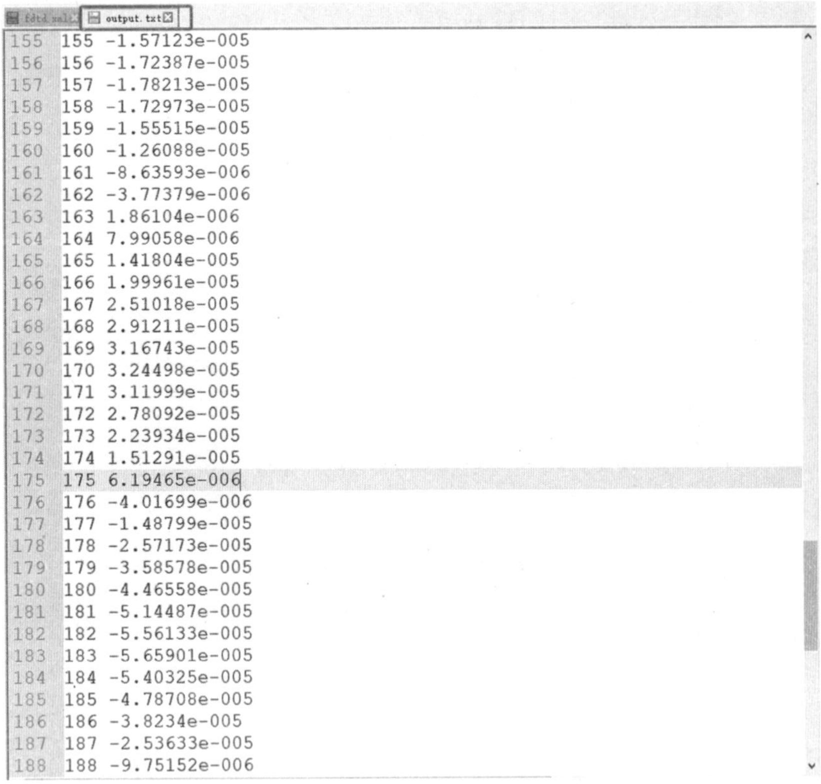

```
fdtd.xml  output.txt
155 155 -1.57123e-005
156 156 -1.72387e-005
157 157 -1.78213e-005
158 158 -1.72973e-005
159 159 -1.55515e-005
160 160 -1.26088e-005
161 161 -8.63593e-006
162 162 -3.77379e-006
163 163 1.86104e-006
164 164 7.99058e-006
165 165 1.41804e-005
166 166 1.99961e-005
167 167 2.51018e-005
168 168 2.91211e-005
169 169 3.16743e-005
170 170 3.24498e-005
171 171 3.11999e-005
172 172 2.78092e-005
173 173 2.23934e-005
174 174 1.51291e-005
175 175 6.19465e-006
176 176 -4.01699e-006
177 177 -1.48799e-005
178 178 -2.57173e-005
179 179 -3.58578e-005
180 180 -4.46558e-005
181 181 -5.14487e-005
182 182 -5.56133e-005
183 183 -5.65901e-005
184 184 -5.40325e-005
185 185 -4.78708e-005
186 186 -3.8234e-005
187 187 -2.53633e-005
188 188 -9.75152e-006
```

图 6-98　fdtd 求解器输出的电场磁场结果数据